新能源学科前沿丛书之四

邱国玉　主编

环境影响评价过程中的价值冲突分析

Analysis of Value Conflicts in the Process of Environmental Impact Assessment

侯小阁　著

U0263509

科学出版社

北　京

内 容 简 介

本书以价值冲突为纲，以 EIA 的理论、结构和过程为对象，从 EIA 在制度和方法层面的表象，向价值评价和价值冲突的深度进行挖掘，重新解构对 EIA 的认识和定位。首先提出近年 EIA 制度执行过程中遭遇的质疑和对敏感性价值冲突问题难以有效把控的窘状，以其作为前导，把对 EIA 的认识引向对人与自然之间价值关系的规范化把握，并进行辨析，明确 EIA 的主体性本质。其次，本书把视角放在 EIA 的过程，分别从科学活动和社会活动两种维度去分析 EIA 表征出来的科学性和价值性两重属性，并探讨了价值冲突借助 EIA 这个活动载体进行孵化和展现的过程。再次，分别从主体结构、客体定位和标准选择三个 EIA 结构要素方面重点论述环境价值冲突的构象与本质特征。最后，通过对 EIA 价值冲突性的几重把握，为EIA 面临的困惑，从学术研究和制度改进两个方面给予建议和问题澄清。

本书主要面向对环境科学、社会学、哲学有兴趣的读者，也可供有意参与环境治理制度研究的读者参考。

图书在版编目（CIP）数据

环境影响评价过程中的价值冲突分析 / 侯小阁著.—北京：科学出版社，2018.9

（新能源学科前沿丛书）

ISBN 978-7-03-057976-8

Ⅰ. ①环… Ⅱ. ①侯… Ⅲ. ①环境生态评价-研究 Ⅳ. ①X826

中国版本图书馆 CIP 数据核字（2018）第 131396 号

责任编辑：刘 超 / 责任校对：彭 涛
责任印制：张 伟 / 封面设计：无极书装

科 学 出 版 社 出版
北京东黄城根北街 16 号
邮政编码：100717
http://www.sciencep.com

北京建宏印刷有限公司 印刷
科学出版社发行 各地新华书店经销

*

2018 年 9 月第 一 版 开本：720×1000 1/16
2019 年 3 月第二次印刷 印张：13 3/4
字数：260 000

定价：158.00 元
（如有印刷质量问题，我社负责调换）

致　谢

　　本书在实验、资料收集、数据解析、案例研究和出版等方面得到深圳市发展和改革委员会新能源学科建设扶持计划"能源高效利用与清洁能源工程"项目的资助，深表谢意。

作 者 简 介

侯小阁

出生于 1977 年 10 月，现为中广核环保产业有限公司技术开发部负责人，中广核环境治理实验室负责人。2008 年毕业于北京大学环境科学与工程学院，博士。2008～2014 年任郑州大学化学与分子工程学院讲师，环境科学研究院节能减排实验室负责人。2010～2012 年作为美国 Lawrence Berkeley National Laboratory（LBNL）实验室科学家成员，成为美国能源部认证的热能工程师。主要从事水处理工艺设计与装备开发，水环境综合治理，区域污染综合整治与重点行业减排研究。近年来，主持与负责多项美国能源基金资助课题及省市级课题，发表论义多篇，获多项专利授权。

总　序

至今，世界上出现了三次大的技术革命浪潮（图1）。第一次浪潮是IT革命，从20世纪50年代开始，最初源于国防工业，后来经历了"集成电路—个人电脑—因特网—互联网"阶段，至今方兴未艾。第二次浪潮是生物技术革命，源于70年代的DNA的发现，后来推动了遗传学的巨大发展，目前，以此为基础上的"个人医药（Personalized medicine）领域蒸蒸日上。第三次浪潮是能源革命，源于80年代的能源有效利用，现在已经进入"能源效率和清洁能源"阶段，是未来发展潜力极其巨大的领域。

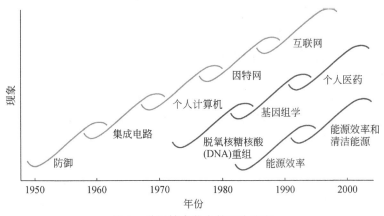

图1　世界技术革命的三次浪潮

资料来源：http://tipstrategies.com/bolg/trends/innovation/

在能源革命的大背景下，北京大学于2009年建立了全国第一个"环境与能源学院（School of Environment and Energy）"，以培养高素质应用型专业技术人才为办学目标，围绕环境保护、能源开发利用、城市建设与社会经济发展中的热点问题，培养环境与能源学科领域具有明显竞争优势的领导人才。"能源高效利用与清洁能源工程"是学科是北大环境与能源学院的重要学科建设内容，也是国家未来发展的重要支撑学科。"能源高效利用与清洁能源工程"包括新能源工程、节能工程、能效政策和能源信息工程4个研究方向。教材建设是学科建设的基础，为此，我们组织了国内外专家和学者，编写了这套新能源前沿丛书。该丛书包括13本专著，涵盖了新能源政策、法律、技术等领域，具体名录如下：

基础类丛书

《水与能：蒸散发、热环境与能量收支》

《水环境污染和能源利用化学》

《城市水资源环境与碳排放》

《环境与能源微生物学》

《Environmental Research Methodology and Modeling》

技术类丛书

《Biomass Energy Conversion Technology》

《Green and Energy Conservation Buildings》

《城市生活垃圾管理与资源化技术》

《能源技术开发环境影响及其评价》

《绿色照明技术导论》

政策管理类丛书

《环境与能源法学》

《碳排放与碳金融》

《环境影响评价过程中的价值冲突分析》

众所周知，新学科建设不是一蹴而就的短期行为，需要长期不懈的努力。优秀的专业书籍是新学科建设必不可少的基础。希望这套新能源前沿丛书的出版，能推动我国在"新能源与能源效率"等学科的学科基础建设和专业人才培养，为人类绿色和可持续发展社会的建设贡献力量。

北京大学教授　邱国玉

2013 年 10 月

前　言

虽然目前我国的生态环境问题态势仍然严峻，但不可否认，经过几十年数代人坚持不懈的努力，我国的环境保护工作取得了令人瞩目的成就，其中 EIA 制度作为环境管理的重要抓手之一，在生态环境问题的识别、防治、预防，环境治理措施的监管，以及产业结构调整、产业优化布局等方面都起到了主导性、显著性的作用，EIA 作为一个环境管理的利器得到了普遍的认同和接受。

然而直到如今，EIA 也仍然是个被热议的话题。EIA 及 EIA 制度随着环保工作的推进经历了不同的发展阶段，但这个过程并非是独立的，人们对它的认识与理解始终受到环境问题显现在社会上的严重性和复杂性、环境管理制度的整体框架结构，以及社会经济发展阶段本身等关键背景因素的制约与影响。所以在 EIA 制度经历被引入与接受，被制度化和标准化，被争论和质疑，再被重构的这样一个漫长的演变过程之后，对其重新审视和深度解读对于我们理解 EIA 并更好的指导以后的制度安排就具备了很大的必要性和价值。

既然是深度解读，也因此，本书选择的角度和视野脱离了常规的制度、法律、建模、指标等常见层面，而是落到了价值和价值冲突这两个关键词上，对 EIA 从理论、结构和过程等层面开始进行全方位的探析。

|目　　录|

第1章 | 绪 论

1.1 价值冲突语境下对环境影响评价的审视

1.1.1 在热点事件与邻避冲突中的环境影响评价窘境

近年来，随着雾霾、河流污染、食品污染、饮用水水源污染、重金属超标、危化品爆炸等环境事件频繁和大面积的爆发，环境问题从长期看似被关注而实际上被边缘化的尴尬中走了出来。从政府发言人到妇孺老幼，环境问题几乎成为话语中心，被街谈巷议，成了焦点，同时也成了敏感点。于是，由民众普遍性参与的争议性或热点性话题和事件开始显现于各种媒介：天津滨海新区危化品爆炸引起的对环境监管乏力的声讨、怒江水电开发引发的主张开发和反对开发两派针锋相对的激辩，以及由圆明园湖底防渗工程引起的压倒性谴责声，等等。

同时，以维权为特征的邻避运动（not in my backyard）频现，如深港西部通道侧接线工程事件（2003 年）、厦门 PX（para-xylene，对二甲苯）项目事件（2007 年）、北京海淀区六里屯垃圾焚烧发电厂项目事件（2007 年）、广州番禺垃圾焚烧选址事件（2009 年）、南京天井洼垃圾反焚事件（2009 年）、四川什邡钼铜项目事件（2012 年）、江苏启东王子造纸污水排放事件（2012 年）等，一些公益属性，或者为当地经济发展、环境净化和就业等带来显著福祉的项目被部分民众极力反对、争诉，有些甚至演化成恶性的抗争运动。

这些现象中，环境影响评价（enviroment impact assessment，EIA）被突出为显词且推诸公众视野，备受注目，也广遭质疑，以至左支右绌。从大气扩散模型参数选择到选址判断的可靠度，从过程合法性到目的本身都被诟病。更有甚者指责 EIA 已沦为排污合法化、环境破坏合法化的工具。

然而，有疑问的不仅仅是普通民众，EIA 技术工作者也迷惑，在时间和资金双重受限的情况下，应该投入多大才使评价"结果准确"或"令人信服"？行政主管和项目投资人则更想明白，对于敏感性项目开发，怎么做才能不使 EIA 成为一颗定时炸弹？环境保护制度的设计者或许会想到更深一层，应该如何定位 EIA？EIA 是否具备作为决策工具的多重目标的承载能力？怎么实现科学客观性与价值主观性的自洽？

在调查过程中，笔者感觉到有种内在本质性的东西把上述各种现象和问题关联起来。为找到这个内在的本质，笔者抛开 EIA 技术、制度和法律层面的热点，从哲学和社会学研究的角度对问题进行了深层次的探究与分析。

1.1.2　EIA 制度实施过程存在的乱象

相比于其他国家（日本、德国、瑞典等），我国的 EIA 制度的法律地位和制度体系都达到了一定高度和完备程度。首先在《中华人民共和国环境保护法》（1989年）中对 EIA 加以原则性规定，接着专门制定了 EIA 的单行法《中华人民共和国环境影响评价法》（2002 年），并为此先后配套一系列部门条例来完善该制度。

当前生效的制度文件主要有：《中华人民共和国环境保护法（修订）》（2014年）、《中华人民共和国环境影响评价法（修订）》（2016 年）、《建设项目环境保护管理条例》（1998 年）、《规划环境影响评价条例》（2009 年）等。新的建设项目环境保护管理条例修订正在开展。同时，还建立和完善了相应的 EIA 审批制度、EIA 机构资质管理和 EIA 工程师职业资格管理制度、环境保护措施"三同时"竣工验收管理规定、EIA 收费标准规定、公众参与管理办法等，为 EIA 制度的建立和推行，有效加强环境管理、减少新污染源产生和预防生态环境破坏起到了重要作用。

然而，EIA 制度仍然存在着不完善的地方，在执行过程中也出现了诸多问题。经调查分析，在 EIA 制度执行过程中明显存在的行为失范现象主要表现在（李彬，2006；李艳洁，2015）以下几方面。

1）政府执行力不足。经调查，地方政府的执法力度不够主要表现为：一是被要求"特事特办"的"特殊项目"多，未批先建、擅自变更、越权审批等 EIA 违法违规现象大量存在；各类区域开发建设及各类专项规划"未评先批"现象相当普遍，2015 年 10 月，中华人民共和国环境保护部（简称环保部）副部长潘岳透露：从 2003 年《中华人民共和国环境影响评价法》实施以来，通过审批的 113 个煤炭矿区总体规划中，有 52 个是在规划 EIA 尚未完成的情况下审批的（邹春霞，2015）。

2）部门间协调不足。其他部门，特别是经济管理部门把环境法律、法规看成是环境保护部门一家执行的"部门法"，与他们无关。甚至为没有环境保护部门许可文件的建设项目立项、办理营业执照。

3）企业积极性。企业普遍把编制环境影响报告书（environmental impact statement，EIS）、送审、专家论证看作花钱、费时的障碍和麻烦，办理 EIA 手续往往是为了项目立项或贷款的需要被迫进行的。在这种态度下，企业为绕开或抵制 EIA 手续，往往通过各种手段向环境保护部门施加压力。如编造假项目或将大项目化整为零；或者以重点建设项目为名，边建边评，有的甚至先建后评，个别项目根本就建而不评；还有想尽方法来论证已经确定的选址的合理性。

4）EIA 资质管理力度不足。EIA 技术服务市场资质寻租和资质挂靠现象突出，容易产生利益冲突和不当利益输送。EIA 机构资质审批存在"花钱办证"的现象，后续监管不到位。

5）公众参与不足。在 EIA 过程中，信息公开不足，公众缺少参与的平台和渠道；即使是 些公众关注的建设项目，决策过程也很少汲取公众的要求和建议；缺乏建设、评价和审批 3 者之间的工作联系协调机制；公众本身环境权益意识不足，参与积极性不高。

6）EIA 后续监管不足。批而不管现象严重，特别是地方环境保护行政管理部门监管力量严重不足，缺乏必要的现场环境检测设备和专业人员，对通过 EIA 的建设项目的跟踪检查工作难以到位；另外，司法部门没有起到应有的作用。

2014 年四川省发布的《关于建设项目环境影响评价违法行为专项清理整顿情况的通报》（川环函〔2014〕1799 号）中显示，仅四川省 2014 年就查处出 602 个建设项目涉及未批先建等各种 EIA 问题（四川省环境保护厅，2014）。

可以看出，EIA 主体行为难以有效的规范。使明明是环境污染或环境破坏的行为，却得到地方政府、环境保护行政部门、EIA 单位等多种方式的"保驾护航"，使之绕过制度的硬约束。加上 EIA 过程公众参与设定缺失或不足，由此，公众对审批部门、EIA 机构和建设主体信任缺失。

在这样的背景下，如果拟定的建设项目或规划具有一定程度的敏感性或可能会有较大的环境风险，就容易在民众中产生抗争的情绪。例如，深港西部通道侧接线工程沿线居民因质疑 EIA 的可靠性而发动持续两年的"维权运动"，怒江水电开发工程的 EIA 审批在专家声势浩大的辩论中迟疑难下，以及厦门民众掀起"黄丝带"运动置已经得到 EIA 审批的 PX 项目于尴尬境地，各垃圾焚烧发电项目、变电站项目因邻避运动而搁置，等等。这类事件暴露出 EIA 制度在遇到环境价值冲突现象时并没有表现出应有的针对性和涵盖力。

1.2 EIA 价值理论支持的不足

在我国，EIA 研究已经形成从技术方法到管理制度的理论积累，在管理层面构建起围绕建设项目 EIA 和规划 EIA 的法制体系。在技术方法层面有针对不同评价对象或针对不同环境问题，或者从不同评价理念入手的方法体系，如针对不同对象的有项目 EIA 和战略环境评价（strategic environment assessment，SEA）；从不同评价理念入手的有可持续发展评价、生命周期评价、清洁生产审计、整合环境评价等；还有针对不同环境问题的有累积环境影响评价、环境风险评价等。

总体上，EIA 在理论建构上还存在的不足。主要表现在以下几方面。

（1）针对 EIA 的本质特征的研究欠缺

当前对 EIA 内涵的探讨多集中在制度、方法层面。

早期不少学者，如彭应登和王华东（1995）、包存宽和尚金城（1999）、尚金城和包存宽（2003）、李天威等（1999）、陆书玉等（2001）、徐鹤等（2000）在 EIA 的一般性原则、框架、技术和程序分别进行了深入而全面的研究。在 EIA 的制度研究等方面，汪劲（1995，2003，2004，2005，2006）从法学层面对 EIA 作了系统的探讨。栾胜基和他的团队分别就 EIA 职业资格制度（姜斌彤，2004；姜斌彤和栾胜基，2004），EIA 的有效性（冉庆凯和栾胜基，2005；2013），有关结构性环境问题与 EIA 结构性评价方法展开了理论探讨与实践研究（张春燕，2005；李芬等，2007；侯小阁等，2008），以及 EIA 审批制的独特性（胡旋等，2012）进行了研究。

总的来说，诸多的 EIA 概念定义（罗宏，2000；田良，2004）中，大都把 EIA 界定为"技术""方法""制度"或"管理手段"，或者直接定义为"对环境影响的预测和估计"（田良，2004）。在《中华人民共和国环境影响评价法》（2002年）中 EIA 定义为："是指对规划和建设项目实施后可能造成的环境影响进行分析、预测和评估，提出预防或减轻不良环境影响的对策和措施，进行跟踪监测的方法与制度"。显然，这样的概念界定下，EIA 过程是严格的科学认知过程，是一个给出环境影响以及影响程度的"真"或"假"的判定过程。然而，在当出现争议，争执双方把最后的筹码放在 EIA 提供给决策者的建议——"可建"或"不可建"上的时候，已经超出科学判定范畴，上升到价值领域。这时我们该如何认识 EIA？

在王华东和张义生（1991）主编的《环境质量评价》著作中，曾提到 EIA 的目的是"鉴别损益，权衡利弊"。叶文虎和栾胜基（1994）所著的《环境质量评价学》一书中也曾就环境质量评价与价值的关系，环境质量评价的主体相关性进行了前瞻性的分析。

但总的来说，EIA 的内涵、本质、特征等的界定和探讨尚欠缺基础理论支持。有关 EIA 过程中表现出来的价值多元化、价值冲突现象，以及 EIA 与科学、价值之间的关系等根本性问题没有得到系统和深层的挖掘。

（2）针对环境问题价值冲突特征的研究不充分

通常我们对环境问题的研究都偏重于环境污染、生态破坏和自然资源损耗的物理、化学和生物、生态机理，以及现状评价和影响预测，而对环境问题的社会性则是忽视的。洪大用（2001）曾就环境问题的社会性特征做过深入的研究。也有不少学者对累积影响（李巍等，1995；毛文锋和 Peter Hills，2000；林逢春和陆雍森，1999；彭应登和杨明珍，2001）研究作了不少工作，还有，工奇和叶文虎（2002）、马小明等（2003）、钟定胜（2003）、张春燕（2005）等结合案例对产业结构、生产力布局的 EIA 方法研究也取得很大成果，以及能源结构（陈新凤，2005；钟晓青等，2007）的环境影响分析，等等。洪长安（2010）对环境问题的社会建构过程进行了研究。然而，有关环境问题的社会矛盾和价值冲突特征，以及 EIA 为什么会在这类问题面前表现出窘境和困境还缺乏深入探讨。

（3）有关 EIA 主体与主体行为的研究不足

当前对 EIA 的主体和主体行为研究主要侧重于评价主体和公众参与两个方面。

在 EIA 的评价主体和主体行为方面，姜斌彤（2004）曾从 EIA 工程师职业资格制度执行的可行性方面进行过研究，阴元芬（2015）就 EIA 工程师的伦理责任进行论述；还有从规划界对城市规划师的研究借鉴，如规划师的社会角色定位（张庭伟，2004；张京祥，2004）、与职业道德准则，以及行为机制（周卫，1998；余万军，2006）研究。牟全君（2012）对专家回避制度进行了探讨。田建国（2009）对利益相关者的行为博弈进行了分析。

对于 EIA 公众参与的研究成为最新研究热点，然而还仅是集中在公众参与的程序设计、方法（李天威等，1999；刘磊和周大杰，2009）、法律与制度（张坤民，1995；李新民和李天威，1998；洪阳和栾胜基，1999；李艳芳，2000；张盼，2007；付颖，2007；王彬斌，2008；刘鹏，2009；林钰哲，2013；徐伟，2013；潘广胜，2014；范晓静，2015）及有效性（金勇，2004；李晓巍，2007；刘洪燕，2013）研究。还有田良（2005）对公众参与主体的界定探讨，以及刘毅等（2007）从社会学角度对公众参与研究方法的分析，等等。

总的来说，当前的 EIA 主体和主体行为研究有两方面的不足。首先，研究范围狭窄。虽然对公众参与的关注显然已经把主体范围扩展到各方利益主体和行为主体（包括评价技术主体、决策者、提议者、评审专家、直接的影响受众、感兴趣的团体和个人等），但是 EIA 过程并不仅仅有一个公众参与决策过程，还包括审批行为，如环境影响报告书编制行为等，对其他过程的主体及主体行为的研究存在缺失。其次，研究的重点仅限于法律制度设计，而并没有挖掘行为背后的机制和驱动因子。EIA 作为一个过程，各行为主体之间复杂的社会关系，个体行为选择机理和行为互动过程主体的行为规律则是目前被忽略的内容。

（4）有关 EIA 标准价值选择内涵的研究不足

有关 EIA 的标准研究，多集中于评价指标和评价标准的建构方面，相关的评价类型指标体系的建立、量化和标准的制定和管理之类的文献浩如烟海。主要包括 5 类：①对相关的指标体系的构建，如可持续发展指标、循环经济评价指标、清洁生产评价指标、生态安全指标、绿色国内生产总值（gross domestic product，GDP）指标、健康环境影响评价指标、生态工业区指标、生态城市和生态省建设指标等（叶文虎和栾胜基，1996；徐中民等，2000；张坤民等，2000；王金南等，2005；张黎庆和王银龙，2014）；②对评价指标的定量化和标准化研究，如生态足迹、生态需水量、环境承载力、熵等（徐中民等，2001；王根绪和程国栋，2002；冯艳飞和贺丹，2006；温美琴，2007；方恺，2015）；③对不同 EIA 类型的指标构建，如各种类型的规划 EIA、对外贸易可持续发展评价、农业开发可持续发展评价、风险环境影响评价、生态环境影响评价、后评估等（刘艳坡，2005；韩冰，2007；吕昌河等，2007；雷声，2009；吴婧等，2011；李竺霖，2013；包存宽等，2013）；④对评价指标构建过程中的技术方法研究，如权重的赋予、指标综合的数理统计模式等（朱茵等，1999；韩客松和王永成，2000）；⑤对评价标准的制定、实施与管理（陆昌淼，1988；冯波，2000；何新春和徐福留，2007；吕贵芬等，2015）。

毋庸置疑，指标与标准研究是个严谨的过程，要以大量的科学事实与论证作为基础，然而显然，在 EIA 标准衡量的 "达标" 与 "不达标" 之前有一个 "好" 与 "不好" 的价值判断过程被隐藏了。这是一个有趣的问题，却没有得到应有的关注。

总的来说，EIA 的本质特征是什么？是一个科学推断与预测过程，抑或一个价值判断和选择过程？各主体与主体行为背后的深层机制是什么？有没有规律可循？为什么在 EIA 过程会出现环境价值冲突现象？这些根本性的问题，到目前为止，其研究是缺乏的。

1.3 EIA 能否是一把打开所有门的金钥匙

EIA 是针对环境问题，通过预测和评估某活动可能引起的环境影响，把风险消减在活动发生之前的决策工具。环境问题的表象和特征是决定 EIA 功能定位的主要因素。

1.3.1 环境问题表现出的价值冲突性

环境问题一直相伴与人类社会的发展历史，然而，直到 19 世纪末，环境公害事件频发，人们才逐渐注意到环境问题的存在。最初，以局部公害事件和工业点源污染为主要表象的环境问题表现出环境系统的功能性状的变化，如大气、地表水、固体废弃物、噪声和核辐射等环境要素的污染等。

环境问题以不可避免的态势向复杂化方向演化。我国目前环境问题正迅速向结构性、复合性、压缩性的方向发展[①]。发达国家经过百年的工业化过程，环境问题是分阶段逐次呈现的，从工业污染到生活污染、从点源发展到线源，继而面源，生活方式和生产方式的变革是一个相对缓慢的过程，从而由生活、生产和消费方式的变化引起的环境问题也是一个渐次浮现的过程，也为人们对环境问题的认识深化和价值观念的更新提供了足够的缓冲时间，为环境问题的从容应对提供了条件。然而，我国的情况却不容乐观，短短数十年的经济高速发展之后，环境问题就由单一的工业污染发展到与生活污染并存，由城市的点源污染发展到与农村的面源和分散性点源并列，落后的生产技术和生活方式引起的环境问题与新的消费方式和高科技产品引发的污染并驾齐驱，等等。在为新的生产方式和生活方式所提供的管理体制还没有完善，价值观念体系还没有来得及重构的前提下，新的生

---

① 2005 年 5 月原国家环境保护总局局长解振华在"中国科学与人文论坛"上表示，我们国家目前环境问题呈现出结构型、复合型、压缩型的特点。主要表现为：一是在工业化过程中，造纸、酿造、建材、冶金等行业的发展使环境污染和生态破坏日益加剧；二是以煤为主的能源结构将长期存在，二氧化硫、烟尘、粉尘等的治理任务更加艰巨；三是城市化过程中基础设施建设滞后，垃圾、污水等问题得不到妥善处理；四是在农业和农村发展过程中，化肥和农药的使用、养殖业的无序发展等加剧了农村环境污染，既损害农民健康，又威胁农产品安全；五是在社会消费转型当中，电子废弃物、机动车尾气、有害建筑材料和室内装饰不当等各类新的污染呈迅速上升的趋势；六是转基因产品、新化学品等新技术和新产品将给环境和人民健康带来潜在的威胁（李斌和吴晶晶，2005）。

产方式、生活方式所引发的各种环境问题已经全面爆发。因此，无论是在技术方法、管理制度还是社会伦理道德意识形态方面，我们都没有足够的逐一解决环境问题的缓冲时间。

在这种前提下，环境问题逐渐彰显出与社会系统的复杂性联系和与社会价值冲突的一致性：

首先，由于环境问题引发的纠纷、上访和争执、冲突和摩擦等社会矛盾和价值冲突现象增多。例如，污染企业与周边居民之间、地方政府与被不合理征收耕地等生存资源的农民之间、流域的上下游之间、污染转移的城市与农村之间、东西部之间，甚至由于绿色壁垒的设置与国际贸易合作伙伴之间，等等。

累积的环境问题集中突发，同时也意味着由环境问题伏下的潜在社会矛盾的突发。随着经济水平的提高，对环境需求的多元化，以及民众环境权益意识和对环境风险的警惕性的提高，民众争取环境权益的行为将会增加，而个体或群体之间因为环境问题所引发的利益冲突也将增多。根据备案，近年来，环保管理部门每年收到的有关环境纠纷的来信就有几十万封，接待的民众上访达数万次，各级全国人民代表大会（简称人大）、中国人民政治协商会议（简称政协）环境保护议案、提案数也达数万。这仅仅是显露了由环境问题引发的社会矛盾的冰山一角。

其次，环境安全与社会矛盾隐患巨大。环境问题的布局性、结构性特征，提高了环境风险程度和隐藏水平。例如，2005 年 11 月沿江而设的中国石油天然气股份有限公司吉林石化分公司爆炸所引发的松花江污染事件，2015 年 8 月近邻居民区的天津滨海新区东疆保税区瑞海国际物流有限公司危化品爆炸案，类似的还有 2003 年重庆开县"12·23"特大井喷事件和 2004 年 3 月的沱江重大污染事件，等等。近年来在全国范围内屡屡发生的跟非法排污相关的癌症村现象。例如，2013 年"有色金属之乡"的湖南被曝出重金属严重超标的毒大米事件；2007 年太湖蓝藻暴发造成无锡全城自来水污染事件；2015 年冬天华北地区连遭大范围雾霾天气，12 月北京两度发布空间污染最高预警等级：红色预警，随后天津、河南、河北相继发布红色应急响应。

环保部发布的《全国环境统计公报（2013 年）》《全国环境统计公报（2014 年）》数据显示，2013 年全国突发环境事件 712 起，2014 年 471 起，其中，重大突发环境事件 3 起。2010~2014 年，全国突发环境事件 2000 多起，特别是有毒有害化学品泄漏、溢油、爆炸等事件，造成的危害大、影响广。各地接连发生的安全事故及引发的环境污染和生态破坏事件，标志着我国已经进入环境高风险期。

环保部介绍（李彪，2015），"十一五"以来，环保部直接调度处置 900 多起突发环境事件,派出工作组现场指导协调地方处置 93 起重特大突发环境事件或敏感事件。环境安全隐患和突发环境事件呈现出高度复合化、高度叠加化和高度非常规化的趋势。同时,根据环保部 2010 年、2012 年对石油加工、炼焦业、化学原料及化学品制造业和医药制造业等重点行业企业环境风险检查及化学品检查数据,并综合 2012 年、2013 年全国环境安全大检查情况,全国重大环境风险级别企业共有 4000 多家。

环境风险高发进一步激化了社会矛盾与冲突。产业结构不合理以及高能耗和重污染行业布局性隐患,污染产业从城市向城郊与乡镇转移所引起的污染加剧,隐下的是阶层之间、污染企业与周边居住之间的利益冲突。例如,化工项目、垃圾焚烧厂和变电站等项目选址屡遭邻避反抗,厦门 PX 项目、宁波 PX 项目等终究无法落地,梅州、番禺、花都垃圾焚烧厂选址几番折腾没能定夺,以及李坑垃圾焚烧厂改扩建,无不是遭遇民意阻击所致,江苏启东王子造纸厂排水事件造成民众与政府部门之间对抗恶性冲突,四川什邡钼铜项目引发的污染最终引发群体性事件。

总的来说,人们对环境问题的认识经历了一个从环境要素功能到社会需求竞争的认识深化过程。同时,在原有的环境污染和生态环境问题没有得到整体上改善的情况下,当前的环境问题与社会结构和社会矛盾交织在一起,日趋复杂。

我国环境问题与社会问题交互缠绕的复杂性和各类环境问题集中爆发的危急性为我们描绘出一个不容乐观的局势图,也向环境管理提出了更高的要求。

1.3.2 问题的提出

EIA 是个国际化的概念。在发达资本主义国家工业化进程中,由于经济的繁荣已经难以掩饰不断涌现的环境问题,环境在外在扰动下的状态改变对人的影响必须作为一个重要因素被决策者考虑和受影响者获悉,以病理学、生态学、化学等科学家进行的科学调查和实验为基础的 EIA 作为决策信息提供工具诞生了。

我国的 EIA 制度是基于决策辅助工具这个目标设定的。EIA 理念被引入我国是在 20 世纪 70 年代,1972 年,我国派代表团参加联合国"人类环境会议"之后,"环境质量评价"工作得以开展,1978 年,江西铜业股份有限公司永平铜矿开展了我国第一个建设项目的 EIA(环保部环境工程评估中心,2015),1979 年颁布的《中华人民共和国环境保护法(试行)》正式提出"EIA"概念。类似于 20 世纪的发达国家，我国也同样在如火如荼地走在工业化进程中，环境问题以更为严峻的形势重现出来，在这种情况下，EIA 理念被顺理成章地"拿来"并"落地生根"。

2002 年《中华人民共和国环境影响评价法》颁布，2016 年《中华人民共和国环境影响评价法》修订版颁布，EIA 已经具备了比较完备的法律体系，已经成为我国进行"建设项目"和"发展规划"过程中的主要环境保护监管手段。然而，社会在持续不断地发展，问题在社会发展背景下会呈现出不同的特征和规律。因此，EIA 也应该是一个开放的理论体系，具备时代性，和能够针对不同时期的社会、政治、经济和文化背景下产生的环境问题的把握能力和自我调适能力。那么，在当前的 EIA 实践活动中，EIA 是否适宜于当前的社会背景和环境问题演化特征呢？

EIA 在我国已经有了 30 多年的发展历程。可以看到，作为环境管理代表性制度的 EIA 在经历了各种修正与调适之后开始有了沉静下来的趋势，开始在整个环境管理体系中重新找寻自己的位置，与总量控制、排污许可和项目的过程管理等其他管理制度加强契合。对自身，一方面开始减繁去冗，抓要点，强化替代方案设计与认证，管理技术、环境保护措施的论证，另一方面向政策 EIA 延伸，同时开始在第三方独立性方面进行制度修正和调适。但是核心疑问仍在，包括政府部门、普通民众、投资人，对 EIA 抱着一种期望，希望所有的问题和风险能够通过 EIA 一并屏蔽掉。这个项目开发活动与规划的技术门槛能够高到让我们可以一劳永逸，高枕无忧。可是，目前为止，EIA 的表现无疑让很多人失望。无论是在预测结果的精准程度，还是在风险过滤，以及在取信于周边居民，甚至其他公众方面，都是问题重重，尤其是针对敏感性项目开发活动。即在精确性与效率之间取舍问题，以及在敏感性的拟议项目或战略行为决策过程 EIA 的定位问题，邻避运动中公众对与政府和 EIA 单位的信任危机问题，仍然在一遍遍重演。

首先，我们对 EIA 是技术门槛的定位是否准确和全面？

其次，在环境问题或风险所引发的冲突事件中，EIA 的角色是什么，能起到什么作用？

最后，通过制度设计，EIA 能否一劳永逸地帮我们屏蔽掉所有环境风险？

为了避免管中窥豹的局限，我们不妨暂时先跳出这些问题，以更高的视角来审视什么是 EIA，EIA 的本质特征是什么，它具备哪些基本的功能以及可以衍生出来什么功能，以及它的适用条件是什么。

1.4　本书的视角与内容介绍

1.4.1　EIA 的概念界定

基于《中华人民共和国环境影响评价法》的定义："EIA 是指对规划和建设项目实施后可能造成的环境影响进行分析、预测和评估，提出预防或减轻不良环境影响的对策和措施，进行跟踪监测的方法与制度"。

在此基础上，本书对 EIA 的内涵做了进一步的外延。本书所研究的 EIA 是指：具备一定资质或者资格的单位或个人对项目或者战略行为方案实施后可能造成的影响进行识别、预测和评估，提出相应的替代方案，减缓或预防措施，同时把该过程纳入决策程序的规范化①过程。在内容上包括环境质量评价、环境现状评价、环境影响预测、环境回顾评价等环节；在方法上包括针对项目的 EIA 方法、针对战略的 EIA 方法、生态环境影响评价、环境风险评价、环境健康评价、生命周期评价、清洁生产审计、可持续发展评价、整合环境评价等技术类型。

此概念在以下几个方面作了限定：第一，对评价技术主体的资格限制，要么是获得了国家法定认可的专业咨询单位或个人，要么是具备一定学术声望或专业背景的科研或者技术咨询单位或个人；第二，评价对象局限于针对建设项目和战略（包括规划、计划、战略）决策行为；第三，对评价程序的规范化设置；第四，在内容上强调对已经或正在发生的，或者拟议中的行为的影响进行评价或预测；第五，在状态上强调 EIA 的动态活动"过程"。

1.4.2　研究视角与内容介绍

本书主要对以下相关理论问题进行侧重探讨：①为什么在 EIA 过程会出现环境价值冲突现象？②环境价值冲突在 EIA 过程的作用规律和表现特征是什么？③有没有可能借助于对环境价值冲突的研究，进一步完善现有的 EIA 理论、方法和制度？或者说帮助 EIA 更加有效的针对环境问题，实现决策过程的客观、公开和公正，以及促进和谐社会目标？

---

① 所谓规范化（normative），是指"事物应当怎样"（田良，2004），包括法制规范和技术规范两种内涵。

从 EIA 的价值评价本质和特征入手，分析环境问题在 EIA 过程中突显出环境价值冲突的原因，沿着主体—客体—标准这条主线，对科学性和价值构建这两重目标之间的联系和矛盾进行阐述，分析把握 EIA 环境价值冲突规律的可能性和可行性，提出理论研究和制度改进的建议。

首先，从认识论、价值评价论和"过程"认识的高度对 EIA 的本质内涵、根本特征进行根本性把握探讨。

其次，依据环境问题、环境资源配置和环境价值冲突的相关性，从 EIA 主体结构入手进一步探讨环境问题在 EIA 过程中突显出价值冲突特征的机理。进而，根据主体角色理论、主体行为互动和个体行为理论，讨论环境价值冲突和 EIA 主体行为规律的关系。

在客体方面，则主要借鉴系统论，采用实证方法，从功能-结构入手来探讨当前突出的环境问题与社会结构的相关性，以及环境资源配置结构与环境价值冲突的相关性，论述当前我国 EIA 的客体定位，分析 EIA 对此类问题的把握不力的原因以及改观的可能。

在标准方面，主要借鉴价值评价理论，通过对 EIA 标准的本质认识，来分析在 EIA 指标和标准等级选择环节所显示的环境价值冲突特征，探讨在解决环境资源配置中出现的利益矛盾问题时主要的工作难点和应该遵循的主要原则。

最后，针对环境问题在 EIA 过程中表现出的价值冲突特征和作用机制，笔者提出几点对 EIA 理论完善和制度改进的建议：价值建构模式设计、方法完善和责任机制建设。

第 2 章 | EIA 的基础理论

EIA 高高架起的技术"门槛"和被严格规范化的方法与框架，使其被归属于自然科学研究范畴，被看作为决策提供环境影响信息的技术手段。这个定位是否准确？要回答这个问题，需要追溯到理论上游，重新来审视 EIA 的本质和特征。

2.1 EIA 的研究基础

目前有关 EIA 的研究，主要包括两个方面：技术方法层面的研究和管理制度层面的研究。

2.1.1 国内外 EIA 研究现状

2.1.1.1 国际 EIA 研究

根据 Sadler（1996）的结论，在很多国家，把一个和 EIA "近乎相同或可比的过程"也叫作环境评价（environmental assessment，EA），EIA 和 EA 在某些情况下可以互换使用。

作为环境科学内的具备半个世纪之久的发展历程的理论体系，EIA 的历史发展过程已经被很多学者从各种角度进行总结和分析，如表 2-1 就是罗宏（2000）对 EIA 演变进程特征的分析，另外比较典型的就是 Sadler（1994，1996，1999）在国际影响评价协会（International Association of Impact Assessment，IAIA）会议上提交的 3 篇报告；Petts（1999a）有关 EIA 的综合性回顾的著作；Cashmore（2004）有关科学影响力的 EIA 范式分析；Formby（1990）对 EIA 的政治性特征的研究等。本书把国际上的 EIA 研究大致分成以下两个阶段。

表 2-1 国际上 EIA 演变过程

时段	阶段	特征
1970 年以前	早期 EIA	根据工程和经济研究（如成本-效益分析）进行项目审议；有限地考虑环境后果
1970~1975 年	方法论发展	EIA 制度在发达国家开始实施；最初侧重于识别、预测和缓解对生物的物理影响；公众有参加主要评议的机会
1975~1980 年	社会因素的考虑	多尺度 EIA，包括社会影响评价和风险分析；公众协商成为规划与评价的重要组成部分；项目评议更加强调无过失和替代方案
1980~1985 年	与决策过程的整合	努力使项目 EIA 与政策、规划和后续阶段一体化；评价侧重于过程与工程分析；国际援助与借贷机构以及一些发展中国家开展 EIA
1985~1990 年	可持续性范例	根据可持续性思想和原则，开始重新思考 EIA 的框架；开始探索解决地区性和全球性环境变化与累积性影响的途径；在 EIA 研究与培训上的国际合作日益增多
1990 年至今		一些发达国家开展对政策、规划和计划等的 SEA；签订跨国界 EIA 的国际公约；联合国环境与发展会议提出要拓展 EIA 的概念、方法和程序，以促进可持续性

资料来源：罗宏，2000；Sadler，1994

（1）早期的 EIA

国际上，EIA 研究起始于 20 世纪初期，同时，随着第二次世界大战后发达国家的工业在发展规模与发展性质上都超出预料，人们对于经济发展所带来的环境问题的担忧越来越强烈，而当时的决策工具，如费用-效益分析（cost-benefit analysis）却无法充分把握环境问题，有效缓解民众的忧虑（O'Riordan et al.，1981；Petts，1999a）。

与其同时，在技术上，英国和美国一些发达国家对环境公害的治理过程中进行了环境监测、环境毒理学研究，并建立大气、核扩散模型，以及在此基础上提出的环境质量评价报告和环境综合质量指数方法。随着环境影响从公害事件向生态环境危机的发展，此类研究的目标设定逐渐从质量现状评判转向人类开发行为对未来环境质量的影响预测。直到 20 世纪中叶，这段时期成为 EIA 的技术方法准备阶段。

1964 年，在加拿大举办的国际环境质量评价学术研讨会上，有关学者首次提出了 EIA 概念（国家环境保护总局监督管理司，1996）。到 1969 年，美国国会颁布《国家环境政策法案》（National Environmental Policy Act，NEPA），首次将 EIA 确立为一项法律制度；尽管发展历史短暂，形式简单，但 NEPA 仍然称得上是一种革新的典型。NEPA 的生效为 EIA 建立了法律和制度基础，成为 EIA 的"大宪章"（Sadler，1996）。

（2）中期的 EIA 概念扩充

从 20 世纪中叶到 20 世纪末，EIA 在程序、方法和内容上获得较大的发展。世界上大多数国家陆续把 EIA 制度正式或实验性地引入项目审批和战略决策过程。将环境影响与经济、社会和其他因素同时考虑，综合应用于公共政策的制定（Caldwell，1982）。

EIA 的应用，在这段时间也有质和量的飞跃。从影响源上看，从微观层面的建设项目设计到宏观的区域或部门开发计划、建设规划和公共政策、发展战略等的扩展；从评价对象上看，从开始对水、气、土、声和固废、放射性物质等环境要素到对生态景观、社会发展模式、产业结构等影响因子的关注；从影响的特征上看，从只关注定常状态到逐步考虑事故状态和累积效应；从评价原则上看，由主要考察污染物排放和环境质量是否达标，到重视总量控制和环境影响的经济损益分析，并开始逐步将清洁生产、产品生命周期、影响的累积效应等思想原则引入；从技术方法上看：一些新的技术方法，如 3S（GIS、GPS、RS）技术、专家系统、监测网络系统等一些以计算机为信息平台的方法的应用；从评价内容上看：战略环境影响评价、社会环境影响评价、累积影响评价、环境风险评价、清洁生产审计、生命周期分析等成了环境影响评价中的一些新的专门领域，并形成不同层次的环境影响评价体系。

同时，国际的合作（Sadler，1996）、EIA 跟不同国家政治背景的融合（Bina，2001；Nilsson et al.，2001；Nitz and Brown，2001；Fischer，2003；Barker and Fischer，2003；Peterson，2004）、EIA 的能力建设（Goodland and Anhang，2000）、评价后续评估和公众评议（Alton and Underwood，2003）持续成为 EIA 关注的焦点。

另外，发达国家一直比较重视 EIA 的政治特征（Barber，1988；Formby，1990；Hannigan，1995；Sadler，1996）。到了 20 世纪末，这种社会政治取向有逐渐强化的趋势，主要表现在：内容上强调社会影响评价，不同团体的利益冲突和协调（Hannigan，1995；岩佐茂，1997）；在程序和方法中更重视与公众等各主体的协商和谈判（Formby，1990；Hannigan，1995）；在目标设定上，更表现出把环境正义融入社会综合价值判断的取向（Formby，1990；Hannigan，1995；Canter，1996；

Kirkpatrick and Lee，1999）。

从国际 EIA 研究现状来看，首先，可以肯定的是 EIA 尚属于有研究价值和发展潜力的研究方向。其次，我国作为发展中国家，国内的 EIA 研究水平和研究条件还尚不能与发达国家完全持平，EIA 研究还有很大的潜力可挖。最后，虽然发达国家在政治性、公众参与、与地方文化整合等 EIA 价值研究是成熟于我国，但"技术优先"的原则明显是国际性的。

2.1.1.2　国内 EIA 研究

在国内，对 EIA 的研究开始于 1973 年对环境质量评价工作的开展（王华东和张义生，1991），以重点介绍环境质量评价的技术方法与工作程序为主，并处在对 EIA 研究的试探阶段（中国环境科学学会环境质量评价专业委员会，1982；唐永銮和陈新庚，1986；郦桂芬，1989；王华东和薛纪瑜，1989）。

19 世纪 80 年代末 90 年代初，EIA 的理念传入我国，EIA 成为研究热点，EIA 的技术从理论和实践方面逐渐成熟（蔡贻谟和郭震远，1987；陆雍森，1990；王华东和张义生，1991；叶文虎和栾胜基，1994）。同时，出现了一些对 EIA 本质认识的思考。例如，在王华东和薛纪瑜（1989）所编著的《环境影响评价》一书中，讨论到 EIA 是服务于经济布局合理性的，EIA 工作需要在系统论和协同论的指导下，遵循目的性原则、整体性原则、相关性原则、主导性原则、动态性原则、随机性原则。在叶文虎和栾胜基（1994）所编著的《环境质量评价学》一书中，也曾前瞻性地从价值角度论述 EIA 内涵。

到 20 世纪 90 年代，受 1992 年联合国环境与发展会议上提出的"可持续发展"概念的影响，国内对于环境问题的研究开始转向环境与发展问题的宏观视域，EIA 研究也从方法学中走了出来，开始注重于可持续发展原则和目标下的 EIA 的管理，如 EIA 的制度国际比较（林逢春，1998；林逢春和陆雍森，1998）、公众参与（李艳芳，2004）和可持续发展概念对于 EIA 的指导意义（栾胜基和李彬，1994）。EIA 内容也有增加，如环境影响后评估（周世良，1998）、清洁生产等的评价原则、环境审计、生命周期评价（席德立和彭小燕，1997；杨建新，1999）。研究的 EIA 问题更加注重区域复杂性和环境影响的累积性（李巍等，1995；彭应登，1997，1999）。到 19 世纪末 20 世纪初，战略环境影响评价的理论研究全面展开（尚金城和包存宽，2003），一些支持宏观决策的以计算机技术为基础的技术（如 3S 技术）专家系统等开始应用于 EIA。

2.1.2 EIA 的主要方法

大致来说，EIA 研究主要在技术方法和制度管理两个层面。实践证明，在技术方法层面，EIA 是一个相对可靠的决策信息提供工具；在制度管理层面，EIA 制度提供了一套相对有效的建设项目、战略决策行为规范。

2.1.2.1 EIA 技术方法

EIA 研究很注重科学技术与方法的应用和改进。EIA 方法学研究大体经过了环境质量评价、项目环境影响评价和规划环境影响评价的方法发展历程后，现在处于各评价方法多元化并存的阶段。例如，在时间序列上包括回顾性、现状和预测性评价方法；在空间范围上包括项目、区域、流域和全球影响评价方法；在评价对象行为设定上包括微观项目和宏观战略评价类型；在环境影响特征上包括常态、事故状态、风险状态和累积效应评价方法等；在评价判断方式上包括环境质量达标分析、环境影响的经济损益分析、清洁生产审计、生命周期分析、总量控制、可持续发展程度评价等方法；在使用的技术手段上包括核查表、矩阵、模型、数值模拟、3S、专家系统和常用软件工具包等；在价值衡量的定量化状态上包括定性分析、定量评估和定性与定量相结合的方法；在评价程序上包括影响筛选方法、范围确定方法、影响评价方法、公众参与方法、环境保护验收方法和跟踪评估方法等。

现有的 EIA 方法体系包括模拟模型、操作规程、技术路线和技术手段四大类（尚金城和包存宽，2003）。

模拟模型：应用于 EIA 中的模拟模型包括概念模型、数学模型、系统仿真模型等具体形式。模拟模型法同时也是 EIA 方法的主要形式。

操作规程：操作规程是进行 EIA 工作所必须遵循的规则，是 EIA 方法的可操作性和实效性的具体体现。它保证了 EIA 的顺利、科学、有效进行。

技术路线：EIA 的技术路线是 EIA 工作的具体实施步骤。EIA 的工作步骤包括前期准备（确定评价对象）、制定工作方案（确定评价者、评价目的、评价等级、评价方法和评价标准）、评价实施（战略分析、环境背景描述、战略环境影响识别、预测及综合评价，替代方案及减缓措施）、评价总结（最终形成 EIA 文本或报告书）4 个步骤。每个步骤的每个环节又可进一步分成若干个更小的具体步骤。

技术手段：在当今社会，任何理论和方法如果缺乏现代技术手段的有力支持，其发展和应用都将会受到极大限制。因此，EIA 方法同样离不开现代科学技术手段的支持。例如，以系统仿真、GIS 和网络为代表的计算机技术，以卫星、航空、遥感为代表的空间技术等将广泛应用于战略环境背景调查分析、环境影响识别、预测和评价等环节，并成为新发展的 EIA 方法的重要组成部分。

另外，依据 EIA 程序，在评价各个阶段可选用的一系列方法的集合，是从定量到定性，再到定性与定量的结合，从单项到综合集成的宏大的体系。表 2-2 列出各个评价阶段常用的评价方法。

表 2-2　EIA 各个阶段常用的方法

评价阶段	常用方法
背景调查分析	收集资料法、现场调查和监测法；地理信息系统（GIS）、遥感（RS）、全球定位系统（GPS），即 3S 技术；提问表、访谈和专门座谈会等
影响识别	核查表法；矩阵法；网络法；叠图法+GIS；系统流图法；相关分析法；层次分析法；情景分析法；智暴法和德尔菲法
影响预测	主观概率法；系统动力学；人工神经网络；投入产出分析；环境数学模型；情景分析法；风险分析法；经济分析法；社会影响分析法
影响评价	指数法；加权比较法；模糊综合评价法；逼近理想状态排序法；费用效益分析法；层次分析法；可持续发展能力评估；对比评价法；承载力分析法；风险评价法；决策分析技术
公众参与	会议讨论、提问表、访谈和社会调查与咨询等

资料来源：包存宽，2004

EIA 不同类型、不同阶段的方法组成了一个信息收集、处理与分析的流程，目的在于所得数据能够尽量逼近现实。

2.1.2.2　EIA 的制度管理

管理层面的 EIA 研究注重的是 EIA 的制度安排，相关法律法规的制定与执行、主体行为的约束与管理。此类的研究成果表现为推动了 EIA 制度的完善和改进。

自 1969 年，美国国会颁布 NEPA，首次将 EIA 确立为一项法律制度开始，EIA 制度无论国际上的普及，还是各个国家、区域的与本土文化政治的结合方面，都取得了卓越成绩。世界上大多数国家陆续把 EIA 制度正式或实验性地引入项目审批和战略决策过程。特别是把环境影响报告书的准备法定化，成为"行为强制"机制，将环境影响与经济、社会和其他因素同时考虑，综合应用于公共政策的制定（Caldwell，1982）。

我国 EIA 是以项目/规划审批制度为核心建立起来的审批制度，以环境保护主管部门负责组织审查、批准项目建设的决策行为规范为重点。

1979 年制定的《中华人民共和国环境保护法（试行）》中首次确立了 EIA 制度。1981 年 5 月，有关部委联合颁发了《基本建设项目环境保护管理办法》，规定建设项目在保护环境方面应当遵循的一些原则和执行环境影响报告书制度的具体做法。1986 年，有关部委联合颁布了《建设项目环境保护管理办法》，该办法将 EIA 从基本建设项目扩大到技术改造项目和区域开发项目。1998 年，国务院以行政法规的形式 颁布了《建设项目环境保护管理条例》，使该制度的法律地位得到进一步提升。2002 年，全国人民代表大会常委会通过了《中华人民共和国环境影响评价法》，规定建设项目的 EIA。由此建立了以《中华人民共和国环境影响评价法》为核心，由相关行政法规和部门规章以及地方性法规共同构成的 EIA 法律体系（姚坡和徐响，2016）。主要包括《中华人民共和国环境保护法（修订）》（2014 年）、《中华人民共和国环境影响评价法（修订）》（2016 年）、《建设项目环境保护管理条例》（1998 年）、《规划环境影响评价条例》（2009 年）、《中华人民共和国海洋环境保护法》《中华人民共和国大气污染防治法》《中华人民共和国水污染防治法》《中华人民共和国固体废物污染环境防治法》《中华人民共和国环境噪声污染防治法》等，以及相应的配套制度，EIA 机构资质管理和 EIA 工程师职业资格管理制度、EIA 审批制度、环境保护措施"三同时"竣工验收管理规定、EIA 收费标准规定、信息公开制度、公众参与管理办法等。

我国把 EIA 制度作为贯彻预防为主、实施可持续发展战略的重要举措之一。这项制度的建立和推行，为有效加强环境管理、减少新污染源产生和生态环境破坏起到了重要作用。

2.1.3 国内 EIA 理论研究的不足

尽管在方法技术和管理制度两方面已经相对比较完善，但是在 EIA 制度执行过程中仍然遭遇到不少困境。特别是环境价值冲突特征在 EIA 过程中的突显，由此暴露出 EIA 在把握决策价值特征方面的不足。这不足主要体现在：重应用理论，轻基础理论；重程序规范，轻与决策的整合。

相对而言，发达国家对 EIA 的政治性质关注较早。根据田良（2004）的调查，1987 年在澳大利亚艺术、遗产和环境公共资源部主办的"EIA 是一个规划工具"

研讨会上，澳大利亚、加拿大和新西兰的与会代表都曾努力将关于 EIA 的政治和社会方面的讨论引入会议程序中；Barber（1988）曾发表《影响评价与民主政治学》，讨论 EIA 制度与西方民主制度的关系；Formby（1990）发表《环境影响评价中的政治学》，讨论政府环境政策与 EIA 的关系，以及 EIA 中部门间互动的政治过程；Hannigan（1995）从建构主义角度出发，讨论了环境运动、公众意识、科学以及权力结构的不同作用。

然而，国内的 EIA 研究多限制在自然科学的框架之内，带有鲜明的技术与行为规范特征。国内的 EIA 研究经历了从"技术"到"管理"的重心转移过程。前一阶段是对环境质量现状评价和环境影响预测的方法和指标体系构建过程，即技术方法层面；后一阶段是对人们社会经济行为从建设项目到战略转移的范围扩展，以及对 EIA 各主体行为机制的规范化过程，即管理层面。这两个层面上 EIA 都是以提供精确可靠的环境影响信息，减少决策的不确定性为目标定位的。

对 EIA 的价值判断目标和社会活动特征，涉及者却寥寥。在王华东和张义生（1991）主编的《环境质量评价》著作中，曾作了"开展 EIA，旨在推测发展，预见变化，鉴别损益，权衡利弊……"，"EIA 的结论，不单要指出影响的范围与广度、损害的轻重与深度，具有鲜明的警告性；而且还应明确提出可否意见……"的论述。叶文虎和栾胜基（1994）所著的《环境质量评价学》著作中首次将关于价值和价值评价的哲学理念引入 EIA 领域；陆雍森（1990）在讨论 EIA 的学科体系时，将"环境价值及其评价"作为其中的理论基础之一；田良（2004）在《环境影响评价研究——从技术方法、管理制度到社会过程》一书中从价值论和评价论的角度对 EIA 的本质和规律作了比较深刻的论述，并以社会构建理论作为研究视角对 EIA 的制度、职业和公众参与、有效性等内容和 EIA 目的出现的诸类问题进行了探讨和理论重建。

到目前为止，国内对 EIA 的研究还少了以价值评价和社会活动为视角的深层挖掘，有关 EIA 的价值评价理论的论述并不完善，停留于浅尝辄止的表层。田良（2004）选择用社会建构理论把 EIA 提高到社会活动层面，对 EIA 的价值评价理论也作了相应的论述，但对 EIA 过程中的利益冲突的原因、规律、实现价值建构的科学基础却没有涉及。一些围绕公众参与、审批制度的研究从最近 EIA 热点事件、邻避冲突出发对公众参与的合理性、途径、制度保障、政府治理、利益协调均衡、交往理性等角度进行了相关探讨（汪劲，2014；王超锋和朱谦，2015；阮文刚等，2016；王玥，2016；崔坚等，2016；陈树磊，2016；秦鹏和唐道鸿，2016），但是系统、深入、全面的理论研究目前仍亟待构建。

2.2 EIA 的价值评价理论基础

案例一：青藏铁路二期工程（章轲，2006；宋子晴，2007）

青藏铁路格拉段（格尔木至拉萨段）通车前后，西藏这个遥远而神秘的高原一下子成了铁路通达的地方，引起人们对这件事可能产生的影响的广泛关注，尤其是对青藏高原冻土环境、江河源水质、野生动物迁徙条件和青藏铁路沿线的自然景观可能产生的影响。

这些关注都被慎重地体现在青藏铁路二期工程的 EIA 过程中。

青藏铁路东起青海西宁，南至西藏拉萨，全长为 1988 千米，分为一期西格段（西宁至格尔木段）和二期格拉段两段，被誉为天路。

一期西格段：青藏铁路西宁至格尔木段长为 846 千米，1958 年分段开工建设，1979 年铺通，1984 年全段投入运营。

二期格拉段：东起青海格尔木，西至西藏拉萨，全长为 1142 千米，其中新建线路为 1110 千米，于 2001 年 6 月 29 日正式开工，2006 年 7 月 1 日正式通车。途经纳赤台、五道梁、沱沱河、雁石坪，翻越唐古拉山，再经西藏安多、那曲、当雄、羊八井到拉萨。其中海拔 4000 米以上的路段为 960 千米，多年冻土地段达 550 千米，翻越唐古拉山的铁路最高点海拔为 5072 米，是世界上海拔最高、在冻土上路程最长的高原铁路。全线路共完成路基土石方 7853 万立方米，桥梁 675 座、近 16 万延长米；涵洞 2050 座、37 662 横延米；隧道 7 座、9074 延长米。沿线基本实现"无人化"管理。

青藏高原素有"世界屋脊""地球第三极"之称，是我国的"江河源"，地理生态环境具有原始、独特、脆弱、敏感等特点。在青藏铁路建设和施工中如何有效地保护生态环境，是青藏铁路建设的重要任务，党中央、国务院对此也极为重视。

2001 年 2 月 8 日，国务院总理办公会议听取原国家计划委员会的汇报，批准了青藏铁路（格拉段）建设方案立项。2001 年 3 月 1 日，中华人民共和国铁道部（简称铁道部）第一勘测设计院（简称铁一院）200 名勘测队员开进青藏高原。这是国务院做出修建青藏铁路重大决策后，第一批奔赴高原开展全线环境评估的调查队。

一周后，按照铁道部和国家环境保护总局的指示，由铁一院、中国环境科学研究院环境生态科学研究所、国家环境保护总局南京环境科学研究所的 14 名核心专家组成的"环境评估调查队"也进入青海格尔木，10 天行程 1100 多千米，最后到达拉萨。这次调查要摸清青藏铁路格尔木至拉萨段工程对环境的影响，特别是要摸清影响青藏高原独特、脆弱的生态环境的敏感问题、敏感点和范围，为科学评估预测、确定青藏铁路环境保护政策及工程对策奠定基础。

不久之后，由铁一院、中国环境科学研究院生态所、国家环境保护总局南京环境科学研究所等撰写的 EIA 报告——格尔木至唐古拉山口段（简称格唐段）和唐古拉山口至拉萨段（简称唐拉段）的《环境影响报告书》及《水土保持方案》经铁道部预审后，报国家环境保护总局和中华人民共和国水利部（简称水利部）审批通过。

2001 年 6 月 29 日，中央政府决定投资 262.1 亿元，修建青藏铁路。

2006 年 7 月 1 日，青藏铁路正式通车。

青藏铁路总投资逾 330 亿元，为保护青藏高原异常脆弱的生态环境，青藏铁路的环境保护投入达 15.4 亿元，采取了移植草皮、在高寒地带人造湿地、为野生动物设置迁徙通道等环境保护措施。

在 EIA 指标下，青藏铁路在工程的设计、建设、运营中充分重视环境保护和生态建设工作，并采取了以下措施：

一是高原、高寒地表植被的保护。为了保护青藏高原特殊的植被系统，工程有针对性地采取了多项措施。合理规划施工便道、施工场地、取弃土场和施工营地，严格划定施工范围和人员、车辆行走路线，防止对施工范围之外区域的植被造成碾压和破坏；对施工范围内的地表植被，在施工前先将草皮移地保存，施工中或施工后及时覆盖到已完工路段的路基边坡或施工场地表面；对昆仑山以南自然条件允许的地段，工程中安排了有关植被恢复工程，采取选育当地高原草种播种植被和使用部分当地草甸采用根系繁殖方式再造植被。

二是对自然保护区和珍稀濒危野生动物资源的保护。为了保护青藏铁路沿线的自然保护区和野生动物生活环境，工程设计中对穿过可可西里、楚玛尔河、索加等自然保护区试验区的线路区段进行了多方案比选，将工程活动尽量局限在线路两侧一定范围内，以减少对环境的干扰。进入西藏后，为保护林周彭波黑颈鹤自然保护区，铁路建设选择了"羊八井方案"，绕避了黑颈鹤保护区。根据沿线野生动物的习性、迁徙规律，工程建设者通过调查研究，在相应的路段设置了野生动物通道和畜牧、行人通道。

三是对高原湖泊、湿地生态系统的保护。为避免因路基工程对地表漫流阻隔和工程取弃土（碴）场占用湿地，而造成湿地的生态功能退化或湿地萎缩，设计中对线位和取弃土（碴）场的选择作了充分比选，尽量绕避湿地。无法绕避时，对通过湖泊、湿地进行桥路方案比选，并尽量选择以桥代路方案。为了避免路基建筑对地表径流的切割影响，在相应路段加大了涵洞设置数量，以保证地表径流对湿地水资源的补充，防止湿地萎缩。

四是高原冻土环境和沿线自然景观的保护。为了保持冻土环境稳定和避免对沿线原生的自然景观产生影响，工程采取了路基填方集中设置取土（碴）场，取、弃土（碴）场尽量远离铁路设置并做好表面植被恢复；对挖方地段，在路基基底铺设特殊保温材料并换填非冻胀土，避免影响冻土上限和产生路基病害，以确保路基两侧区域冻土层的稳定。

五是严格控制污染物排放，保护铁路沿线环境。在高原上尽量减少铁路车站的设置，以减少车站排放污染物对环境的影响。对必须设置的铁路车站，将采用相应的污水处理措施，对车站产生的生活污水进行处理，处理后出水达到国家标准后将用于车站范围内的绿化，不直接排入地表水体；车站用能尽量选用太阳能、风能等清洁型能源；施工期和运营期产生的各类垃圾集中收集，定期运交高原下邻近城市垃圾场集中处置。

除国家的大的原则性的规定，同时，青藏铁路为藏羚羊设计 33 条迁徙走廊；另外采用加筋挡土墙技术保护高原牧场。

2.2.1　EIA 的评价内涵

EIA 是一种评价。到底什么是"评价"呢？

"评价"是用途广泛却不规范的术语，同义词包括评估、评定、评鉴、估量、估评等，在英文中有 evaluation，assessment，valuation，appraisal，rate，measurement，judgment，review 等同义词。评价可以有两种解释，指"衡量评定人或事物的价值，也指评定的价值，如众人给予他很高的评价"[①]。很显然，在环境影响这个术语里，"评价"是指衡量评定人或事物的价值。

从哲学的意义上讲，评价是人类认识活动的一种（李连科，1985，1991，1999；袁贵仁，1991；李德顺，1987，1993，1995；马俊峰，1994；陈新汉，1995，1997；冯平，1995）。如果人类活动可以分两种：一种是人的思维、意识、精神活动；另

---

① http://xh.5156edu.com/show.php?id=3464&f_key=评价。

一种就是在思维、意识与精神的指导下的人类的行为。显然认识活动属于前一类，人类的思维、意识与精神层面。认识包括认知与评价两大领域，即对客体事实的认识和对价值事实的认识。

认知（知识性认识、科学认识）为人类揭示着世界是什么，是求真，标准是事物本身的属性、规律以及本质，而评价（价值认识）为我们展示的却是世界意味着什么或我们应该如何，是求善，评价的尺度是价值主体的需要（陈新汉，1995；马俊峰，1994；李德顺和马俊峰，2002）。这在逻辑上是完整的，在对客观事物作了可信的解释之后，人类还需要确定的是可接受的行动方案，而评价就是要塑造一个意义的世界，给行为本身既定合理的结果。

所以说，评价是一种价值认识（李连科，1985；袁贵仁，1991；李德顺，1987；马俊峰，1994；陈新汉，1995；冯平，1995；冯平和翟振明，2003）。那么我们由此可以认为，EIA 即为面向自然环境的价值认识，把人对自然环境的扰动和自然环境对人的影响看作一种价值现象，或者价值事实，作为评价主体的认识对象。

然而，按照通常的观点，EIA 是被当作科学认知过程看待的。从学科门类[①]划分看，其所属一级学科环境科学与工程，可授工学、理学、农学学位。主要原因之一是 EIA 对科学认知的高度依赖性。EIA 过程，一是由具备相当专业基准和知识技能的评价专业机构开展的。二是评价过程需要调查、监测环境质量现状和行为影响的性质、程度、量或规模，需要掌握自然环境在受到外界扰动之后的反应机理和环境影响对人体健康和社会体系在物理、化学、生物等方面的作用规律，需要建立相应的物理、数学模型来进行模拟和预测。三是工作内容具备很强的技术性，工作态度要求科学严谨，工作方法要求规范统一。

另一个主要原因是 EIA 过程要求第三方独立的原则。我们知道，科学认知和价值评价的主要区别之一是对待主体的态度。科学认知过程要求排除主体因素的干扰，严格如实地反映客体内容，从而获得最大的普遍性。价值评价活动却总是从价值主体的需要出发，根据评价主体的主观判断力来看待客体所具有的意义。也就是说，科学认知过程是排斥主体的，而价值评价过程是围绕主体的。EIA 对技术主体的第三方独立性的要求加深了人们的看法——EIA 就是排斥主体以及主体因素介入的科学认知过程。

于是误解产生了，EIA 工作被定性为是一个纯粹的避免主体涉入的具备第三方独立性的科学论证过程，属于科学认知而且价值无涉。

---

① 国家 2011 年颁布的《学位授予和人才培养学科目录》。

这是一个严重的认识论误区。

首先，根据认识论的提示，评价与科学认识（即认知）根本的区别在于："评价是以认知为基础，将认知包含于自身的、更高一级的认识活动"（冯平，1995）。由此，把 EIA 看作价值认识而不是科学认知根本的依据是 EIA 是一个价值判断过程，而且是建立在科学认知基础之上的价值判断过程。因为给出拟定行为方案对于可持续存续目标来说是否可接受这样的价值判断才是 EIA 的根本性任务。

其次，EIA 过程是具备主体相关特征的，科学认知只是 EIA 过程的一种活动类型，价值无涉原则针对的是提供信息咨询服务的技术主体，即受委托进行环境影响报告书（表）编写的 EIA 机构。在实践中，EIA 过程是一个由技术主体、决策者、提议者、直接影响受众和感兴趣团体或个人等多主体介入的项目决策过程，不仅仅是一个由技术主体受委托编制环境影响报告书（表）的过程。除了技术主体之外，对提议者和参与公众来说，则必然是价值相关的，主体相关的。即便对于决策者，很大程度上也是部门利益相关的。甚至对评价机构，从区域和后代的利益主体扩展方面谈，也很难保证到价值无涉。

由此，EIA 在本质上不是科学认知，而是一种价值认识，目的是"鉴别损益，权衡利弊"（王华东和张义生，1991）。因此，"EIA 的结论，不单要指出影响的范围与广度、损害的轻重与深度，具有鲜明的警告性；而且还应明确提出可否意见……"（王华东和张义生，1991）。

遗憾的是，EIA 的这一指向并没有得到清醒的认识。不少人陷入评价的认识论误区，认为 EIA 过程是一个对于人类开发行为对自然环境造成的扰动进行确证的科学认知过程。科学技术的日新月异为 EIA 的信息收集和处理提供了便捷的手段，也同时使 EIA 向程序化和标准化的技术单方向突进，逐渐沦为数据处理工具。而把环境影响本身误置并局限于科学认知领域，是对价值评价的认识论范畴的曲解，最直接的后果是导致评价向单方向的应用理论方向发展，却失去了对环境问题价值冲突特征的把握力。

例如，青藏铁路二期工程规划方案的 EIA，意欲要回答 3 个方面的问题：

第一，拟议规划方案所确定的铁路的施工与运营活动对铁路沿线的生态环境可能会造成什么样的影响？

第二，此类影响是否在可接受范围之内？

第三，有没有办法尽量避免或者减轻这类影响？

毫无疑问，青藏铁路二期工程的 EIA 过程中，大量的工作、人员和费用用以解答第一个和第三个问题，而这两个问题都属于科学认知领域，需要各领域有专业知识基础和经验积累的专业工作人员才能回答。普通公众和决策者往往对这类专家建议只能接受，无法考证。高高架起的"技术门槛"为 EIA 误设了一个科学认知的标签。

然而，我们还留有第二个看似简单，却超出自然科学范畴的问题。如何设定可接受范围？显然，如果方案罔顾藏羚羊迁徙、长江黄河源头保护、冻土问题、湿地保护、濒危动植物保护等这些问题，这样的方案很难被定义是合理的。而该项目的 EIA 报告书则说，如果该方案考虑了上述问题，并且能够确实在施工和运营中贯彻如上保护原则，那么，该方案是可行的。

这显然是一个价值构建问题。虽然，探讨青藏铁路二期工程项目决策结果的合理性时，问题的解答方式在某种程度上看起来仍然是一个科学认知过程：选择指标、参数和模型，进行预测，根据国家或者国际相应的环境标准进行定量或定性的判定，进行结果分析。然而无论形式多么科学化，环境影响报告书最终给出的仍然是一个铁路修建方案是否能够可以接受的价值评价判断。

2.2.2　EIA 的价值内涵

根据 2.2.1 节，EIA 是一种价值评价，那么，何谓价值？

例如，在青藏铁路二期工程的环境影响报告书中，着重对 4 个方面进行了分析和预测：铁路工程建设对沿线高寒植被及其物种多样性的影响；铁路工程建设对沿线高寒生态系统的影响；铁路工程建设景观影响分析与评价；铁路工程建设过程中水土流失预测。其中，生态学家最为关注的是高寒植被及其物种多样性的破坏程度。曾经参与此次 EIA 调查的国家环境保护总局南京环境科学研究所生态研究室主任沈渭寿称，"西藏复杂而独特的自然条件，孕育了丰富多样的植物资源"，这位环境学专家认为高寒植物及其物种多样性的"价值"是独特的（章轲，2006）。青藏铁路二期工程最受公众注目的便是对藏羚羊等西藏特有野生动物的影响，环境保护志愿者曾为藏羚羊的特有价值高声呼吁（徐春柳和陈杰，2006；章轲，2006）。价值这个概念看起来随处可用，却因论说者的不同和所取对象的特征不同就存在着不同的价值定义，那么到底什么是价值？这是一个必需提升到价值哲学高度才能够回答的问题。

2.2.2.1　思想界主要的价值理论

（1）休谟命题：价值与事实的区分

讨论价值不可避免地要提及 18 世纪著名的休谟命题。英国哲学家休谟（D.

Hume）于 1739 年出版的《人性论》一书中认为要重视"是"与"应该"的区别，也就是"事实"与"价值"的区别，认为能否从"是"推出"应该"，还需要加以证明[①]。

之后，康德从他的二元论哲学出发，把知识分为事实的知识和价值的知识，在事实和价值之间划了一道鸿沟，把事实归于经验世界，价值归于先验世界。

（2）经济学价值论：边际效用和价格

然而，在休谟和康德那里，价值还不是一个正式的哲学范畴。直到 19 世纪中后期，"价值"这个词语还仅限于政治经济学领域。19 世纪的经济学领域有两种价值理论：边际效用价值论和劳动价值论，而启发价值哲学并且逐渐占据经济学主流领域的正是边际效用价值论。奥地利学派的创始人卡尔·门格尔在 1871 年出版的《经济学原理》中给价值这样定义："价值就是经济人对于财货所具有的意义所下的判断"（晏智杰，1997）。

随后，英国剑桥大学经济学家马歇尔（A. Marshall）集边际效用价值论和其他新古典经济学理论（供求论，边际生产力论，生产费用论等）之大成，提出了均衡价格理论（毛子涧等，1990）。价值在经济学领域便与商品的价格（交换价值）等同起来："经验已经表明，把价值这个字用作前一种意义（使用价值）是不妥当的。一个东西的价值，也就是它的交换价值，在任何地点和时间用另一物来表现的，就是在那时那地能够得到的，并能与第一样东西交换的第二样东西的数量。因此，价值这个名词是相对的表示在某一地点和时间的两样东西之间的关系"（马歇尔，1964）。此价值理论成为以后的传统经济学的基础。

（3）西方哲学价值论

在西方，第一个把"价值"这个词语的从经济学领域上升到哲学范畴的是德国哲学家洛采（R. H. Lotze）。洛采把世界划分为 3 个领域，第一个领域是现实的事物；第二个领域是普遍的因果规律；第三个领域即是意义的世界，价值的领域。提出经验事实和普遍因果规律都是手段，而价值才是目的论断。

由洛采开始，经过尼采（F. Nietzsche）、文德尔班（W. Windelband）、李凯尔特（H. Rickert）、布伦坦诺（F. Brentano）、迈农（A. Meinong）、艾伦菲尔斯

[①] "在我遇到的每一个道德学体系中，我一向注意到，作者在一个时期中是照平常的推理方式进行的，确定了上帝的存在，或是对人事作了一番议论；可是突然之间，我却大吃一惊地发现，我所遇到的不再是命题中通常的'是'与'不是'等联系词，而是没有一个命题不是由一个'应该'或一个'不应该'联系起来的。这个变化是不知不觉的，却是有极其重大的关系的。因为这个应该或不应该既然表示一种新的关系或肯定，所以就必须加以论述和说明；同时对于这种完全不可思议的事情，即这个新关系是如何由完全不同的另外一些关系推出来的，也应当举出理由加以说明"（休谟，1980）。

（Christtanvon）等的努力，"价值哲学在 19 世纪末 20 世纪初初成体系，很快得以广泛传播"（江畅，1992）。

19 世纪末到 20 世纪 30 年代，西方价值哲学在此期间形成 3 种主要观点：第一种是主观价值论，如新康德主义的弗莱堡学派的价值哲学奠基人文德尔班，奥地利价值学派的迈农和艾伦菲尔斯，美国实在论者培里（R. B. Perry），实用主义者詹姆士（W.James）等，他们分别从是否满足主体情感、欲望和兴趣来判断价值；第二种是客观价值论，如直觉主义价值论、现象学价值论。他们认为价值是客体自身具有的，或者认为是与主体无关的、先验的、绝对的，只能用直觉去把握，把价值凝固化了；第三种是过程哲学的价值论，由怀特海（A. N. Whitehead）创立，主张价值主体不限于人，还应包括动物在内，主体目标决定主体方式，主体目标一般来说就是自我保持、持续和重现等。符合主体目的就是有价值，否则便没有价值。过程哲学的价值论到 20 世纪 60 年代发展为系统哲学价值论。

（4）国内主客体关系价值论

王玉樑（2004）认为，国内对价值哲学的研究是从 20 世纪 80 年代开始的，并逐渐统一为主客体关系价值论。主客体关系价值论认为"价值就是客体对于主体所具有的意义，价值本质是客体的存在、属性以及变化对于一定主体的需要及其发展的某种适合、接近或一致"（李德顺，1987），即价值是"客体属性与主体需要的统一"（杜齐才，1987）。

2.2.2.2　EIA 中的价值内涵

笔者认为对于 EIA 来说，哲学界的主客体关系价值论是最为适宜的价值论基础。也就是说，在 EIA 的概念体系中，价值是指"客体功能对主体需要的满足关系"。

从哲学价值理论来看，价值的内涵不仅仅是经济学的边际效用，更不等同于商品价格。价格的确能够反映价值，但未必能够确切的反映价值，价格对价值的反映有其适用范围，超出这一范围，价格便是对价值的扭曲。西方传统经济学的价值理论适用范围是：①具有稀缺性的私人物品。②对理想的市场有 3 个假设前提，第一，充分竞争；第二，信息完备；第三，不存在外部性。③经济学对市场行为主体的假设，理性经济人。EIA 的研究对象是人与自然环境之间的价值关系。自然资源、环境、生态服务等环境资源作为有特殊属性的客体，表现出与传统经济学诸多前置条件并不相适的特性。所以环境资源的价值并不简单等同于经济学中的使用价值或者价格。

　　主观价值论，或认为价值是主体情感意志的产物，是主体欲望的对象或兴趣的对象，或认为是价值主体情感的表达，或认为价值是评价的结果。主观价值论的不足是"把价值混同于评价"（王玉樑，2004），导致个人主义。鉴于环境资源的公共物品属性，因此主观价值论并不适合于环境资源分配领域。

　　客观价值论强调客观事物对于人生存发展的支持意义和自身内在不为人的存在所影响的内在价值，主张赋予客体应当的权利。客观价值论用于自然价值，体现在很多环境伦理学的主张之中，强调环境独立于人的重要性。但因为忽视人的主观能力性，也不适用于环境资源在社会系统中的分配研究。

　　其他的价值学理论，如系统价值论等很有启发意义，但其理论基础还不完善。

　　综合起来，关系价值论与环境价值在社会系统的判断和分配研究有较好地契合，成为本书所采用的重要的理论基础。

　　因此，在环境影响评价中价值是指客体属性对于主体需要的满足。植物学专家称高寒植被及其物种多样性是有价值的，是因为高寒地带的人居环境需要由物种多样的高寒生态环境来支撑；游客认为藏羚羊是有价值的，是因为这种以每小时 80 千米的速度在高原上飞奔的稀有物种是游客眼中一道独特迷人的风景；生态学专家认为某个物种为整个地球生态系统的基因库的多样性提供着独有的贡献，基因、物种和生态环境的多样性都是人类可持续发展的必需。

　　到这里，我们了解到，评价是对主客体价值关系的评价。EIA 作为一种特殊的价值评价类型，就是对人与自然之间价值关系的观念性把握。虽然表现上看来，环境影响报告书（表），更多被用作决策咨询，为决策者提供可靠精确的环境影响信息，而且环境影响报告书（表）编制过程本身也是一个需要技术人员进行数据收集和分析的科学过程。然而，首先，环境影响报告书（表）并非是一个告诉决策者"真""假"的过程，而是一个告诉人们"好""坏"的过程。其次，EIA 过程不仅仅包括 EIA 机构受委托进行环境影响报告书（表）编制的技术过程，而是一个包括前期项目筛选、影响范围界定、委托 EIA 机构、公众参与、项目审批等过程在内的项目决策过程，这个过程本身的性质就是对项目是否合乎政策导向、经济社会发展、生态环境边界条件约束的价值判断过程。例如，青藏铁路二期工程的 EIA 案例中，EIA 要传达的信息是：在当前的社会经济发展势态下，依据青藏铁路满山线的生态环境状况与青藏铁路修建可供选择的技术方案，就生态环境影响的可接受性来说，青藏铁路二期工程的修建是否是适宜的。

2.2.2.3　EIA 价值客体的特殊性

区别于其他价值评价类型，EIA 的特殊性表现在：以环境资源作为价值客体。环境资源包括环境容量、环境承载力、生态系统的产出和服务等（马中和蓝虹，2004），是指自然系统对社会系统的供给能够满足社会成员不同需要的物质性和非物质性服务。

"资源"的概念源自经济学科，是作为社会生产和社会生活的自然条件和物质基础提出来的。《辞海》中把资源概括为"资财的来源，一般指天然的财源"。"资源"是一个强调对人的功用的概念，而"环境"则侧重其生态性和相对于人类主观性的客观约束力。环境是以资源为载体的，而环境又常常被作为资源加以利用。为了研究的方便，本书选用"环境资源"作为概念基础。环境资源不仅是人类生产劳动、经济活动的条件和对象，同时也是人类满足生态需求、提高生活质量、建设精神文明和生态文明的物质基础。

环境资源对人类社会的支持和满足可以表现为多元价值形态：经济价值、生态价值、社会价值、文化价值、伦理价值等，我们统称为环境价值。环境资源的价值供给具备整体性，多种价值往往附属于同一资源载体，不可分割，取走任何一种价值的同时必然造成其他价值的流失和毁灭。在此基础上，陶传进（2005）认为，环境价值表现出 3 个层次：①私人范围内的私益属性；②区域（社区、地区、流域等）范围内的公益；③全社会范围内的公益。

所以，除了私益属性，环境资源还是一种兼具公益品和公害品双重特征的（准）公共物品，具有使用上的非竞争性和非排他性（张世秋，2005）。非竞争性，即一个人消费该商品不影响其他人的消费；非排他性，即没有理由排除其他人消费这些商品。在这种情况下，任何个人或团体都可以享用而不需要付出代价，其结果是任何个人或团体只考虑与自己直接相关的收益和成本，而不考虑社会成本，最终造成环境资源的过度利用和环境价值的降低乃至丧失。

因为有使用上的非排他性，在没有外在力量干扰的情况下，环境资源的公益或者公害后果会与直接经济行为人的成本与收益相分离，即产生外部不经济性（张世秋，2005）。外部不经济性促使对环境资源的竞争性使用，加剧人类对资源的透支利用和对生态环境的肆意破坏和污染，日益增加环境资源稀缺性。

总的来说，区别于其他价值客体形态，自然环境提供价值的方式比较特殊。私益和公益属性都附载于环境资源的物质形态之上，难以分割。例如，过度砍伐树木造成热带雨林的丧失。有私益属性的树木是可以按照市场规律进行分配的，而热带雨林却是全人类的。但是，虽然全人类都有责任来保护热带雨林，但每个人都是主人时却相当于没有主人，这种公共属性就产生了市场上的负外部性，没有人能够为热带雨林来定价。然而，木材显然是有价格的。于是，没有主人的热带雨林面临了被哄抢砍伐的命运。

EIA 价值客体的特殊性质决定了 EIA 价值主体的复杂性。首先，热带雨林作为全球生态系统中维持生态平衡的重要成分，每个人都是受益者，从这个意义上讲，针对热带雨林的 EIA 其价值主体是全人类；其次，对于热带雨林所在区域的国家或地区来说，森林是他们天然的资源，他们有权利靠地理资源禀赋来换取经济发展的机会，这个层面上，价值主体是国家或地区；最后，对于生活在热带雨林地区的个体来说，生活在贫困之中，他们拥有靠树木换取生存的权利，他们没有义务为了全人类，包括那些发达富裕地区的人们牺牲自己的生存权。从这个角度讲，价值主体是个体。

于是，一片热带雨林，负载着全球生态平衡、区域的资源禀赋和个体的生存机会 3 种价值形态，便意味着全人类、国家（或者地区）和个人 3 种价值主体。显而易见，3 种价值关系所设定的价值标准相去甚远，同一评价主体面对同一价值客体，站在不同的价值主体立场之上，就可能得到 3 种不同的评价结论。这种情况下，我们不能轻易地论定，哪种结论是错的，哪种是对的。就像发达国家没有权利一边廉价购买资源，一边谴责落后地区破坏生态环境的完整性一样，还有我国东部地区没有权利一边享受国家的优惠发展政策，一边责怪西部贫困的农民为了生存去开荒和过度施肥一样。这并不是说整体利益大于局部利益、全球利益大于国家利益、国家利益大于个人利益的原则不适用于 EIA，而是说在实践过程中，情况是远远要复杂于说教的，尤其在以环境资源作为价值提供对象的 EIA 来说。

总之，环境资源的特征为 EIA 界定这样的特殊前提：无法排除 EIA 过程所有介入主体的环境价值主体身份，EIA 价值主体是多元化的。

2.2.3　EIA 的主体性特征

EIA 是基于科学认知的价值评价，是对人与自然之间价值关系的观念性把握，具备着价值评价所应该具备的最本质的特征和属性。

在 EIA 过程中，对人与自然之间的价值关系进行价值判断和评价的主体不仅仅包括评价单位，其他主体在介入过程中也有个人的态度和看法，并且这种态度和看法也同样有可能影响 EIA 的结论，甚至直接传达到决策过程并且影响最终的决策。例如，圆明园湖底防渗工程后补的环境影响报告书是由清华大学编制的，清华大学的专家学者通过科学的方法进行信息收集和分析，认为湖底防渗工程会对圆明园的生态整体性和文化价值造成不可接受的影响。在此之前，在国家环境保护总局主持的听证会上，各科研院所的专家、各阶层的代表也都以不同的方式表达自己对此工程的不满情绪。而且，借助媒体手段，不满情绪在全国形成声势浩大的舆论攻势。这些也无不影响着环境影响报告书的结论，以及国家环境保护总局最终要求此工程整改的决定。

因此，我们认为 EIA 是主体多元的价值评价过程。不同的主体因为知识结构、个性特征、经验阅历、身份地位和获得价值信息渠道等的不同，针对相同的评价对象很可能选择不同的评价视角和标准，得出不同的评价结论。例如，在青藏铁路二期工程的 EIA 案例中，高寒植被及其物种多样性的生态价值是由环境专家通过二期工程的 EIA 程序与方法，依靠调查数据和相应的环境标准来评判的；而备受关注的藏羚羊的审美价值却往往是由电视镜头中人们所看到的它们在广阔的高原上奔跃的矫健和信步的闲适时所激发出来的感情所赋予的；而倍受争议的青藏铁路二期工程的筑建意义（特别是相对于生态环境的压力而言）则是由政府种种理性决策手段，加上各种媒体宣传，形成各种专家言论，和公众、志愿团体们的忧虑和讨论等，形成社会舆论，可以看出，舆论中社会不同的主体依据不同的标准得出不同的评价结论，但褒贬不一的公众评议最终形成了占主导地位的给予铁路修建的肯定的评价结论。因此，引起笔者关注的是：对自然环境的价值赋予过程的多种表现形式证明了 EIA 过程是主体相关的，并且不同主体之间是相差异的。

与其他价值评价一样，EIA 的本质属性是与主体的相关性，或者与主体差异性。

2.2.3.1 EIA 的主体类型

主体是与客体相对的，"主体和客体是用来描述人类活动的一对范畴"。所谓主体是指"动作或关系的发动者"，而客体是指"关系和活动中被指向的对象"（李为善和利奔，2002）。

一般说来，主体性（subjectivity）是指"是一个主体"（being a subject）或"是与主体有关的"（being of the subject）这样的一种性质（李为善和刘奔，2002）。换言之，主体性是指人作为主体与客体的关系中所显示出的自觉能动性："为'我'性、自觉性和创造性"（陈新汉，1995），也有学者认为主体性是指"主体的主动、自由和自主的活动的能力"（李连科，1999）。

主体性与主观性不同，主观性仅指人的某种精神特性，主体是指对象性关系中作为行为者（区别于对象）的人，而人首先是客观的社会存在，它不能归结为精神、社会意识。所以，主体性是同主体的社会存在性质（客观性）不可分的。主体、客体是一种实体性表述，主观、客观则是一种特性化表述。主体总是有主观性的，但主体不止于主观性，还有客观性（李德顺，1987）。

（1）价值评价的主要主体类型

评价主体有个体、团体、群体和国家及人类社会等不同的层次，因此评价主体也有层级的差别。按评价主体，可分为以个体为评价主体的评价（简称个体评价）、以社会为评价主体的评价（简称社会评价）等，陈新汉（1995）认为，社会评价又可分为权威机构评价与群体评价。群体评价的形式常见的有社会舆论、社会谣言、社会思潮 3 种形式。

1）个体评价。由个体主体所进行的评价可称为个体评价，表现为个体的意见和看法。这里的个体排除了从属于某权威机构受委托代表阶层、国家、民族等社会主体展开评价的情况，只有代表自身的个人的主观看法和意见才可称得上是个体评价。

个体作为评价主体，"具有自己的相对独立性和相对完整性"（马俊峰，1994）。所以个体的社会地位、阅历、经验和所掌握的信息等个体主体的烙印会深深地印在评价过程，如不同部门不等行政级别的政府决策者对同一项目会有不同的决策意见一样。评价主体通常会从自己的利益和偏好的角度来评价对象，所以跟自己利益无关，引不起自己特别兴趣的公众通常不会主动参与到 EIA 过程。根据马俊峰（1994）的总结，个体评价有如下特点：①评价标准的个体主体性很强；②评价过程具有隐秘性，个人的意见和观点随机性的存在于个体的意识之中，大多时候主体自己都很难说清他为什么会有这样那样的想法；③评价结论有很强的随机性，个体会因时随地改变自己的看法和观点。

2）社会评价。这里的社会主体是"与个体主体相对而言，是一切非个人性的主体的统称"（马俊峰，1994），如集团主体、组织主体、部门主体、群体主体、阶层主体、民族主体、人类主体等，我们可以统称为社会主体。因此，由社会主体作为评价主体的评价就可称为社会评价（陈新汉，1997；马俊峰，1994）。

马俊峰（1994）认为，社会评价一般具有如下几种形式：第一，代表社会群体的特殊个人的评价，如政府、建设单位、非政府组织（non-governmental organization，NGO）的领导人，学术权威、民间权威等。"这些人一方面是个人，另一方面又是一种社会人格，是非个人。他们的社会地位、社会责任和角色规定，决定了他们在公共生活中是作为社会群体的化身而行动。他们对某社会现象的评论，是社会评价而不是个人评价"（马俊峰，1994）。第二，代表社会的一定组织机构的评价。如 EIA 专业机构、政府决策部门、项目提议单位、感兴趣的团体等。第三，舆论评价。舆论评价是"借大众传播媒介而体现的社会成员对一定事件、人物的社会价值的混合性评价，是许多个人评价中的共同倾向性观点"。"舆论最初形式是街谈巷议"，在现代社会更趋向于通过报纸、电视和网络等大众传播媒介而体现。社会舆论是"公众情绪和态度的重要反映形式"（马俊峰，1994）。

在 EIA 过程中同时包括个体评价和社会评价两种类型。例如，公众舆论是靠许多个体评价汇集而成的社会群体评价，而代表政府部门具有决策权的领导人的个人意见（作为个体评价）多少会影响某项目或计划的审批意见（作为社会评价），技术人员的个人偏好（作为个体评价）介入 EIA 过程就会成为代表 EIA 专业咨询机构的社会评价。EIA 技术主体、行政决策人员、项目提议者和公众个体在拥有个人主观看法和判断的时候，都可以被看作个体评价的主体，同时，当他们代表 EIA 咨询机构、政府决策部门、项目提议单位、公众群体和感兴趣的团体公开发表其言论和观点时，他们又被看作社会评价的主体。

（2）EIA 的主要主体类型

在 EIA 过程中，也具备着几种重要的主体类型：个体、权威机构和社会舆论群体。

个体主要是指介入 EIA 过程，具备独立的思维能力和价值判断能力，并且对人与自然的价值关系表达了个人的意见、建议或表露了个人的感觉、偏好的行为主体。例如，评价技术主体、提议者、决策者、参与公众、感兴趣团体中的个体等个人会对相关的现象形成各自主观的、随机的意见或者态度，甚至是潜意识、兴趣、情感，影响着评价活动中各主体在 EIA 过程中的行为。

社会舆论群体主要是指在 EIA 过程中，对人与自然之间的价值关系形成共同倾向性的态度、情绪和观点的无组织的社会群体。如果个体的主观看法趋同或者一致，就会形成由一定社会群体作为主体的社会舆论，以松散的组织形式存在。

权威机构是指在 EIA 过程中，具备相应的权威性，能够代表社会利益，对人与自然之间的价值关系做出具备一定科学可靠性的评价结论的社会组织机构。主要指由项目拟议者或规划设计部门委托有相应资质的专业评价机构，他们的 EIA 工作，往往要求具备法律规范的形式，如标准化的方法、程序，出具正式的报告文本等。

在每一个 EIA 实践过程中，都伴随着评价技术人员、公众和决策者主观看法和意见，或者同时伴随着众说纷纭之后形成的社会舆论的形成。例如，怒江水电开发的 EIA 过程，由中国电建集团北京勘测设计研究院有限公司（简称北京院）牵头，组织国内 10 多个权威科研单位，对怒江中下游水电规划开展了的 EIA 工作，提出了《怒江中下游水电规划环境影响报告书》的过程，是伴随着政府官员、专家和当地民众、NGO 中个体的意见和建议，以及由个体的意见组成的两种针锋相对的社会舆论的相持过程。

个体、权威机构和社会舆论群体 3 者之间是相互渗透和依赖的关系。个体的意见和兴趣偏好、群体的社会舆论是依附于权威机构组织的 EIA 过程之中，只有权威机构展开 EIA，才会有不同类型主体参与其中，形成各自的主观意见和建议；同时 EIA 过程要靠主观评价推动才得以进行，评价专业人士总要受他当时的心理状态的影响，在其主观的个人评价所激发出来的价值观念、意志与信念的推动下才可能开展 EIA 工作。

2.2.3.2　EIA 的主体性

（1）价值评价的主体性

价值关系本身是属于不依赖评价主体意志为转移的客观存在（秦越存，2002）。价值主体及主体的需要是一种客观存在，而价值客体的属性、变化、规律也是客观存在，主体需要与客体属性、变化、规律之间在人类实践活动中产生的相互作用关系同样是客观存在。那么主客体相互作用的结果，同其他的客观事实一样，必然是可以观察、测定和验证的。可见价值关系具备普遍属性，由此可以肯定地说，评价是以一种客观、确定的事实为对象的。这一点，评价与认知没有区别。

然而，价值评价的特殊性在于它的对象是一种"主体性"存在。科学认知的对象是一种"自在性"存在，客观事物本身固有的属性、规律或事实之间的关系，跟主体性需要，主体的内在尺度无关。而主体性存在则是指在主客体关系中，以客体的属性、规律为前提，通过主体本身的存在和变化表现出来的一种事实。这是一种社会的、历史的存在，或者直接说是属人的存在。

秦越存（2002）认为，价值评价的主体性具体表现在两个方面：第一就是价值关系本身是以主体需要为内在尺度的。客体有没有价值，关键就在于它的属性与规律是否满足了某价值主体的某种需要；第二就是主体在价值关系中具有主动选择性。在一定条件下，价值主体的不同需要中间总会有一个优势需要，或者有一个需要之间的优先排列，而为满足价值主体这一优势需要，评价主体会不自觉地在进行实践范围内事物中进行选择。只有能满足价值主体特定的需要并被评价主体所选择的那个事物，才会进入价值关系中形成价值客体。

价值评价是对主客体相互关系的一种主体性描述（李德顺，1987）。价值的性质和程度取决于价值主体的需要和评价主体对这一需要的把握，而不是由价值关系客体所决定的。因此，"价值"评价的最显著特点是：主体性。

无论是何种评价，包括 EIA，都是对价值关系的观念性建构，即评价主体在思维中对评价客体的信息重组。评价主体依据大脑中形成的社会化的认识结构，对所选取的客体信息，按正确反映评价客体的要求，把这些信息重新组合成观念形态的价值关系系统，这个过程称为观念性建构。这个过程中评价主体的自觉能动性起着主导作用。评价主体不仅仅需要掌握有关客体性质、规律和当前的状态的知识与信息，而且还要了解价值关系事实的信息，选择评价标准，衡量价值客体的"是什么"相对于价值主体的"需要什么"的意义。这个过程中评价主体的主体结构，如知识、职业、经验和价值观等必然主导并影响着评价过程。

EIA 过程中主体性的发挥有两种典型的状况，第一，个体态度形成和意见表达过程。例如，EIA 公众参与过程，公众的内外身心结构，对健康居住环境需求，对自然景观的审美需要等，对环境影响信息的理解和接纳水平，已经有的环境权益观念等，必然介入，使公众对拟议的项目产生心理上的赞同或反对的偏好，形成一定的态度和情感，影响着其在参与过程中的行为。第二，个人的经验、价值观念和个人偏好不可避免地涉入。主要体现在技术主体面临主观判断的环节，环境行政机构或部门管理单位进行环境影响报告书的审批过程，在对可能的扰动与当地居民、项目提议者和区域社会经济发展的利害关系的判断过程。

EIA 的主体性内容包括两个方面：首先，EIA 过程中表达了主体的态度、情感和个人偏好等主观性的因素；其次，EIA 过程受知识、经验、名望、价值观念等主体因素的干扰。

（2）EIA 个体主体相关性

EIA 的主体构成甚为复杂，除了受委托进行 EIA 的具备相关评价资质的评价单位和从业人员，介入的其他主体，如决策者、项目提议者、公众个体、群体、感兴趣的个体、团体等，他们都构成评价过程中的主体。我们可以将其分为个体和群体两个层次来介绍其主体相关性。

依据冯平（1995）和孙伟平（2000）的看法，就评价个体来说，其介入评价过程的主体因素包括以下 4 方面。

第一，评价主体的生理状况，如年龄、性别、健康状况乃至相貌等，生理状况决定了评价主体的生理机能的发挥，为主体的心理机能与精神状态提供了生理基础。

第二,"评价主体的社会角色与角色意识、社会规范意识(政治态度、宗教信仰、文化习俗等)将会对价值评价有重要的意义……人们所扮演的角色,以及从扮演这种角色而有的社会经历中形成的角色意识,常会成为价值评价的出发点或标准……而主体所接受的社会规范意识(政治态度、宗教信仰、文化习俗等),不仅是个人行为的准则,也常成为评判他人行为的标准。特别是具备各自物质的文化传统,通过作为主体的人的社会化过程,不断地渗透到人的观念、习俗、理想、信仰、思维方式、情感方式、生活方式等社会主体的属性之中,影响着主体特定的社会评价模式"(孙伟平,2000)。

第三,主体认识模式,如知识结构、个人经历与社会体验、思维方式、联想与想象能力等(孙伟平,2000)。尤其是理性的评价,主体所掌握的知识的数量、质量,制约着其评价的水平和程度,当知识结构不同时,可能评价的性质和结论也会产生很大的区别。知识面太窄、知识结构老化或知识结构不合理都往往难以形成合理的评价。同时,主体的想象力、创新能力、思维习惯等都会对评价产生或重或轻的多层次的影响。

第四,主体的心理因素或者说个性结构,如情感、意志、兴趣、信念、性格、气质等。个性决定着个体在评价过程中所表现出来的态度和行为方式。开朗、乐观、积极的主体与消极悲观的主体相比,意志坚定者与意志薄弱者相比,对相同的评价客体他们的评价结果可能会相差很大。特别是评价主体的需求结构、偏好和气质、能力等因素对价值评价起着导向和结构性约束作用。作为主体的人的本性、目的、利益与需要等,以及对它们的意识与把握,是价值评价中核心的要素(孙伟平,2000)。

(3)EIA 的群体主体相关性

对于以群体形式的评价主体来说,如青藏铁路二期工程的 EIA,其评价主体是由不同专业和研究方向的 100 多名专家组成,这时,影响 EIA 的主要主体因素包括以下两方面内容。

1)个体成员的基本状况,包括:研究方向,在领域的权威性(龚耘,1997),工作成就与经验丰富程度等,此外,还有评价主体的特有气质,是否有创造精神,是否保守谨慎等。

2)心理的格式塔、价值观、信念等。心理的格式塔是评价者观察和理解世界的方式(龚耘,1997),不同的评价团体会有不同的思维方式和概念工具,因此会有不同的观察和理解世界的方式,这必将影响评价主体对环境问题的理解和把握;世界观和价值观的影响也不可忽视,评价主体总持有一定的形而上学原则,因此他们可能会因某种活动或事实与他所持有的或当时形而上学原则是否相容而有一个先入为主的主观评价；对未来的信念，如一些环境学者持"深绿"的革命化发展观念，而另外一些学者坚持改良的"浅绿"发展信念。那么在做 EIA 时，"深绿"和"浅绿"的不同的信念追随者会选择不同的 EIA 模式和方法。

2.2.3.3　EIA 的主体性认识误区

有关 EIA，存在着一个误解：在 EIA 过程中，要保证评价结论的公正和客观，评价主体应该只是一个抽象的主体，与评价过程价值无涉，评价过程排斥评价主体因素的介入。否则，主体性因素的介入将会否定 EIA 的客观性。

按照逻辑经验主义的理论（龚耘，1997），EIA 应该排除世界观、价值观等主体因素对评价的影响，除了评价客体的形式结构和它所引出的经验证据，评价主体所要给的只能是经验证据与评价客体的确认关系。现实中一些主体相关的非理性的因素，如权威的名望、政治因素的压力等，是需要加以否定的。这实质上是把评价主体当作一种抽象的思维实体，一种普遍的对任何人都适合的精神人格。这样，评价就不以任何人、任何评价主体为转移。

然而，实践过程中，作为评价主体的人，"不是抽象的生物学意义上的人，而是理性和感性的统一，具有丰富和深刻的社会学内涵"（龚耘，1997），并且以个体、群体、社会等层次性的形式存在的人。引入了主体，也就同时把与主体相关的社会因素纳入评价之中。

而且，价值评价中存在很多制约因素，如客体本质的暴露程度；主体对客体的把握的真实、全面程度；主体对自身的利益、需要的认识程度；社会实践的发展水平等，使现实评价中有诸多困难。正是这些困难突出了评价过程中不同层次的主体发挥出自为、主动和自律的主体特性。

因此，需要澄清一些内容。

首先，对 EIA 来说，主体及主体性是评价活动中的必需，主体因素在任何规范形态下的 EIA 过程中都是无法排斥，也是不能完全排斥的。任何性质的评价都得在主体的意志和情感等观念活动中进行。评价活动必须包含主体，包含主体的需要、期望、观念和偏好等存在主体间差异性的因素。

其次，承认 EIA 的主体相关性，不一定就否定了 EIA 的客观性。因为，第一，评价标准是有客观基础的，评价标准不能脱离两个最根本的前提：其一是人的、社会需要和利益；其二是客体的本质、功能和规律。第二，存在着普遍的评价标准。环境影响评价的标准制定并非是主观随意的，而是基于维护大多数人的环境利益而制定的，具有一定的客观性，这种客观性，是不依赖个体主体的普遍性。第三，评价对象是客观的，人与自然之间的相互影响关系也同样是一种不以评价主体意志为转移的客观事实。这三方面保证了 EIA 不会因为主体因素的介入就完全失去其客观性基础。

2.3　本　章　小　结

我国 EIA 的理论研究是以技术方法和制度管理等应用理论为先导的，强调自然科学认知，针对的环境问题是以物理、化学、生态、病理等性状表现出来的环境污染、生态破坏和资源匮乏，与决策过程的利益分配机制联系较为松散。

随着社会的发展，工业化进程的加快，社会价值取向的多元化等，环境问题与社会诸多问题相交织，而 EIA 过程开始出现由多元利益主体介入的价值博弈现象，显示出与决策过程日益融合的趋势，这对 EIA 的理论研究提出了新的要求，即要求重新关注人与自然之间的价值联系和 EIA 过程的社会活动特征，从价值评价等基础理论入手对 EIA 理论进行补充和改进。

借助价值哲学的相关理论，可以了解到，EIA 是一种"认识"过程，但却是对人与自然价值关系的"认识"过程，而不是一种对自然作用规律的"认知"过程。虽然 EIA 需要由专业知识、专业技术和科学态度去获得相关科学信息，但这些信息最终服务于对拟定行为方案"好"和"坏"的价值判断。EIA 本身是为给人类开发利用自然环境的行为（项目、战略等）既定一个有益于人类存续的合理方向而存在的。

因此，EIA 是以科学认知为基础的对人与自然之间价值关系的规范化把握，隶属价值评价，其本质特征是主体差异性或主体相关性。EIA 的价值客体是"环境资源"，这是一个区别于"自然资源"的概念，环境资源提供的价值类型统属于环境价值，环境资源的特殊性质决定了 EIA 的特殊性——价值主体的多元化。

第3章 对EIA"过程"的认识

在本书第 2 章，笔者借助价值哲学的指导，认清了 EIA 的价值评价本质，即 EIA 是借助于科学认知的环境价值判断和评价。价值评价不仅仅是一种结果，也是一个具有一定目标按照一定程序进行的过程。EIA 过程是项目或战略决策过程中的一个环节，包括不同的活动类型。例如，评价技术主体主导的分析过程，以及不同的利益主体对环境价值的态度和意见表达，利益争诉的过程。前者带有明显的科学活动烙印，而后者有社会交往和社会主体行为互动的特征，属于社会活动领域。

行政决策需要保障其正当性与科学性。为决策服务的 EIA 过程服务于科学性还是正当性是我们现实价值冲突事件中常常遇到的困惑之一。

3.1 EIA 中的科学活动

如果把 EIA 看作一个价值判断和评价的过程，那么这个过程包括 3 种可能的目标：实证描述、行为规范和价值建构。这 3 种目标任何一种的实现都要借助于科学活动的展开，也就是科学对 EIA 的支持作用的发挥。科学认知活动对价值评价的作用是基础性的、前提性的。那么，科学能够起到的具体作用是什么呢？再进一步，科学认知是否是 EIA 的充分条件呢？

案例二：深港西部通道侧接线工程 EIA 事件——谁的计算更科学

深港西部通道侧接线工程建设方案公布之初，便引发了该工程沿途居民和公众对该工程环境影响的争议，争议的焦点主要是深港西部通道侧接线工程建成运营后，全封闭下沉式道路隧道积蓄的高浓度汽车尾气在东西两个开口附近外排，导致的尾气污染、噪声等问题。

深圳侧接线工程是深港西部通道过境车辆的专用通道，全长为 4.48 千米，其中下沉式道路占 3.09 千米。在沿线市民不停奔走呼吁和努力下，该工程三易施工方案，由全程高架桥方案，改为半敞开下沉式道路组合方案，再改为全封闭下沉式道路组合方案，追加约为 13.8 亿元投资。

方案一：1997 年，深圳深港西部通道工程筹建办公室（简称西通办）委托设计研究院开展设计，2000 年完成了高架桥方案，全长为 5.5 千米，造价为 7.8 亿元（未含东滨路市政道路改造工程）。

方案二：2001 年，深圳原规划国土局提出增加东滨路下沉式道路设计方案的比选方案，同年 8 月完成半敞开下沉式道路组合方案。

方案三：2002 年 4 月，EIA 单位完成环境影响报告书，有关部门进一步进行优化，同年 7 月完成全封闭下沉式道路组合方案。2003 年 6～10 月，设计方听取各方意见和建议，初步设计经专家评审；11 月，EIA 单位完成方案调整环境影响报告书。

争议的焦点主要是深港西部通道侧接线工程建成运营后，全封闭下沉式道路隧道积蓄的高浓度汽车尾气在东西两个开口附近外排，导致附近居民长期受尾气污染危害以及噪声等问题。业主关注的焦点从维权运动的中期就开始集中于《深港西部通道深圳侧接线工程方案调整环境影响报告书》（简称《调整方案环评报告》）中排放点氮氧化物浓度预测的准确程度。

2002 年 1 月，深港西部通道工程筹建办公室向深圳市环境保护局申报办理西部通道深圳侧接线工程建设项目的环境保护审批手续。2002 年 4 月，深圳市环境科学研究所（国环评证乙字第 2813 号）与中冶集团建筑研究总院（国环评证甲字第 1039 号）正式受委托编制《深港西部通道深圳侧接线工程方案环境影响报告书》。在这之前，EIA 单位通过对方案一和方案二对比测算，认为半敞开下沉式（方案二）比高架桥方案（方案一）的噪声影响平均低 10 分贝，于是，环境影响报告书最终结论是舍高架桥方案取半敞开下沉式方案。2002 年 6 月 6 日，该环境影响报告书予以审批通过。

2003 年 7 月，随着设计方案再次由半敞开下沉式（方案二）变为全封闭下沉式（方案三），在深圳市环境保护局的要求之下，西通办再次委托深圳市环境科学研究所，专门针对调整方案进行 EIA，即编制《调整方案环评报告》，并于 2003 年 12 月 18 日获批。

2003 年 11 月，沿线居民通过各方努力，得到了环境影响报告书最后七页关于公式计算部分的复印件。业主代表于 2003 年 12 月 3 日写了《盲评环评报告》一文，并对距离 100 米处的敞口段自行进行了计算，结果是氮氧化物浓度超标 19.64 倍。随着风向转变，方圆几百米的小区都难逃污染厄运。

而根据《调整方案环评报告》，距敞口段 120 米以外，大气质量即可符合国家二级排放标准。两种计算结果的差距太大，维权活动的重心也迅速转向了空气质量是否达标的技术之争。

2004 年 1 月 13 日，环境影响报告书的编制者亲自到小区内和业主代表当面核算，历经 7 个小时的手工计算，双方仍然各执一词。

从 2004 年初开始，住宅小区的居民还分别上访了深圳市人民政府、广东省环境保护厅以及国家环境保护总局，就该项目的环境影响报告书提出质疑。其间，小区居民募捐资金、推举代表人作为申请人，并聘请律师于 2004 年 12 月向广东省环境保护厅提起了行政复议。

2004 年 5 月 22 日，业主代表将所写《请第三方对西部通道侧接线敞口段污染问题再测算》一文及相关附件，提供给清华大学环境科学与工程系请求复算。

2004 年 12 月，深圳市帕斯环境评估顾问有限公司组织召开专家复审会。复审会的专家评审意见认为《调整方案环评报告》采用了《公路建设项目环境影响评价规范（试行）》（JTJ005-96）规定的大气环境影响预测模式、计算方法和源强估算方法，参数选取适当，预测结果合理，评价结论可信。

2005 年 4 月 22 日，深圳市环境保护局从北京大学、清华大学等机构聘请到国内 EIA 权威的学者，组织了规模较大的正式对话会。对话会邀请了业主代表以及沿线居民代表出席。深圳市环境保护局通过这次讨论，坚持采纳《调整方案环评报告》的评价结论。

3.1.1　科学在 EIA 中的基础性作用

科学英文为 science，源于拉丁文的 scio，后来又演变为 scientin，最后成了今天的写法①。科学也是一个歧义众多，难以界定的概念。例如，可以直接理解为科学就是知识；也有进一步把科学看作是理论化、系统化的知识体系；同时，还可以认为科学是人类和科学家群体、科学共同体对自然、对社会、对人类自身规律性的认识活动；在现代社会，科学还是一种建制；此外，在我国有一种普遍的观点：科学技术是生产力，科学技术是第一生产力。

贝尔纳（1986）则把现代科学的主要特征概括为 6 个方面：一种建制；一种方法；一种积累的知识传统；一种维持或发展生产的主要因素；构成我们的各种信仰和对宇宙和人类的各种态度的力量之一；与社会有种种相互关系。

《辞海》对"科学"的解释如下：科学是运用范畴、定理、定律等思维形式反映现实世界各种现象的本质和规律的知识体系，是社会意识形态之一。按研究对

---

① http://baike.baidu.com/view/3805.htm。

象的不同可分为自然科学、社会科学和思维科学，以及总结和贯穿于 3 个领域的哲学和数学。按与实践的不同联系可分为理论科学、技术科学、应用科学等。

在本书，科学被限定于自然科学范畴，我们可以通俗地认为，科学是一种对客观世界的认识态度、观点、方法。科学过程就是人对客观世界的认识过程，追求的是主客观世界的统一。我们知道，主客观世界的统一是一个理想状态，知识再正确，也只是逼近对世界的描述，而不就是客观世界。因此，科学只是对真理的逼近，并不等同于真理。

在项目或战略决策过程，项目建设或运行，以及战略实施是否会对生态环境、自然资源产生影响，以及影响程度有多大，在社会、生活、健康等影响上可不可接受，有没有替代方案，有没有预防措施等。这一系列的问题有相当强的专业性，行政部门无法给予全面科学的判断，于是评价技术主体便受托进行上述问题的解答，科学活动便由 EIA 技术过程进驻 EIA 过程。

科学活动对 EIA 的作用主要有两点，首先科学活动提供了一种评价态度、原则，即是合规律性原则，求真态度。价值评价是一个主观的价值判断过程，但要想获得一个可靠合理的评价结论，必须在符合科学事实、客观规律的基础上进行；其次，科学活动提供了 EIA 所需的知识和方法基础，即人们对自然规律的认识，对人类活动与自然环境相互作用影响的了解，以及在信息收集和分析过程中所需要遵循的原则和方法。

总的来说，科学活动的作用是帮助评价主体消减 EIA 过程中出现的不确定性。对深港通道西部侧接线的业主来说，他们迫切需要知道是哪一方的数据推演更符合客观规律，更接近工程建成后要发生的事实，而不是哪一方的专家有国家相关部门颁发的证书。

可以说，理性是价值判断从而决策正确的前提和基础。

3.1.2 科学在 EIA 中作用的有限性

EIA 过程除了价值判断目标，也同样包含"事实描述"（田良，2004）的科学目标，并且价值判断的合理性是以"事实描述"的可靠性为基础的。遵循科学性原则的 EIA 被要求兼备判断、预测、选择和导向功能（陆书玉等，2001），这 4 种功能得以实现的前提之一就是世界图景具备可预测性、可判断性和可选择性，即世界必须是足够确定的。

只不过人类认识的进步多少与我们的期望相违背，为消除不确定性的自然科学的进步提供了越来越多的世界是不确定的证据。自然科学的前沿为我们证实了世界的不完备性、无序、涨落、不稳定性、有限可预测等特征，正如福特说的"相对论消除了关于绝对空间和时间的幻想；量子力学则消除了关于可控制测量过程的牛顿式的梦；而混沌则消除了拉普拉斯关于决定论式可预测的幻想"（王东生和曹磊，1995）。现代科学，如量子力学、混沌、模糊数学、统计学和系统学等已经把世界不确定的一面毫无协商余地地拉出了一部分在我们面前。与此同时，人文社会学界的思想家却向理性解构，感性的解放等方向挑战建筑在技术理性基础上的现代生存方式和思想方式。

在这样的科学背景之下，那么坚持科学原则，不确定性是否能够从 EIA 中被避免？

3.1.2.1　EIA 过程的两种不确定性

有《公路建设项目环境影响评价规范（试行）》在手，案例二中业主代表所提交的计算结果和 EIA 单位所计算的结果仍然差距甚远，引来有关无限长线源和有限长线源、交通量和其他模型假设的更细节的争辩，最后只能以权威强压的方式结束。可见，对于 EIA 来说，科学性的保证仍然是一个任重道远的任务。

环境科学工作者从统计学、模糊数学和系统学等借鉴来很多可能的方法试图分析、消除或消减不确定性对研究结果可信度的威胁。但比较成熟的方法，如灵敏度的分析（Chen et al., 1999）、数值模拟法、置信区间法、二间矩法、情景分析（Ravetz，2000；刘毅等，2002；Therivel，2004；刘永等，2005；朱一中等，2004，2005；Prato，2007；刘毅等，2007）、蒙特卡罗法（徐钟济，1985；Barnthouse et al., 1986；褚俊英等，2002）和随机数学方法与模糊数学法等都重在分析，而消减的方法，如回归分析、专家意见法和多目标规划法的引入并不能够完全消减不确定性。不确定性仍然存在，不确定性的注解和描述依然必需。

那么不确定性的确切内涵是什么？它的来源何在？

汪培庄（2000）认为，在本质特征上不确定性可以分为：随机性（randomness）、不可确知性（unknowability）和模糊性（fuzziness）。

不可确知性是不确定性的 3 个本质特征之一，也就是事物的不可知性。

随机性是指客观事物表现出来的多样性与偶然性，表征对象出现条件的概率特征。随机现象服从排中律，在特定论域中，a 或非 a，两者必居其一，不存在第三种情况，因此可以用建立在二值逻辑基础上的经典集合论来描述。

模糊性表征涉及对象类属边界不清晰和性态不确定的特征。模糊论不依据排中律。在模糊认识的特定论域中，存在的是逻辑上不排中的量，必须用特别的模糊集合论来描述。

对象的出现条件概率可以通过大量重复的观察、实验来确定，而对象的模糊特征则与对象出现的次数无关，它是从质的角度出发把握对象的可能性分布（即程度、水平等问题），关系到信息的语义问题（梁世民，1998）。

对EIA来说可作两方面理解：其一，评价客体即人类和自然环境相互作用机理的随机性、不可确知性和模糊性。简单说是有关自然环境规律的知识不完备和所掌握的影响信息的不完全（即与评价客体相关的不确定性）。其二，EIA过程本身具备随机性、不可确知性和模糊性（即与评价主体相关的不确定性）。具体地说，包括数据采集的不确定性（监测、调研）、参数的不确定性（测量误差、取样误差和系统误差）、模型的不确定性（由于对真实过程的必要简化，模型结构的错误说明、模型误用、使用不当的替代变量）和情景不确定性（描述误差、集合误差、专业判断误差和不完全分析）（Benjamin and Cornell，1970；曾光明等，1998；王建平等，2006；张应华等，2007）。

例如，在土地利用规划EIA中，大家比较关注的是土地利用方案中土地利用结构、用地规模、空间布局和重点建设项目和建设方案的未知性，环境影响信息中环境背景资料过于陈旧、环境影响信息的动态性、潜在环境敏感区的不可确知性和由土地利用结构变化、用地类型的调整等可能引起的环境影响程度的随机性等（刘晓丽，2007）引起的不确定性属于与评价客体相关的不确定性。由数据选取没有代表性，空间信息在收集、记录和分析过程中可能出现的误差等引起的不确定性则属于具备主体差异性的不确定性。

正如不存在的绝对的真理一样，人类的认知能力和认知水平都有限制，评价过程不可能被提供完全的知识和信息。虽然人类的认知能力相对于无穷尽的未知客观世界是永远有限的，但在科学领域，面向自然界的不确定性研究是可行的、可能的。所以，与客体相关的不确定性是可以消减的。

例如，针对我国EIA技术导则目前存在的问题：①较为关注的是个体、短期的影响，对宏观战略政策、施工建设和运营报废以后产生的影响考虑较少。②现行导则在内容和形式方面较为单调，没有对执行力度（是指南性还是强制性）进行准确描述。③内容上缺少（如模型应用指导、软件操作规范、实际应用案例等）详细的说明，这使用户在理解和使用方面存在障碍。④环境要素技术导则还缺少固体废弃物、土壤、振动等方面的导则等，这类问题都可以改善、解决或者纠正（招文灿，2015）。

然而，同一时期，不同的个体拥有的知识量和知识层次是不同的。同样，EIA 也要受限于评价主体的知识结构与水平和环境影响信息拥有程度的个体差异。同时，在环境信息和环境知识不可能绝对完备的前提下，评价主体要想从复杂的背景中弄清进行价值评价的关键因子和主要脉络，就很难独立于问题之外，必须在一定的评价情景下，观念性地介入价值关系之中去靠自己的知、情、意的激发与逻辑思维的运用来完成价值判断。

对深港西部通道侧接线工程项目来说，未知的水文、地质、气候风险、污染因子、生态影响和开发活动等因素，以及这些因素对深圳市居民生活和健康的影响都属于认知的不确定性。而数据调查的严谨态度，参数选取的差异，模型的简化程度和选择，对测算结果的敏感程度等则属于主体相关的不确定性。同样是高度关注，切身利益相关的退休高级工程师钱绳曾和施泽康两位业主和工作责任声誉相关的深圳市环境科学研究所该项目环境影响报告书编制负责人对评价参数、模型的选取和假设条件设定的偏好和经验显然是不同的。

因此，除了有关知识的不完备和信息的不完全，还存在着另外一种与 EIA 中主体相关的不确定性。

3.1.2.2 与主体相关的不确定性来源

在评价活动中，主体对一件事物的价值判断的形成受主体自身心理状态和外界评价氛围两方面的同时影响，我们称这两方面的因素为评价图式和评价情景。

（1）评价图式

这里我们引入一个评价图式的概念来提炼评价主体在进行价值判断和选择时相对稳定的心理结构。

这个概念是受认知心理学的认知图式的启发。皮亚杰（1980）曾定义图式为行为（action）的结构或组织，这些行为在同样或类似的环境中由于重复而引起迁移或概括。认知图式是认知主体用来确定哪些信息是重要的，值得注意的，哪些是不重要的，可以忽略的（马俊峰，1994）。

我们可以定义评价图式是评价主体特定的评价行为结构，是评价主体的潜意识领域、个性、知识系统、社会规范意识和价值观念体系等心理诸多因素的抽象化、逻辑化和格式化后组合成的相对稳定的形式结构（冯平，1995）。评价图式比认知图式更为复杂，是由知情意的多方面因素构成（马俊峰，1994），其主要功能是作为评价活动中选择、整理和解释信息的工具（冯平，1995）。

生态学专家通常是不赞同水电开发这样对生态环境造成重大扰动的开发项目

的，而以快速振兴地方经济发展为己任的地方政府往往会赞同且以降低环境准入标准作为优惠招商政策。评价图式直接影响评价活动，形成一定的定势评价，使评价具有主体特征和主体差异性，也就是说，使评价呈现出不同主体间的差异性和同一主体的评价的相对稳定性（马俊峰，1994）。对同一主体来说，其社会地位、价值观念、个性特征和知识水平、知识结构在一段时期内处于相对恒定的状态，因此能够对同一类的评价对象形成一种评价的定势。咨询机构的同一团体在受委托进行性质与规模类同的项目的 EIA 时，他们收集信息，选择的模型，很可能是类似的。

评价图式并非单独发挥作用的，它需要主体的情感因素的协同作用（冯平，1995）。评价主体在特定的评价情境中会产生特定的情感。因此可以说，评价的心理系统并不是独立作用的，其每种组合的作用都要依赖于特定的评价情境。

（2）评价情境

现实中每一个 EIA 过程都是独特的。很多时候，无法简单地舍弃单个 EIA 中发生的事件和现象的独特、不可替代的特征，将其置于一种普遍的因果联系之中，去提示其共性和一般性（欧阳康，1998）。对 EIA 过程的研究重视评价过程中的独特性，把所发生的事件和现象放置在其特定情境中，把事件和现象与其发生的情境作为一个整体进行考察，而不是被肢解部分的集合体。通过对 EIA 社会性现象的情境因素的提示和阐释，映射出这些事件或现象的独特性。

早在 1996 年深圳即成立了西通办。1997 年 12 月深港西部通道在国家计划委员会通过立项，2002 年 12 月国家计划委员会批准了西部通道的工程可行性研究报告，2003 年 3 月深圳市发展和改革委员会也批复了深圳侧接线工程可行性研究报告。也就是说，西部通道侧接线工程早在 1997 年就有规划，当前规划公路附近还是荒郊野岭。国土规划部门曾在侧接线中心线两侧 200 米划出蓝线作为预留用地。但当地政府在这期间把预留用地大量批卖作为高档住宅开发，先后批建了蔚蓝海岸、招商海月、蓝月湾畔、文德福等大型社区。短短两年，这些楼盘的均价已经从最初的 4000 多元/平方米涨到 7000 元/平方米。可是业主在买房子时，对侧接线工程的事情毫不知情。直到 2003 年 8 月深圳市人民政府高调宣工程设计方案时才得知该工程将从自己家门口经过。之后居民多次到西通办、深圳市住房和建设局、深圳市环境保护局要求查阅环境影响报告书与设计方案，均被拒绝。再后民众质疑 EIA 为什么没有公众意见征求时，EIA 单位给出的解释是曾在某小区内发了 50 份调查问卷，并将调查结果写入了环境影响报告书。这些前因后果构成了西部通道侧接线工程三易方案仍然被广泛质疑，政府部门组织十几次答疑会邀请界内权威专家环境影响报告书的结论仍不被认可的主要背景因素。

评价情境指的是评价主体进行评价时所处于其中的具体的环境。它是评价得以进行的客观背景中评价者可直接感知的、当下的具体条件的总和，可称为评价的微观背景（冯平，1995）。

任何评价都是在一定的具体条件下对一定的具体对象的评价。所以，对 EIA 来说，不同的类型的评价对象，能源项目或区域开发战略，或者同一类型的评价在不同的条件下，如同一开发项目，评价咨询专家在公共场合的意见，与私下谈个人的感受，会受到不同的评价情境的影响。相对当下进行的评价来说，它构成了一种客观环境条件，表现为一种先在的东西，具体地规定着评价的目的和性质。例如，评价主体需要进行什么模式的评价，评价能达到什么精度等。

我们知道，评价主体的心理系统[由主体的潜意识领域、个体、知识系统、社会规范意识和价值观念体系等 5 个方面所构成（冯平，1995）]中蕴含着多种可能的评价图式组合，而评价情境作为一种外在的评价条件，使其中的一种可能性变为现实。评价情境与评价心理系统构成相互作用的两道评价网筛，心理系统规定了评价主体感知评价情境的取向和强度，而评价情境从评价主体的心理背景系统中筛选出一种评价图式。

评价情境对评价的功能主要在于，它使评价主体与评价客体的关系具体化，使评价主体的心智因素被激发和调动起来，使评价有可能变成现实（冯平，1995）。例如，在圆明园湖底防渗工程的听证会上（见案例四），公众表现出强烈的对圆明园所代表的国家民族荣辱的爱国情感，国家环境保护总局负责人则着重以一个公正的广大民众环境权益的代理人的身份出现，而各位专家则以专业的角度表现出学术权威的独特见解和洞察力，以赢得公众的尊重和认同。在这个案例中，评价情境将评价主体的某一种需要提升为优势需要。公众的优势需要是通过媒体宣传所唤起的，而国家环境保护总局行政人员和在座专家的优势需要是由他们的职责和社会地位强制性规定的提升。

在经历松花江危险品爆炸事件之后，公众对环境风险的畏惧，对安全的需要被异乎寻常的激发出来，并成为 2007 年 5 月底 6 月初的厦门 PX 项目所产生的"黄丝带事件"中公众情绪激发的要素之一（见案例五）。

在 1976 年肯尼亚的马辛加大坝项目（Hirji and Ortolano，1991）中，评价者仅仅给了两个月的时间。仓促之下，评价者无法把大坝所引发的沉积作用对下游的渔业和改变的水文状况对下游的农业可能产生的影响考虑在内，而只评价了一些他们认为在当时更为重要的影响。

肯尼亚的 Kiambere Gorge 的案例（Hirji and Ortolano，1991），1971 年，肯尼亚政府为了确保世界银行集团的基金投资于 Kiambere Gorge 的塔纳河水电大坝的建设，而进行 EIA，其中此项目遇到的主要问题之一是，大坝对当地居民会产生什么样的影响？政府的 EIA 中，需要搬迁安置的人数仅有 3000 人，然而，世界银行集团独立进行的评价中确定正确的数据应该是 10 000。

评价情境具有极强的流变性，根据时间、地点、事件、人物等要素的变更，组合出不同的评价情境。但总的来说，还是有"常规性评价情境"和"随机性评价情境"的区别，所谓常规评价情境，指那些连续性较强，变化程度较小，评价主体具有应对条件变化的准备和经验。随机性评价情境则往往指一些突发性的条件变化，超出主体的预料，没有常规的应对方法（马俊峰，1994）。总的来说，常见的 EIA 情境要素包括：时间限制、空间范围、设备条件、成本预算、事件敏感程度、制度供给、政治压力等。

个体主体在 EIA 过程中的态度和行为并非一成不变的，相反，随着评价情境的流变，以及主体间相互的行为互动，其评价图式的切换，对环境问题的认识和对环境资源价值的认可层次和程度也会相应地变化，相应的其行为与言论也会随之变化。因此，我们不能把 EIA 过程看成是单个成员的单个行为，而是应该将其视作由多元主体的连续性的行为流和言论集合而组成，主体之间与主体行为之间是相互关联和相互影响的。

3.1.2.3 不确定性的不可完全消减性

EIA 的不确定性包括两个方面：一是有关自然环境规律的知识不完备和所掌握的影响信息的不完全；二是主体心理状态的独特性和外界评价情景的流变性决定价值判断和评价过程的不确定。

科学知识的不完全和影响信息的不完备可以依赖于科学的进步，然而与主体相关活动过程的不确定性有着更大的复杂性，因为每个活动个体的评价图式的差异性与评价情境的流变性，使每个 EIA 过程既不存在可重复性，也难以从质的角度去把握其可能性分布。而且，主体在把握对象时总会产生一些主体性的误差。例如，在认识过程中，受外界因素（如社会价值取向或者他人经验）的影响而不能准确把握对象；在众多繁杂的信息中总要做些舍弃和简化，这个取舍过程可能会造成整理后的信息失真；主体自我意识、概念系统、理性思维、认知结构、思维方式、先前经验、以及主体的价值观念、需要、兴趣、情绪、性格等影响，等等（欧庭高和陈多闻，2004）。

为了减少由于主体差异性带来的不确定性，EIA 过程一般都有相应的技术导则来规范主体的选择，如环境影响的识别和预测模型的选取等。但技术导则或规范不可能规定每个具体项目决策过程可能出现的情况。例如，深港西部通道侧接线工程中有关抬升高度的假设，在无明确规定的情况下，争执双方只能依据自身的经验和认识水平来判断。

如果没有技术导则作为依据，在国际和国内也没有太多的成功范例作为借鉴。例如，对农村以农户、村落为单位的生产和生活方式进行的农村环境质量评价，对某地区的传统文化风俗的保存的环境影响评价等，对评价主体来说，要采用什么样的方式进行监测调研，用什么样的方法识别影响、构建什么样的指标和标准等都要靠评价主体的经验和创造能力。这种情况下，评价会因为主体的不同，或主体所处的时空结构的不同而具备个体性。

通常环境影响评价过程中，评价主体要把握的是整体的利益所在，要站在人类持续生存与发展的立场上进行价值判断。然而，在 EIA 过程中，矛盾冲突总是存在，不同的个体与群体之间的利益追求未必相一致。例如，深港西部通道侧接线事件中桃花园、蔚蓝海岸等小区的居民对房产市值可能受到影响的关注度要远大于其他人。具有不同利益期望的个体或群体的要求未必就不合理。在事情复杂多变，国家颁布的技术导则满足不了需要的时候，往往需要评价主体根据自己的价值观念和判断能力，因为这个过程是与当时的具体情况相联系的，就有它的随机性和个体性。

不可逆的评价主体心理运作过程和评价事件发生的时空结构下的特殊的背景是不可重复的。评价主体推动了评价展开的同时也带来了不可消弭的不确定性。现实社会不存在完全排除主体感性因素的"理性人"，我们不可能把一个人的感性完全剥离，他的选择与判断必然是感性与理性的结合。即使是处于"独立第三方"的评价技术主体，任何一个实践中的 EIA，评价技术主体都不可能是一个只会用数据进行计算和比较的智能机器，而必定是一个处于一定文化传统风俗习惯、社会关系和情感状态的人，他（或他们）有自己特有的思维习惯和价值取向，有着相对固定的评价图式，同时也有自身的利益追求。此外，环境问题常有复杂的问题出现背景，评价技术主体常处于不同的时间、资金约束之下，处于不同的权力、舆论和生存竞争压力之下，身处这样的情景是不可能有什么明确的程式可因循而让自我独立于问题之外。固然，感性思维的丰富性、多样性、多变性和表面性（冯平，1995）会对 EIA 肩负的决策辅助使命造成阻碍，会令评价缺乏必需的涵盖性和解释力，以及传播能力削弱，因此必须设法规避。但避免的是个体感性思维的丰富多样性，而不是 EIA 的主体创造力和能动性。

EIA 在很大程度上是依赖于主体的，就算其模式规范标准到可以把它编制成一个固定的计算机软件来替代人力完成大部分的工作，评价仍然是一个价值创造的过程。价值不是一种普通物品，它的显现过程需要人类特殊的创造能力的发挥。

总之，由于认知能力的有限和有着独特个体特征的主体的介入，以及评价情景的不可逆性，对 EIA 过程来说，拟定项目或战略决策行为可能的环境影响后果是可以"测"但"测不准"的。

3.2 环境影响评价中的社会活动

案例三：怒江水电开发

怒江是我国西南地区的大河之一，又称潞江，上游藏语叫"那曲河"，发源于西藏那曲一带，穿越西藏和云南后流入缅甸。怒江两岸植被茂密，森林覆盖率为 70% 以上。进入云南境内以后，怒江奔流在碧罗雪山与高黎贡山之间，这里是世界上蕴藏最丰富的"地质地貌博物馆"，是我国最大的世界级自然遗产地"三江并流区"，欧亚大陆生物多样性最集中的"世界生物基因库"，开辟民族互通共融的茶马古道发祥地。

由于落差极大，怒江蕴藏着丰富的水电资源，可开发的装机容量为 2132 万千瓦，是三峡工程的 1.17 倍。

1999 年国家发展和改革委员会（简称国家发改委）根据我国的能源现状和有关人大代表的呼吁，决定对怒江进行水能开发。经过 3 年的勘测设计，云南省怒江傈僳族自治州人民政府于 2003 年向国家发改委正式提交了《怒江中下游水电规划报告》，提出了两库十三级梯级开发方案。其间水电站的各项前期准备工作已陆续展开。规划报告最终于 2003 年 8 月 14 日顺利通过国家发改委的审查。

2003 年 9 月 1 日，《中华人民共和国环境影响评价法》正式实施。国家环境保护总局、部分专家和 NGO 以怒江水电开发会影响周边生态环境、生态移民问题为由反对在怒江上建坝，而云南省人民政府、自治州人民政府和部分专家则极力支持方案的实施。大家自动地分为支持派和反对派，发表针锋相对的言论，使事件频频在媒体曝光，并不断升温。越来越多的公众被吸引进来，参与到怒江是否应该建坝的讨论中，使事件最终发展成为一个引起国内外广泛关注的公共事件。温家宝总理就此事先后于 2004 年 2 月和 2005 年 7 月做出重要批示，怒江水电开发计划先被搁置，后重新启动（郑琦，2008）。

2003 年国家水电部门计划在岷江、大渡河、雅砻江、怒江、金沙江、澜沧江等西部江河大规模开发水电，修筑多级水电站，引起社会舆论、媒体和 NGO 的强烈关注。其中在流域生态相对保存完好的怒江建两库十三级梯级开发规划，成为公众关注的焦点。争议围绕着河流的发电潜力和江河生态系统、自然遗产和文化多样性保护的价值，以及工程建设中的程序公正，原住民的利益孰重孰轻而展开（表 3-1）。

表 3-1　怒江水电开发大事记

时间	事件
1995 年	水利部将怒江两库十三级的大坝被正式纳入议事日程
1999 年	国家发改委拨出资金，由水利电力规划设计总院牵头，用招标的方式确定了两家设计单位——北京院、中国电建集团华东勘测设计研究院有限公司（简称华东院），由这两家设计院对怒江中下游云南境内的水电开发进行规划
2000 年 12 月	北京院、华东院受国家计划委员会委托同时进行怒江规划的环评工作，依据的是水电系统内部的《江河流域环境影响评价规范》
2003 年 3 月 14 日	中国华电集团公司与云南省人民政府签署了《关于促进云南电力发展的合作意向书》
2003 年 6 月	中国华电集团公司与云南省能源投资集团有限公司、云南电力集团水电建设有限公司、怒江电力公司签署协议，共同出资组建云南华电怒江水电开发有限公司
2003 年 8 月 14 日	国家发展和改革委员会主持评审《怒江中下游流域水电规划报告》，该报告规划以松塔和马吉为龙头水库，丙中洛、鹿马登、福贡、碧江、亚碧罗、泸水、六库、石头寨、赛格、岩桑树和光坡梯级组成的"两库十三级"开发方案，全梯级总装机容量可达 2132 万千瓦，比三峡大坝的装机容量还要多 300 万千瓦。评审会上，国家环境保护总局代表投了唯一的一张反对票，提出鉴于怒江水电开发的规模和与《中华人民共和国环境影响评价法》实施日期（2003 年 9 月 1 日）的临近，要求专题审查"环境影响评价报告"
2003 年 9 月初	北京院牵头，组织国内 10 多个权威科研单位，对怒江中下游水电规划开展了一年多的 EIA 工作
2003 年 9 月 3 日	国家环境保护总局召开"怒江流域水电开发活动环境保护问题"专家座谈会，包括 5 名院士在内的 27 位专家指出，怒江建坝会付出巨大的生态和社会成本
2003 年 9 月 29 日、10 月 10 日	云南省环境保护厅先后召开两次座谈会

时间	事件
2003年10月20日、21日	国家环境保护总局在昆明举行怒江水电开发问题的专家座谈会,会议上大家围绕水电开发所带来的生态环境问题和能否脱贫问题形成了支持和反对怒江水电开发的两种截然相对的意见
2003年10月25日	中国环境文化促进会第二届会员代表大会召开,"绿家园"组织了郁钧剑、张抗抗等62位社会名流联合签名呼吁保护"中国最后的生态河——怒江",这份签名被多家媒体转载
2003年11月	第三届中美环境论坛在北京举行,在"绿家园"主导下,论坛最后的议题转向了保护怒江
2003年12月	"世界河流与人民反坝会议"在泰国举行,中国民间环境保护组织联合80个国外NGO以大会的名义为保护怒江签名,并将签名书递交联合国教科文组织。随后,泰国NGO就怒江问题联名给中国驻泰国大使馆写信,并引起了泰国总理他信的关注
2004年2月	汪永晨带领20名志愿者、媒体人士和专家学者前往怒江考察,随后大量关于怒江两岸生物多样性和文化多样性的报道见诸各类媒体
2004年2月18日	温家宝总理对国家发改委上报国务院的《怒江中下游水电规划报告》批示:"对这类引起社会高度关注,且有环境保护方面不同意见的大型水电工程,应慎重研究,科学决策。"怒江开发计划暂时搁置
2004年3月14日	"绿家园"等9个NGO创办情系怒江网站
2004年3月21日	中国社会科学院城市发展与环境研究中心、环境与发展研究所及多家NGO举办的"情系怒江"图片展在北京举行,政协委员梁从诚亲临展会并剪彩
2004年11月	《怒江中下游水电规划环境影响报告书》正式提出,结论认为怒江开发的生态环境影响和移民问题都在可接受范围之内
2004年11月13日	由国家发改委能源局和国家环境保护总局环境影响评价司在北京联合召开了"怒江中下游水电规划环评审查会"。包括4名院士在内的15名专家组成了审查小组,对《怒江水电项目规划环境影响评价报告》进行审查
2005年4月	应云南省人民政府邀请,何祚庥、陆佑楣、方舟子等12位知名学者于4月4日前往怒江考察。8日,考察团参加了在云南大学召开的"云大科技论坛互动报告会",会上方舟子等专家与NGO的代表进行了激烈交锋。9日云南省省长何荣凯与考察团座谈。何祚庥等返回北京后向国务院上书建议加快怒江水电开发,得到的批复是"看来此事还需调整"
2005年7月	温家宝总理赴云南考察,指示相关部委加紧认证并尽快拿出自己的意见

时间	事件
2005 年 8 月	国内 NGO 共同发起 "民间呼吁依法公示怒江水电环评报告的公开信" 的活动，由九十余名组织，多名院士、全国人民代表大会和中国人民政治协商会议（简称两会）代表、专家学者和各界知名人士等共 450 余位个人签名表示支持。国际河流组织联系了 459 人和 92 个组织联名上书公开怒江水电环境影响报告，但政府以涉及国家机密为由拒绝
2005 年 10 月 22 日	在 "中国水电开发与环境保护高层论坛" 上，数十位水电开发以及环境保护方面的政府官员、专家学者，云南怒江州人民政府官员暨怒江傈僳族自治州的两位农民代表，就水电开发过程中生态平衡与环境保护问题重新展开了辩论
2006 年 1 月	国家发改委、国家环境保护总局审查《怒江中下游水电规划环境影响报告书》，一向持反对意见的国家环境保护总局正式同意开发，但方案由六库十三级调整为先开发四级水库
2006 年 5 月	国家发改委、西部办牵头，国家环境保护总局等 8 个部门及云南省和怒江傈僳族自治州人民政府联合成立 "怒江州经济社会协调发展" 课题研究组
2007 年 8 月	国务院审议、国家发改委发布《可再生能源中长期发展规划》，明确怒江是今后水电建设的重点
2008 年 3 月	国家发改委发布的《可再生能源发展 "十一五" 规划》，明确将怒江六库、赛格水电站列入开发计划。后受制环境保护争议，未获环境保护部门批准
2008 年 3 月	六库水电站正式开工
2010 年 6 月 24~26 日	《怒江流域综合规划报告》，在北京通过了水利部主持的审查
2011 年 2 月	4 位退休多年的地质专家以联名信方式上书国务院领导，提出 "怒江处于活动断裂带、地震频发，身处泥石流重灾区，却多暴雨"，"在地震、地质上有特殊的高风险，不应建设大型水电站"
2011 年 3 月 6 日	中国水力发电工程学会、中国大坝委员会专门组织召开了研讨会，认为规划中的全部电站大坝都避开了怒江断裂带，水电开发是安全的
2013 年 1 月 1 日	国务院印发《能源发展 "十二五" 规划》并于 1 月 23 日正式公布，详细列出了五十几个在 2015 年前重点开工建设的水电项目。其中，怒江松塔水电基地被列入重点开工建设项目，而怒江干流六库、马吉、亚碧罗、赛格等项目则被列入有序启动项目中。5 个水电基地的总装机容量达 1120 万千瓦

资料来源：戴廉，2004；黄一琨，2004；李自良，2004；杨东平，2005；薛野和汪永晨，2006；郏建荣，2005；田华文和魏淑艳，2014

3.2.1 EIA 中的社会活动特征

EIA 作为一种活动具备 3 个主要特征：事实认定、价值判断和社会建构。EIA 首先是对社会经济行为对自然环境功能扰动的实证性描述；其次，是相对于自然环境功能状态的改变对人的意义的判定；最后，EIA 是通过不同行为主体与主体间行为互动，话语活动，对拟议（进行或完成了的）社会经济行为可能（正在或已经）产生的环境问题进行社会性建构的过程，同时也是对环境资源的价值进行社会性创造的过程。最后一种特征的界定把 EIA 过程归属于社会活动范畴。

除了科学活动特征外，EIA 还同时兼备社会活动特征。

社会活动，是指以他人为对象、旨在达到预期目标的个人或群体的有意义的一系列行为，包括全部社会交往活动，是一种满足社会期待的角色扮演过程[①]。

大多 EIA 类型，如建设项目 EIA、SEA 等都符合社会活动所必需的基本特征。首先，EIA 往往是技术主体、决策者、投资者、咨询专家、公众和 NGO 等多主体以不同的角色共同介入的过程，不同角色主体之间有着复杂的社会关系；其次，EIA 是以社会经济行为决策活动为载体，包含一系列技术程序和决策环节，如编写环境影响报告书、环境影响报告书评审、组织公众参与、跟踪监测等环节，各环节是由不同主体的社会行为所构成的，各主体行为之间有着显著的社会交往互动特征；最后，EIA 过程的展开是有方向性的，目标是促进决策合理性，因此过程中各介入主体的行为都是朝向决策过程的，都是显性的社会行为，符合社会个体行为和群体行为规律，同时，EIA 对决策过程的影响力，决策方案实施后环境保护措施的效果都是具有客观性，可观察的。

基于上述的多元主体介入、主体间存在社会交往和行为互动，以及行为具有方向性和可观察性的社会性特征，EIA 可以被同时看作是一项人类有意识、有目的的社会活动，围绕项目或规划等社会经济行为决策过程，有评价技术主体、决策者、投资者、咨询专家、公众和 NGO 等多主体介入的过程，而且主体间行为彼此独立又相互作用。

怒江水电开发 EIA 便具有典型的社会活动特征。怒江水电开发建议的阻力，起始于《怒江中下游流域水电规划报告》评审会上国家环境保护总局代表认为该

---

① 社会活动与社会行为在许多方面通用。但社会行为这一概念，通常被用来研究个体和小群体的社会活动，它不涉及大规模社会组织行动（http://www.hoodong.com/wiki/%E7%A4%BE%E4%BC%9A%E6%B4%BB%E5%8A%A8）。

规划缺乏没有针对水电开发项目生态环境问题的 EIA。随后在北京院牵头开展 EIA 的过程及 EIA 评审通过后，围绕水电开发可能导致的生态环境问题和移民问题开展了为期 10 年的大讨论。参与者包括：国务院、国家环境保护总局、国家发改委、全国/地方人大与政协、中国华电集团公司、云南省各级人民政府、国际组织、NGO、各行业专家、当地居民、其他感兴趣民众等，参与方式通过各类媒体、座谈会、评估会、国际环保会议、论文、政协提案、上书国务院、考察团等。赞同和反对派双方都多渠道多层面发表意见，相互辩论，试图最大程度影响舆论导向，以期建议能够抵达最终决策。这个借助 EIA 平台展开的大讨论，已经远远超出了求真的科学活动范畴。

3.2.2　社会活动特征下 EIA 的目标设定

作为一项社会活动，EIA 目标要依据社会活动的内在属性和规律设定，具有区别于科学活动的特殊性。

3.2.2.1　建构主义的启示

"建构"为认知心理学术语，是指人的认知活动不仅依赖于认知对象的性质，而且依赖于认知主体的认知状态和原有认知的图式，是认知主体与对象在相互作用中共同建构而形成的。其中，最基本的建构机制是认知图式的"同化"与"顺应"。建构强调主观因素对认识过程和结果的影响。

随后，建构主义（constructionism）作为一种重要的思想流派，在汲取了心理学中的皮亚杰认知建构理论和维果茨基（L. Vygotsky）关于心理机能的社会文化历史理论、哲学中的诠释学和语言哲学、社会学中的知识社会学等理论精华的基础上，结合不同学科，尤其是科学社会学的发展实践，成为一种重要的社会思潮。

环境问题进入建构主义者的研究视野，源于 20 世纪 80 年代末 90 年代初，典型的有 Buttel 和 Taylor 采用新的社会学视角对全球环境问题的解构（Buttel，1987；Buttel and Taylor，1992）。其后有 Fox（1991）、Ungar（1992）以及 Mazur 和 Lee（1993）等。

在这方面，做出突出贡献的是汉尼根（J. A. Hannigan）。Hannigan（2006）编撰了著作《环境社会学》，着重探讨：为什么一些环境问题早就存在，但是只是到了特定时候才引起广泛注意；为什么有些环境问题引起了广泛注意，而有些环境问题却是默默无闻？在《环境社会学》导论中，Hannigan（2006）指出，公众对于环境现状的关心并不直接与环境的客观状况相关,而且,公众对于环境的关心程度在不同时期并不一定一致。事实上,环境问题并不能"物化"自身,它们必须经个人或组织的"建构",被认为是令人担心且必须采取行动加以应付的情况时才构成问题。在这一点上,环境问题与其他社会问题并没有太大的不同。因此,从社会学的观点看,关键任务是弄清楚为什么某些特定的状况被认为是成问题的?那些呼吁者是如何唤起政治注意以求采取积极行动的?

Hannigan(2006)认为,成功地建构某种环境问题必须注意以下 6 个方面的因素:第一,某种环境问题构建的正当性必须有科学权威的保证。第二,存在环境科普工作者。如果没有他们的通俗普及,某些问题可能只是深奥难懂的研究专题,难以激发起普通公众的环境保护意识。第三,必须引起媒体的注意,借助媒体宣传才能使人们注意到呼吁的问题,并认识到其重要性。第四,某一潜在的环境问题必须以非常醒目的符号和形象词汇加以修饰,以引起注意。第五,呼吁对某一环境问题采取行动必须有可见的经济刺激。第六,为了使环境问题成功地参与各种呼吁或声称(claims)的竞争,确保环境问题建构合法性和连续性,应当赢得政治界的支持"。

就怒江水电开发可能引发的生态环境影响问题,分析如下:

第一,在怒江开发论证过程中,专家学者是争辩双方的中坚力量。参加公开讨论、在大众媒体上发表自我见解的科学家达近百位之多,而在各类科研期刊上发表的相关科研论文也达百篇。其中主要包括了中国科学院(简称中科院)专家、大学教授、水电专家、环保人士、地方科研院所专家和各类 NGO 人士等(魏沛等,2007)。其中反对派学者以云南大学河流保护专家何大明等为代表,支持怒江开发,强调发展地方经济的专家有何祚麻和陆佑楣两位院士。

第二,专家的言论被大众媒体报道时,大都采用了浅显易懂的文字。经过记者或节目制作人的转述和组织,公众在阅读或观看、收听时能够更好地接收到朴素易懂的相关知识。"绿家园"创办人汪永晨本身就是中央人民广播电台记者,在她创办的网站,或者公开的谈话都采用的能够为公众理解和接受的语言进行专业知识的转述。

第三,据相关统计,2003 年 8 月~2004 年 9 月,在参与报道怒江开发的媒体中,仅就中央和国家级媒体而言,就达近百家。广电媒体中,中央电视台的《新闻调查》《经济半小时》等栏目制作了专题报道,北京人民广播电台从 2004 年 2 月 15~20 日每晚 22~23 点持续 6 天播出"走怒江"节目。平面媒体中,不仅各类市场化报纸,如《中国青年报》《南方周末》《经济观察报》,而且党报性质的媒体，如《人民日报》《光明日报》，以及各类行业报纸，如《科学时报》《中国环境报》《中国电力报》等也刊登了大量相关报道。国内三大门户网站新浪、搜狐、网易也均开辟了怒江专题，还有机构建立了"情系怒江"等集中讨论怒江问题的专题网站。这些媒体以及各地方媒体持续跟踪报道了 2003 年 9 月国家环境保护总局提出有关怒江开发的不同意见；2004 年 2 月温家宝总理对怒江水电开发做出"慎重研究，科学决策"的批示；2004 年 7 月第 28 届世界遗产大会"三江并流"遗产被处以黄牌警告等怒江开发中的重大事件。如此长时间的、大范围的跟踪报道，不仅增加了公众接触怒江水电开发相关知识的机会，而且保持了长久的热点效应，广泛引起了公众的注意，大幅扩展了受众面积（魏沛等，2007）。

第四，争论主要围绕生态破坏、扶贫、工程地质灾害风险等议题展开。"中国仅存在的两条原生态江河""中国境内最大的世界自然遗产三江并流区"及欧亚大陆生物多样性最集中的"世界生物基因库""洄游鱼类""濒危物种""生态移民问题"等词汇和用语频繁出现在各种媒体。

第五，利用媒体、网络、沙龙、论坛、图片展等多种方式持续性的宣传，NGO、环保部门和反对派专家多次将社会舆论从关注能源匮乏支持建坝转向关注生态环境反对建坝，甚至连中央政府的态度也一度发生动摇，导致开发项目停建和缓建（朱春奎和沈萍，2010）（表 3-2）。

表 3-2 建构环境问题的关键任务

关键任务	声称准备	声称的表达、呼吁	争论
活动准备	发现问题 给问题命名 确定声称的理论基础 建立参量	引起关注 使声称合法化	诉诸行动 动员支持 维护权益
凭借的平台	科学界	大众媒体	政治界
主要证据来源	科学的	道德的	法律的
科学所起的作用	观测发展动向	促进交流	政策分析
潜在缺陷	缺乏明晰度 模糊性、不确定性 自相矛盾的证据	宣传力不足、低曝光率 问题新颖性降低，吸引力下降	选举 对问题感到麻木和厌倦 存在完全相对的主张
成功策略	创建研究焦点 科学知识的自洽性组织 科学分工	与社会关注热点问题联系起来 采用富有感染力的语言和直观的图像 修辞策略和技巧的采用	网络化沟通 发展专业咨询 开放式决策

资料来源：Hannigan，2006

尽管建构主义者普遍性地忽视或者说弱化了环境问题形成的客观因素，这成为建构主义理论应用于环境领域的关键缺陷。但建构主义者对社会因素的强调，如权力、利益结构、科技水平、文化、社会心理、传播媒体和重大敏感事件等对于社会的环境问题认识和行为的影响作用，以及建构主义者认为社会对环境问题的反应不是其中某一社会要素单独作用的结果，而是行为与社会要素之间互动和共同作用的结果，在这方面则为我们研究环境问题提供了非常关键的启示作用。

从建构主义那里得知，环境问题不仅仅是客观存在的，还是由科学家、政府官员、公众等借助大众媒介等信息资源观念性地构建出来的，具备社会构建性。因为制度化的环境影响评价过程恰好就是一个在一定的规则与资源约束下，由社会经济行为决策过程，各介入主体在相应社会背景要素的作用下，为环境资源的利益分配而进行的彼此间行为互动和话语活动的过程。介入的主体包括评价专业技术人员、政府官员、行为提议者、咨询专家、公众和感兴趣的团体等多元主体，信息公开和意见征询的过程也有大众媒介等信息资源的介入，而且，EIA 的目的就是借助各种环境影响信息，对社会经济行为已经、正在或可能产生的环境问题进行程度预测和性质判定，进而评价其对人类社会生存和发展的意义。由此，我们可以借鉴建构主义者的视角，把 EIA 过程看作是一个对可能（已经或正在）产生的环境问题，以及环境价值的社会性建构过程。

3.2.2.2 EIA 的环境价值建构目标设定

我们已经熟知的是，EIA 作为决策咨询工具和 EIA 作为项目准入的"市场门槛"，这是从技术方法和从制度管理两个层面对 EIA 的功能定位。然而，EIA 还有一个重要的功能是长久以来一直被忽略的，也就是 EIA 提供一个环境资源价值的建构平台：向公众、决策者和市场经济主体宣传环境知识、提高他们环境权益意识、提供项目或其他社会经济行为的环境影响信息以及行为决策信息、鼓励多元主体之间的对话、沟通和交流，这是 EIA 作为价值建构活动的主要目标。

EIA "有效性" 从 EIA 制度产生以来一直成为学术界、决策者和投资者质疑的焦点。Schindler（1976）从 EIA 负担的政治特征与其本身的科学目标的矛盾性出发认为 EIA 是"无用的"（boondoggle）。也有不少学者（Bureau of Industry Economics，1990；Rayner，1992；Barnett，1992；Trewin et al.，1992；Hancock，1993；Charlier，1993；Morgan，1993；Smith，1994；Cattaneo，1995；Palmer et al.，1995；Constantineau，1996；Dyson，2000）因为 EIA 要实现准确预测环境影响的科学目标会给决策本身带来的时间、资金和人力资源的压力而论证 EIA 制度

本身是经济发展的"负担"（burden or burdensome）（Annandale and Taplin，2003）。总的来说，EIA 提供给决策者的影响信息的可靠性受限于一定的时间限制、预算压力和科学水准，决策过程与 EIA 相整合的程度被囿于相应的制度背景和政治条件下。实践过程中，时间限制、预算压力、科学水平、制度背景和政治条件等因素共同构成 EIA 的评价情景，成为 EIA 辅助决策、优化决策质量功能最大发挥的制约。

除去辅助决策和行为规范的基本目标，EIA 还有一个衍生目标：环境问题价值建构。EIA 的衍生目标可分解为 3 个方面：①环境资源价值重构目标，宣传环境知识，提高环境影响评价各介入主体，特别是决策者、公众、投资者的环境意识和环境责任感，使其充分认识到环境资源价值的整体性和不可分割性；②社会正义目标，提供环境影响和决策信息，提高公众环境权益意识，搭建各种公众参与渠道，通过鼓励公众群体、弱势群体和感兴趣团体参与评价过程，争取话语权力，壮大决策过程的社会监督力量，实现环境资源配置结构的平等性；③持续活动能力目标，通过 EIA 主体间交流、学习和协商平台的搭建，有利于逐步强化参与者稳定的合作网络的创建，为更为广泛和长期的环境保护活动提供社会网络基础和组织基础。

怒江水电开发 EIA 过程是生态环境价值构建的一个理想平台，第一，各大媒体充分报道、公众广泛参与，各方面的意见都能得到充分表达；第二，专家仔细认证，代表人物都以理以据论述观点，可信度高；第三，环保部门敢于承担压力、各部委积极协作、中央/地方政府审慎负责，为沟通与对话提供了一个公开、公正的环境；第四，决策过程充分考虑各方建议，极大地鼓励了公众畅所欲言和据理力争的积极性。

NGO（绿色家园志愿者、绿色流域、自然之友、云南大河流域、绿岛、地球村等）、环境保护部门（国家环境保护总局和云南省环境保护厅）和专家学者（何大明等）充分利用了这一绝佳的机会，把水电建设可能会产生的负面生态和社会影响，怒江的原始生态与人文价值（三江并流、洄游鱼类、濒临绝种的物种、地质地貌、生物多样性、茶马古道等）在全国范围内作了宣传和导向。

2003 年 9 月 3 日，国家环境保护总局在北京主持召开"怒江流域水电开发活动环境保护问题"专家座谈会，并邀请国内多家著名环境保护 NGO、多位学者和各路媒体参会。包括 5 名院士在内的 27 位专家、官员发表观点，指出怒江是我国目前仅存的两条未被规模开发的大河之一（另一条为雅鲁藏布江），为我国乃至世界上不可多得的物种基因库和世界自然遗产地，其潜在的生态价值、科学价值和经济价值不可估量。为使怒江流域真正实现可持续发展，给子孙后代留下一条原始生态环境相对完整的生态河流，不宜在此开发水电。2003 年 10 月 20 日、21日国家环境保护总局又先后在昆明召开同一主题座谈会，2003 年 9 月 29 日、10月 10 日云南省环境保护厅也先后召开两次座谈会（周斌，2003）。

一系列的座谈会及媒体的报道让更多专家学者及民间组织开始关注怒江。在"绿家园"负责人汪永晨等的联系和运作下，众多社会名流也开始关注怒江，并纷纷发表保护怒江的声明。同时，汪永晨等还联系国外环境保护 NGO，并通过参加国际性环境会议、国际环境论坛等途径将怒江问题的讨论范围延伸到国外，赢得国际环境保护机构及组织的声援。通过组织联合签名、建设"情系怒江"网站、"情系怒江"全国摄影展、不同规模的怒江实地考察等活动，并借助中央电视台、凤凰卫视、《文汇报》《中国青年报》《瞭望》等众多国内主流媒体的深入报道把社会舆论推到高峰（朱春奎和沈萍，2010；田华文和魏淑艳，2014）。

可见，如果能够设定一个公开、公正、透明的决策环境，促进各介入主体的良性互动，保证 EIA 过程中主体行为的理性，EIA 是有可能为价值冲突提供一个良性的对话平台。

3.2.2.3 EIA 实现环境价值建构目标的优势

EIA 作为环境信息提供和环境知识宣传的平台，显然具备其他环境宣传教育手段所不具备的优点：

首先，环境影响评价的时空连续性。

美国著名传播学者格伯纳（G. Gerbner）在 20 世纪 60 年代提出了培养理论。培养理论一个重要的概念就是"使主流化"，或称为"使相似化"。根据培养理论，长期受到传媒影响的受众理解现实世界的方式容易受传媒所塑造的价值观念类型的影响。例如，电视的特点是"将原本在价值观念上有明显区别、处于社会不同层面的受众，整合到电视世界所反映的主流文化所倡导的价值观念之中，促成社会成员价值观念的趋同化"（李伟民和戴健林，2006）。培养理论给我们的暗示是，如果信息传播能够长久持续，且能够覆盖具有不同价值观念，处于社会不同层面的公众的话，传播受众极易将传播所构建的内容当成真正的现实加以接受，潜移默化地形成一种"主流"社会价值观念。持续性传播的大众信息将会为人们的认识、判断和行为提供共同的基准，为整个社会形成"共识"起到巨大的促进作用。因此，具有时空持续性的传播途径是培养环境价值共识的重要方式。

作为一个重要的环境管理手段，EIA 本身也成为一个常见的由不同评价介入主体的行为组成的程序化活动。因为每年执行 EIA 制度的建设项目有数十万个，所以 EIA 的法律强制地位为该活动获得了时间和空间的连续性。

只有借助制度支持，并有资金保障的 EIA，才能具备这样的有力的环境知识和权益意识宣传频率和强度，其他传统教育、媒介宣传在时空上的持续性只能望其项背。

其次，与主体切身利益的相关性。

根据大众传播学的知沟理论，信息流的常常会产生负效应，即在某些群体内知识的增长远远超过其他群体；这些群体在信息的获取与理解方面将会产生差距，即为"信息沟"（李伟民和戴健林，2006）。"信息沟"的出现，将会扩大一个社会群体与另一个社会群体之间在某些特定问题上的知识差距。随着大众传播向社会传播的信息日益增多，社会经济状况较好的人将比社会经济较差的人以更快的速度获取这类信息。因此，这两类人之间的知识沟将呈扩大而非缩小之势（赛佛林和坦卡特，2000）。因此，信息社会面临的一个现实问题，就是如何防止和解决信息富有者与信息贫困者的两极分化以及由此带来的新的社会矛盾（郭庆光，1999）。

传统的宣传手段在传授环境科普知识，激发公众环境保护欲望方面具有很强的优势，但却没有办法避免"信息沟"的困境，因为所宣传的内容和宣传的方式会"挑剔"主体的知识水平、知识结构和收入状况等，所以只能面向有针对性的宣传对象。而 EIA 的决策行为可能（或者正在，或者已经）产生的环境影响是切实存在的，影响范围内的主体与决策方案本身是直接利益相关的，一个工程项目施工与运营期间所产生的环境影响必将施于一定地域范围内的所有在此工作和生活的公众。EIA 为利益相关者提供的是活生生的生活课堂，介入其中的公众能够从 EIA 过程中获得的环境知识和权益意识都是与此项目直接相关的，能够与他们平时所累积的有关环境信息的感性认识直接联系起来。如果信息宣传方式恰当，公众不需要具备一定的受教育程度和达到一定的经济能力就能获得并理解这类信息。

另外，这种与主体的相关性，使 EIA 的宣传教育活动不仅更容易吸引公众的注意力，还会强化 EIA 的环境资源价值宣传结果。

因此，具备时空连续性，且有主体利益相关性的 EIA 过程为 EIA 的衍生目标——环境问题建构和环境资源价值建构，提供了一个绝佳的支持平台，这使 EIA 具备了多目标（信息咨询、管理手段和价值建构）的定位基础。Best（1989）认为建构主义既可以看作一个理论基础来借鉴，同时也可用来作为一个分析工具。作为分析工具，建构主义提供了以社会建构视角研究社会问题的 3 个基本要素：问题声称（claims）、声称的创造者（claim makers）和声称的创造过程（claimsmaking process）。

3.2.3 社会活动特征下环境价值冲突的形成

在 EIA 的社会活动特征成为环境价值建构优势的同时,也构成了主体之间环境价值冲突形成和显现的诱因。

3.2.3.1 EIA 过程环境价值冲突形成的原因

(1)更多的利益主体介入 EIA 过程

EIA 的开放性和与利益主体的相关性鼓励了更多利益相关者,或感兴趣个体与团体加入这个社会活动过程。这在针对稀缺性环境资源的价值竞争日益激烈和价值取向多元化的前提下,提高了多元价值主体之间意见分歧和态度相异的可能。

(2)价值冲突在 EIA 过程的公开化

随着信息公开制度和公众参与制度的完善,各利益主体获得决策信息的成本降低,同时,参与决策过程的渠道也更为便捷。在以环境价值建构为目标的社会活动中,各利益主体拥有更多的利益表达和争诉的机会。同时,也为不同利益主体之间的价值竞争和意见分歧的公开化提供了更好的平台。

(3)舆论形成条件的提供

在环境价值建构过程中,需要权威机构或权威人物借助媒介的宣传,通过舆论的认同来制造出环境问题。然而,舆论起到的作用往往是态度和意见的放大,激化利益冲突和社会矛盾。

陈新汉(1997)认为,社会舆论是关于社会现象与作为评价主体的群体之间的价值关系的意识,它由社会现象、公众和意见 3 个基本要素组成,并通过价值关系反映结构和意见调节结构,使社会现象和公众不断地相互作用,而形成循环的动态过程。

怒江水电开发事件,政府、NGO、专家、电力企业、公众利用各种媒介和渠道就水电开发是否会导致"三江并流"以及怒江原始生态的破坏,能否有利于当地民众的脱贫等相互争辩,不断升级争议的舆论形成过程。

另外,2007 年上半年发生的厦门 PX 项目事件(见案例五)也是社会舆论形成的典型,早在 2007 年两会期间,就有 105 个政协委员齐声呼吁,联名签署了"关于厦门海沧 PX 项目迁址建议的议案",成为当年政协的头号重点议案,使正在建设中的厦门海沧 PX 化工项目引起民众关注。但这并没有阻止早在 2005 年就已经通过国家环境保护局环境影响报告书审批的 PX 项目的继续施工,2007 年 5 月,为了抵制当地政府建设高污染的 PX 项目,厦门市民互相转发一条题为"反污染"的短信(毕诗成,2007)。大量转发的短信激起了厦门市民普遍的抵抗情绪,于是在 2007 年 6 月 1 日部分厦门民众以黄丝带为佩戴标识,上街游行,抗议海沧 PX 化工项目建设可能带给厦门的高环境风险,引发了黄丝带事件。

3.2.3.2　EIA 过程环境价值冲突的表现

并不是所有的 EIA 过程都可以被看作一个社会活动,也不是所有包括社会活动的 EIA 过程都会产生环境价值冲突现象。然而,作为一个社会活动,如果拟定的项目或战略行为具备一定程度的敏感性,EIA 过程就容易成为一个促发社会矛盾和利益冲突的平台。总的来说,EIA 过程中环境价值冲突主要有以下 3 方面表现:

从主体方面,针对环境资源利用、配置方案,各主体之间的意见分歧和态度对峙,以及行为博弈。

从客体方面,由环境资源配置结构的不合理性而形成的结构性环境风险所隐含的社会群体之间的利益冲突和社会矛盾。

从标准方面,在评价指标和评价标准级别选择时,在相冲突的环境需求的权衡、取舍过程表现出的环境价值之争。

3.3　本 章 小 结

对 EIA 的理解不能仅仅限定于决策辅助技术和行为管理规范。EIA 展开来还应该是一个由多种活动类型组成的"过程",该过程主要包括两种活动类型:科学活动和社会活动。无论是科学活动,还是社会活动,都是依赖于 EIA 的问题识别、范围界定、目标设定、影响预测、评审、后跟踪监测等程序的展开而进行的。

科学活动为 EIA 过程提供了知识、技术和态度、原则基础,但它在 EIA 过程起到的作用却是有限的,表现在难以消除处理 EIA 过程在不可逆的评价情景下主体表现出的独特性。总之,科学活动在 EIA 过程中起着基础性作用,但科学活动并不能替代 EIA 过程本身。

除了科学活动,EIA 过程还可能包括由多元社会主体行为互动构成的社会活动。与科学活动不同,社会活动是突显主体差异性的。社会活动的特征赋予使 EIA 的目标从实证描述、规范项目和战略行为,扩展到环境价值建构。EIA 制度为 EIA 过程提供了一个具备时空连续性和与各主体利益相关性的环境价值建构平台。然而,环境价值建构的优势同时也是各主体之间利益冲突形成和显现的原因。

　　并不是所有的 EIA 过程都能够促发环境价值冲突。如果当地的社会、经济和文化水平得到保证，EIA 的社会活动特征突出，而且拟定中的项目或战略具有相当的社会敏感性，EIA 过程就很容易成为一个激发由环境问题造成的社会矛盾和利益冲突的平台。

　　EIA 是科学的，但不仅仅是科学。因为它受政治、经济和社会的导向影响。

|第 4 章| 基于 EIA 主体结构的环境价值冲突分析

EIA 本质并不单是以一种静态的价值判断结果表现出来的,还可能以一种"过程"中的价值冲突现象表现出来。这类突显了主体差异性的现象显然不是科学认知活动所能够把握的,科学活动能够为 EIA 提供的仅限于知识、方法、态度和原则的支持。EIA 过程展开来还同时是一个社会活动过程,多元主体介入,在复杂的社会关系之下进行交往互动,这是一个既利于环境价值建构,同时也利于环境价值冲突发生的活动过程。

由此,要想研究 EIA 中的环境价值冲突现象,需要从 EIA 的价值评价本质和社会活动特征出发。根据 3.2.3 节分析的环境价值冲突在环境影响评价主体、客体和标准中的区别表现,本章首要任务是交代环境问题与环境价值冲突之间的关联,继而分析 EIA 过程中环境价值冲突与主体结构、主体行为之间的关系,借以探讨建构 EIA 主体行为理论,设计多种 EIA 模式的可能。

4.1 环境问题与环境价值冲突

4.1.1 环境问题与环境资源配置的相关性

4.1.1.1 环境问题的两个表现层面

环境问题,简单说是指自然环境系统的失调对人类的生存和发展造成了不良影响,包括物理和社会两个层面。例如,太湖污染(见案例六),生态学家会从氮、磷物质增加所引起藻类植物生长,水体缺氧,正常水生态环境被破坏去解释,而社会学家则会从无序排污、规模化的畜禽养殖和农业过度施肥等行为背后的政府、企业、农民、养殖场主等的利益动机和行为博弈上去解释。

（1）环境问题的物理层面

物理层面的环境问题具备生态环境特征，包括环境污染、生态破坏、自然灾害、资源危机等。我们通常把物理层面的环境问题分为原生环境问题和次生环境问题两类。例如，火山爆发、地震、台风、海啸、洪水等自然灾害由环境自身变化所引起的问题，可称为原生环境问题；其他（如环境污染、生态破坏和资源危机等）由人为活动引起的问题，可称为次生环境问题。我们通常所称的生态环境问题是指由人为因素引起的次生环境问题，包括环境污染、生态破坏和资源危机3 个方面，表现为环境系统功能，如自然资源的供给能力，以及环境处理和吸收废物、污染物质的能力削弱，甚至不可逆转性地丧失。

（2）环境问题的社会层面

马克思曾说："为人进行生产，人们便发生一定的联系和关系；只有在这些社会联系和社会关系的范围内，才会有他们对自然界的关系"（中共中央马克思恩格斯列宁斯大林著作编译局，1972）。应该说，人与自然之间的关系必然要经过人的社会关系这张滤网。

环境问题主要是由人为活动引起的，与人类的社会经济活动密切相关，因而，认识环境问题和解决环境问题都无法避免其社会层面。例如，首先，环境问题具备历史性特征。环境问题随着社会发展的不同阶段表现出不同的特点，如农业文明时期与工业文明时期出现的环境问题的巨大差异。也就是说，环境问题的存在状态总与特定的历史条件和社会经济背景相联系。其次，环境问题有区域性差异性。尽管环境问题全球化趋势已经不可避免，但不同的国家与地区的社会、政治、经济与文化等因素的差异必然导致环境问题的恶化程度、主要问题、受关注程度、解决能力等呈现出地域差异。最后，环境问题总与其他社会问题（经济、民主、文化等）交织在一起，最终表现为区域之间、代与代之间、不同利益集团之间的社会矛盾和利益冲突。

因此，与其说环境问题是人与自然之间关系的失调，毋宁说是在环境资源稀缺性的前提下人与人之间关系失调的反映。从某种意义上说，在环境资源稀缺性的约束下，人与人关系的失调已成为环境问题迅速扩散和日益加剧的内在原因。这里，所谓的人与人之间的关系，既包括具体的人与人之间，也包括抽象的利益集团或社会阶层之间；既包括国内人与人之间，也包括国际人与人之间；既包括当代人之间，也包括当代人与后代人之间。而且这个关系本身，即是指不同个体或群体之间的价值关系，或者说利益关系。失调的人与人之间的价值关系反映在社会层面上，即表现为不同个体或群体之间的利益冲突。例如，在怒江开发的问题上，争执多方都以为当地民众"脱贫"作为论证观点，但地方政府与电力企业急迫于开工建设，而 NGO 和部分环境专家的奋力反对显然并不可能是基于共同的利益目标，表面的口舌之争背后是利益目标的冲突。

环境问题的社会性质表现出 3 个主要特征：在宏观层面，表现为与社会结构的相关性；在微观层面，表现为不同社会主体之间的价值冲突性；在社会活动层面，环境问题不仅仅是客观存在的，还是由科学家、政府官员、公众等借助大众媒介等信息资源观念性地构建出来的，具备社会构建性。

我国的环境问题被广泛关注的是它的物理特征，而其社会特征则一直处于被忽略的状态。直到最近几年，才有学者从社会学角度对我国环境问题进行研究（沈费伟和刘祖云，2016；黄河和刘琳琳，2014）。我国的环境问题具有的社会特征（洪大用，2001，2013）：第一，随着所处的发展阶段和沿用的发展模式，环境问题严重，而且复合效应日趋明显，治理难度加大；第二，中国发展过程中长期累积的各种环境问题，对公众健康财产的直接威胁正在显现，由此激发了更加强烈的环境维权和社会矛盾；第三，随着居民生活水平的提高，生活污染在环境问题中的分量加重；第四，中国的环境治理呈现出比较明显的重城市、轻农村倾向，城市污染向农村转移有加速趋势；第五，环境问题与贫困问题有形成恶性循环的趋势，环境问题与其他社会问题交叉、重叠，解决起来难度加大；第六，随着环境问题及其治理的日益复杂化，中国环境治理的制度和体制存在着相对失灵的现象；第七，公众环境意识进一步觉醒、维权行动更加积极主动。

4.1.1.2　对环境问题的认识深化过程

环境问题一直相伴与人类社会的发展历史，然而，直到 19 世纪末，环境公害事件频发，人们才逐渐注意到环境问题的存在。最初，环境问题集中以局部公害事件和工业点源污染为主要表象，表现出环境要素的功能性状的变化，如大气、地表水、固体废弃物、噪声和核辐射等环境要素的污染等。相应的，人们对环境问题的认识也停留在生物、地球、物理环境层面，并从扰动环境要素功能的直接微观行为（如项目）进行反思，从行为-后果的线性因果关系来模拟环境问题的产生过程，并以生态环境要素功能性状的各类可观测指标作为评价因子来判断环境问题，采用各种科学技术成果来直接修复自然环境要素功能的损伤。

然而，环境问题以不可避免的态势向复杂化方向演化。环境问题逐渐彰显出与环境资源在社会系统配置引发的价值冲突的一致性。在这个过程中，人们对环境问题的探究也从地理、化学和生物等自然科学普及到伦理、法律、经济等人文学科，环境问题获得了在社会层面的构建，各种社会和经济指标被应用到对环境影响的评价指标体系之中，相应的，问题的解决方案也从重视技术手段转向同时注重制度和政策研究。

总的来说，随着环境问题本身的复杂化演变，人们对环境问题认识经历了一个从环境要素的功能性损伤到环境资源配置格局形成所导致的主体间利益冲突的认识深化过程，即环境要素功能性状→环境资源配置的价值冲突的认识深化过程。

4.1.2　环境资源配置与环境价值冲突的相关性

4.1.2.1　环境资源的稀缺性

（1）古典经济学的资源稀缺性理论

稀缺性（scarcity）是古典经济学的重要概念，是指相对人类的无限欲望，用来满足欲望的物品以及用来生产经济物品的资源总是有限的（樊宝平，2004），或者说，相对人类的无穷无尽的欲望而言，"经济物品"以及生产这些物品的资源总是不足的（尹伯成，2000）。存在着总是少于人们能免费或自由取用这些东西的情形。

稀缺性理论认为：资源是可以被用作种种目的的，一旦某种环境因素被使用的边际成本大于零，即意味着该因素已具有稀缺性，而稀缺性导致竞争性使用，产生了以价格调节供求之需，于是产生了价值（王俊，2007）。

因此，古典经济学稀缺性理论的立论前提假设是自然能够为人类提供无限量的环境资源，资源环境是无限供给的（李克强，2007）。认为环境资源的稀缺性是相对人类的无限欲望而呈现的稀缺与不足，而不是环境资源本身所具有的自然属性所表现出来的稀缺；自然资源的现有稀缺性存量状况更多地被假定为一个不变的恒量。

然而越来越突出的环境问题显示，无论自然资源总量，还是环境容量，都存在着相应的限度或阈值。因此，相对人口和人均占用环境资源的无限增长来说，无论是可更新的自然资源，还是生态系统的自我修复和调节能力，环境资源都具有其自然属性作为基础的稀缺性。

（2）环境资源的稀缺性

结合古典经济学的稀缺性理论，环境资源的稀缺性主要可作如下表述：

相对人的欲望的无限性来说，环境资源的存量是有限的。

从环境资源结构来讲，不可更新自然资源，如矿产资源，其储存量是有限的；可更新资源，如水资源、林业资源，其更新速率有限的。

从环境资源的公共物品属性来看，环境资源总是存在着少于人们能免费或自由取用这些东西的情形。

总的来说，环境资源的稀缺性包含两方面内涵：首先，环境资源是稀缺的，表现为环境资源的存量或可更新速率是有限的；其次，环境资源的稀缺是相对的，即相对于人的需求的增长，也相对于科技水平带给人们的取用环境资源的能力。这就可以解释为什么环境资源的稀缺性在漫长的农业文明时期，以及更早的文明形态下没有明显地表现出来，而却在短短数百年的工业时代如此彰显；也解释了为什么存在着太阳光、风等无限性的能量来源，而我们的世界照样存在着能源短缺的危机；还可以解释为什么我们的地球是一个面向整个浩渺宇宙的开放系统，而我们却被迫蚕食地球上存量和更新速率有限的环境资源。

环境资源的稀缺性是一个容易被接受但却难以量化定性的变量，在不同的时空背景和社会经济形势下，以及不同的判断标准之下环境资源的稀缺性从性质和量方面都可能会有差异。传统经济学中资源的稀缺性表征指标有：资源价格、租金、使用者成本、边际开采成本、边际发现成本等。依据陈德敏等（2005），由于环境资源的特殊性质，传统的稀缺性资源量化指标都难以表征环境资源的稀缺程度。例如，环境资源的外部性，以及政府管制造成的价格扭曲使环境资源价格难以包括所有成本。同时，环境资源的产权界定难题、成本构成难题、未来不确定性的三重约束也使租金的实践意义大打折扣。

4.1.2.2 环境资源配置过程中的价值冲突性

环境资源的稀缺性前提和使用上的非排他性导致的是对环境资源的竞争性使用，和社会成员之间因竞争占用环境资源导致的价值冲突。例如，2007 年太湖蓝藻暴发产生饮用水危机，在太湖对污染物的环境容量有限但却可以低成本或无成本使用的前提下，化工纺织等工业、流域内的农业、乡镇居民等向同一湖水"争先"排放污染物，使太湖水环境容量提前透支，背后却是违法排放污水的企业、过度使用农药化肥的农民和水产养殖业、饮用太湖水的居民等之间的价值冲突。

4.1.3 环境资源配置难题与配置原则

资源稀缺，就可能引起社会中不同主体之间争抢的利益冲突，如果不想诉诸武力，就需要恰当的资源配置方案。对于稀缺性资源，通常的配置方案包括市场和政府管制两种，市场是针对私有资源高效的配置方案，而政府管制则是针对公益属性的资源高效的配置方案。然而，对于环境资源这种特殊类型的资源来说，这两类资源配置方案是否能够保持其高效性呢？

4.1.3.1　环境资源市场配置失灵

环境资源的公益价值和私益价值是相分离的（陶传进，2005）。私益物品可以通过私有化，市场来进行资源配置。但环境资源的公益价值是依附于资源的使用价值之上的，在监管机制缺失的条件下，如伐木者或排污企业这类行为主体为了自身的经济利益不会考虑树木和河流所承载的生态功能；相反，他们反倒会利用他人或政府保护环境的努力，无成本的享受健康环境带来的好处，即"搭便车"（奥尔森，1995）。以追求个人利益最大化为假设前提的市场机制对环境公益的维护缺乏内在的激励机制，如高价收购下，云南红豆杉原始森林被毁，西藏藏羚羊被捕杀等便是典型案例。市场的资源配置方式导致的是对稀缺性资源的哄抢效应（陶传进，2005），即"公地悲剧"①。

因此，市场机制下，会很容易出现企业转嫁环境成本，夕阳产业向贫困地区转移等富人更富、穷人更穷的环境价值占用不公平的两极分化。

根据科斯定理，环境资源的外部性可以通过产权明晰来使环境成本内部化，然而，且不论产权界定和交易的成本与可行性问题，假使消除了外部性问题，环境资源的"公地悲剧"就可以避免吗？

我们都熟知，除了在空间地域维度上，环境资源在时间维度上同样有着非排他性，即明天的资源可以在今天超前使用，而且人们普遍存在着对环境资源消费的时间偏好，由此，对后代的利益剥夺便产生了，"公地悲剧"投影于时间轴上便成为"时间困境"（Cross and Guyer，1980；Messick and Brewer，1983）。市场正是培养即时消费和超前消费的土壤，难以想象存在着不鼓励消费的市场，因此在后代的公益维护上市场同样失灵。

4.1.3.2　环境资源管制的政府失灵

既然市场在维护环境公益方面存在着缺陷，那么环境资源理应由国家（或区域）统一进行管理。作为权力的合法使用者，政府行使的是公共利益代理人的职责，以强制管制为主要方式，通过法律、政策、行政、财政、金融等手段对环境资源进行统一管理。

政府管制的确弥补了市场一味追求经济利益最大化的不足，然而却存在着政

---

① 1969 年 Garrett Hardin 在 *Science* 上发表《公地悲剧》（*The Tragedy of the commons*）一文，以牧场为例指出了产权不明晰的环境资源最终会被提前"透支"的可悲命运（Hardin，1968）。

府理性有限，能力有限的难题。政府机构庞大，而财政有限，如果事无巨细，皆由政府统一筹划，必定存在着管理成本过高，效率低下的问题。

进一步说，政府也同样隶属于利益集团，有着政绩和财政等方面自身的价值权衡，地方保护主义便是此例。而且由于环境资源问题的模糊性、时滞性和累积效应等特殊性质，部门之间的协作便成了难题；同时因为决策者拥有较大的自由裁量权，这便为权力寻租和腐败提供了滋生的契机。

因此，在经济发展的竞争压力下，无论是地方政府还是国家政府，某种程度上仍可以被看作理性经济人，存在着时间偏好，倾向于为了提高经济实力而放弃远期环境公益的决策行为。例如，在哥斯达黎加的森林管理者把大片森林砍伐改种植咖啡和糖料出口美国（Nygren，2000），而巴西与跨国公司合作砍伐热带雨林的合作者正是当地政府（郑伯红等，2000）。而 2002 年云南发生过的丽江红豆杉破坏案例，国家一级保护植物红豆杉的树皮原料供应商丽江汉德玉龙生物技术有限公司的股东之一就是丽江林业局（田金双，2006）。在怒江水电开发事件中，水电开发最直接的收益人电力公司和提高了税收收入的当地政府，因此云南省和怒江州人民政府与电力公司自然联合成为开发项目的坚定拥护者。

总之，政府管制存在着管理成本高额和激励机制不足的问题，环境资源配置上的"公地悲剧"和"时间困境"仍然无法得以完整解决。

4.2 EIA 中环境价值冲突特征的彰显

案例四：圆明园湖底防渗工程 EIA 事件

2005 年 3 月 21 日，兰州大学生命科学学院客座教授张正春到圆明园游览时，意外地发现一个被人所忽略的事情，数以百计的民工在几十台轰鸣的挖掘机的帮助下，正在湖底、河道大规模铺设防渗膜。关注古典园林生态的张正春意识到事态严重：圆明园属国家重点文物保护单位，是弥足珍贵的文化遗址，防渗工程将破坏遗址的真实性，阻断地表水与地下水以及岸边植物的天然联系，从而导致不可逆转的生态灾难。

张正春向北京和外地的多家媒体反映这一情况，并在网上发表了《圆明园铺设防渗膜是毁灭性的生态灾难》的呼吁信，希望引起关注。2005 年 3 月 28 日《人民日报》在"视点新闻"版头条位置刊发了《圆明园湖底正在铺设防渗膜：保护还是破坏？有专家认为将引发生态灾难，后果不堪设想》的报道；当天的人民网也刊用了该报道的全文和多张图片，并同时发表了张正春先生撰写的文章《救救圆明园! 》。各大媒体纷纷响应：当天就有多家网站纷纷转载，如《人民日报》《京华时报》《南方周末》《中国青年报》和中新社等全国性媒体等相继转载和追踪报道，北京的地方媒体也纷纷跟进，对此事进行了连篇累牍的报道，引起了巨大的社会反响。一时间，"圆明园事件"轰动全国。

2005 年 3 月 29 日，北京市环境保护局着手就此事开始进行调查，发现该工程属于海淀区 2005 年系列环境整治工程的一部分，结合清淤工程在 2004 年底前就已开工，并且整个工程基本完成，但该工程一直没有履行任何 EIA 手续，北京市文物局也没有接到过圆明园的防渗工程审批申请。随即，国家环境保护总局发出"停工令"，认为防渗工程违反了《中华人民共和国环境影响评价法》（2002年），责令停止施工，补办 EIA 手续。

国家环境保护总局 2005 年 4 月 6 日在其官方网站上发布公告：将于 4 月 13 日就防渗工程举行听证会。这将是《中华人民共和国环境影响评价法》2003 年 9 月 1 日实施以来举行的第一次听证会。顿时间社会各界报名踊跃，反响空前热烈。

2005 年 4 月 13 日，听证会在国家环境保护总局二楼会议室如期举行，有数十家媒体的记者在场，同时人民网、新华网现场直播。到场的有政府官员、各方专家、NGO 负责人和普通市民和学生代表，共 70 多位各界代表。听证会从上午 9 点开始，分两个阶段：第一阶段是双方代表各陈己见，第二阶段由正反两方的代表作总结陈述。听证会上，双方专家围绕圆明园的定位、职能，以及防渗的利弊，展开了激烈论争。有不少代表难以抑制内心的激动，要求依法追究圆明园管理处的法律责任。最后听证会几近于对防渗工程的声讨会，圆明园管理处主任李景奇因此中途退场。

听证会结束后，国家环境保护总局环评司司长祝兴祥表示：听证会只是听取各方代表意见，并不作结论。防渗工程如何处置，还要有待"环境影响报告"的结果。

2005 年 6 月中旬清华大学的 EIA 机构提交了圆明园环境影响报告。7 月 5 日上午国家环境保护总局官方网站全文公布由清华大学主持的《圆明园东部湖底防渗工程环境影响报告书》，报告书的结论是：防渗工程不合法，对生态环境产生负面影响，应该进行整改。

国家环境保护总局于 7 月 5 日组织各方专家对清华大学的圆明园环境影响报告书进行了认真审查，同意该报告书结论，要求圆明园东部湖底防渗工程必须进行全面整改。8 月 15 日，整改工程正式启动[①]（赵永新，2006；汪劲，2006）。

---

① 聚焦圆明园防渗工程[N/OL]. http://env.people.com.cn/GB/8220/45856。

4.2.1 EIA 主体结构

4.2.1.1 EIA 的主-客体结构

EIA 由 3 个基本部分组成：评价主体、评价客体和评价标准。评价是评价主体展开心理运作去反映或构建评价客体的过程，具有主-客体结构（李德顺，1989；马俊峰，1994；冯平，1995），所以，这 3 个基本部分虽然因为评价形态和类型的差异而有不同的形式和组合方式，但这 3 个基本部分对 EIA 来说，缺一不可。另外（如评价手段等）必需的辅助性工具，也往往成为 EIA 结构中的组成部分，如图 4-1 所示。

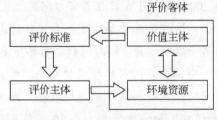

图 4-1 EIA 主-客体结构图

（1）评价主体

评价主体是指受委托提供 EIA 咨询服务的技术主体。要么是获得国家法定认可的专业咨询单位或个人，要么是具备一定学术声望或专业背景的科研单位。在我国，如果针对建设项目和规划 EIA 来说，特指受委托进行评价文本（环境影响报告书、环境影响报告表）编制和评价工作开展的具备相应资质（甲级或乙级）的评价技术单位，具体到个人则是具备职业资格的评价工程师。

然而在 EIA 过程，无论是个体或群体，只要具备独立的价值判断的思维能力，并且对以环境资源为价值客体的价值关系进行了观念上的把握和自觉判断，并以相应的方式把自己的判断结论表达出来，便可构成为 EIA 过程的主体成员。所以说，在 EIA 或者 SEA 过程中，除了 EIA 的技术主体之外，政府管理部门、参与评审的专家、公众参与程序包括的普通公众和志愿性组织，甚至没有出现在公众参与程序但却表达了意见和态度，并对 EIA 过程以及决策过程产生影响的个人或组织，在某种程度上都可能成为 EIA 过程中的行为主体。

（2）评价客体

EIA 过程中，评价对象（即评价客体）并非是项目或战略行为，或者自然环境，或者自然环境的某种性质或状态，而是指拟议中的建设项目或战略行为所引发的自然环境的属性、功能和状态与价值主体的需要之间的满足与被满足之间的关系，属于关系范畴，简言之，评价客体是指由拟议建设项目或战略行为所引起的人与自然之间的价值关系。

不过，当价值客体供给稀缺，价值主体多元化且存在彼此利益冲突时，人与自然之间的价值关系就会以人与人之间的利益关系的形式表现出来。这时，评价客体仍然是人与自然之间的价值关系，只不过这种价值关系构成了主体之间的利益关系的基础。

需要特别加以说明的是，评价客体（即主客体价值关系）另有自己内部的结构组成：价值主体和价值客体。

1）价值主体：主客体价值关系的主体是指价值主体，和评价主体是相区别的。价值主体只局限于有利益需求的人类，并不包括非人类自然物。这里的利益是广义的，除物质性利益，还包括精神收益。为研究的方便，本书的价值主体与利益主体是等同的概念。对价值主体的界定并没有时间和空间的限制，在空间上可能是个体主体、群体主体、社会主体（或称类主体）；在时间上可能当代人，也可能是后代人。成为价值主体的必要和充分条件是其需要被评价主体所意识到，成为评价标准。

2）价值客体：价值客体，即进入评价视域具备满足价值主体需要属性或变化规律的客观实在。在 EIA 过程中，自然系统对社会系统的供给能够满足社会成员不同需要的物质性和非物质性服务，如自然资源、环境容量等，在本书称为环境资源（见 2.2.2.3 节）。自然环境具备满足人类需要的性质和功能，这类性质和功能包括消纳社会系统和经济系统输出物质的生态服务，提供生产生活资料的来源，为人类的生存和延续提供栖息地和得以进化发展的空间，为人类科学认知进步提供模板和启示，为人类提供精神文化丰富的源泉，如道德修养、审美愉悦等。总之，从人类最基础的生存需要到最高层次的自我实现的需要，从功利需求到道德需求和审美需求，自然环境都具备满足的能力。我们把能够满足人类需要的自然环境功能和特性统一于"环境资源"这个概念。

（3）评价标准

评价标准是判断拟议中的建设项目或战略行为在环境影响方面是否可接受的衡量尺度，分为指标和标准值两部分。评价活动总表现为以一定的尺度或标准来衡量对象的过程，评价活动所依据的尺度是评价主体所意识到的价值主体的需要，也就是评价标准，评价标准是评价赖以进行的逻辑前提。

对 EIA 来说, 评价标准是指由评价主体意识到的某价值主体 (个体、群体和社会) 对环境资源的需求。此类需求不局限于功利需求, 也可能有道德、审美和科学研究等不同的类型。

而价值主体的需求与环境资源的供给之间的关系常常是"一对多"或"多对多"的多元关系, 所以, 评价标准通常是以体系化的形式存在。对同一水体, 排污企业需要的是它的稀释净化能力, 而当地居民可能需要拿它作为饮用水源, 游客欣赏的是它的壮丽美景, 政府可能期望能够利用它来发电或成为航运通道。对此水体附近的居民来说, 他 (她) 可能不仅仅拿它作为饮用水源, 他 (她) 也同样可能成为其旖旎风景的钟爱者及航运和发电功能的受益者, 同时, 也可能是生活或工业污水的排放者。

需要强调的是, 评价标准与价值标准有本质的区别, 价值标准是价值主体的需要, 是一种不以主体意识为转移的客观存在, 本身无真假。价值标准反映到主体意识中来就构成评价标准, 就有了真假的分别, 也就是说, 价值主体利益有可能会被评价主体歪曲地反映。因此, 不同的评价主体可能依据的标准值是统一的, 但指标体系的选择与标准体系的最终确立却有主体差异性。

EIA 的评价标准有多种表现形式: 总量控制标准、环境质量标准和污染物排放标, 同时, "清洁生产"作为生产工艺评价标准和"循环经济"作为产业结构和产业布局的衡量尺度, 以及对弱势群体或后代的基本环境利益的考虑的代内公平和代际公平的伦理准则, 也同样属于 EIA 的标准类型。

环境标准的制定常常是先在于 EIA 过程的, 在 EIA 过程中, 有关标准的工作集中在指标和标准等级的选择方面。

(4) 其他辅助手段

评价辅助手段是把评价主客体联系和沟通起来并使之相互作用的中介, 是价值评价的中介要素, 主要包括参照客体。

参照客体在 EIA 中可以被看作为自然环境与自然资源现状, 或称为环境背景值、环境本底值。依照秦越存 (2002) 的观点, 评价不仅是判断价值客体能否满足价值主体的需要, 而且还要判断价值客体能在哪些方面、在多大程度上满足价值主体的需要。事实上, 价值主体的同一需要可以为多种客体及其属性所满足, 而作为主体的人, 不仅追求需要的满足, 同时也希望获得自己需要的最大程度的满足。从这个意义上说, 评价也是一种比较, 而比较就需要设定参照客体, 以便精确地把握评价结果 (表 4-1)。

表 4-1 主要 EIA 案例的主-客体结构

案例	评价主体		评价客体	
	技术主体	其他评价主体	价值主体	价值客体
青藏铁路二期工程	铁一院、中国环境科学研究院生态所、国家环境保护总局南京环境科学研究所	国务院、铁道部、国家环境保护总局、水利部、NGO（绿色江河），感兴趣民众	铁路沿线居民和所有关注西藏生态环境的个人或群体	铁路开发所能够影响到的西藏原生态环境与资源
深港西部通道侧接线工程	深圳市环境科学研究所与中冶集团建筑研究总院	钱绳曾、施泽康为代表的业主、深圳市人民政府、区人民政府、市环境保护局、清华大学环境科学与工程系、北京大学为首的专家、NGO、网民	工程沿线居民	工程引起的沿线环境质量的变化
怒江水电开发	北京院牵头的国内 10 多个权威科研单位	国务院总理、国家环境保护总局、国家发改委、全国/地方人大与政协、中国华电集团公司、云南省各级政府、国际组织、NGO、各行业专家、当地居民、其他感兴趣民众	当地居民以及所有关注怒江原生态环境的个人或群体	拟建大坝所辐射到的流域生态环境
圆明园湖底防渗工程	清华大学	张正春为代表的生态学专家，国家环境保护总局、北京市环境保护局、NGO（地球村、自然之友）、普通市民、北京高校学生等	所有关注圆明园人文历史意义的个人或群体	圆明园遗址公园

4.2.1.2 EIA 的主体结构

在 EIA 过程中，评价主体、其他行为主体和价值主体之间有着复杂的关系。

我们以圆明园湖底防渗工程 EIA 为例，受建设单位委托进行环境影响报告书编写的清华大学环境科学与工程系是该 EIA 的评价技术主体。为了保证 EIA 的客观、公正，要求评价主体（清华大学）与建设项目或规划的提议者、建设者（圆明园管理处）是相互独立的，即评价主体的第三方独立性，在评价过程中价值无涉。

在建设项目 EIA 过程中，还有其他的价值判断和行为主体的存在。例如，在环境影响报告书递交的时候，相关的行业主管部门（北京市文物局）和环境保护行政单位（国家环境保护总局）作为建设项目是否可行的审批单位，也会有一个针对项目行为（圆明园湖底防渗工程）可能造成的环境影响，可能带来的经济效益和社会影响的判断过程，其依据的评价标准可能融合了政治目标、经济目标甚至个人偏好的考虑。例如，该工程于 2003 年开工，但却没有按着《中华人民共和国环境影响评价法》（2002）的要求进行 EIA，北京市文物局副局长孔繁峙给出的说法是圆明园湖底铺膜是河道清淤的一部分属于园林日常维护，不是文物建设项目，因此可以不必审批，而且铺膜并未对文物遗址的本身造成破坏（孙志超，2005）。国家环境保护总局于 2005 年 7 月 5 日组织各方专家对清华大学的环境影响报告书进行了认真审查，同意该环境影响报告书结论，要求圆明园东部湖底防渗工程按环境影响报告书要求全面整改[①]。

除此之外，参与评审的专家、拟议建设项目的建设单位、受影响的公众、环境保护人士、感兴趣的团体等，针对同一项开发建设活动和可能会造成的环境影响，会有从自己的偏好和期望出发的不同主观判断，影响着他们在 EIA 活动过程中的言行。具备自己的态度和看法，并把这种态度和看法表现在自己的言行中的行为主体，如评价工程师、决策者、评审专家、建设单位、影响受众、感兴趣的团体等，在同一个 EIA 过程中构成多元行为主体。

EIA 价值客体的特殊性使每一个 EIA 的介入主体都可能以价值主体的身份出现，评价主体的第三方独立性并不是一个能够得到绝对保证的前提，评价主体与价值主体之间，价值主体之间关系趋于复杂化。无论是行为提议者、利益受影响者，还是感兴趣的个体或团体，甚至包括决策者和被要求价值中立的评价技术主体。另外，因为环境资源的公益或公害属性，不能介入 EIA 过程，在地域和空间上相隔的其他社会成员，甚至国家、全人类也可能是利益受影响者。总之，在同一 EIA 过程中，价值主体是多元化的。像圆明园这样一个具备特殊历史文化价值的遗址公园，具有民族和文化认同感的人们会对该遗址公园的生态环境和历史面貌有很强烈的情感投射。自 2005 年 3 月 28 日《人民日报》在"视点新闻"版头条位置刊发了圆明园湖底正在铺设防渗膜的报道之后，各大媒体纷纷响应，对此事进行了连篇累牍的报道，引起了巨大的社会反响。这时由对圆明园生态环境所附载的历史文化价值认同所引发的情感同鸣已经使评价主体范围扩展到全国的普

---

① 聚焦圆明园防渗工程[N/OL]. http://env.people.com.cn/GB/8220/45856。

通民众。而且,实际的情况要更为复杂。在同一个 EIA 过程中,评价工程师、决策者、建设单位、评审专家、影响受众、感兴趣的团体在形成自己的态度或意见的过程中,所依据的评价尺度是有个体和群体差异的。

例如,评价技术人员本应该是以社会整体利益作为评价标准的,但评价实践中可能会把行政主管提前暗示过的"决策意向"和对建设单位的"雇主情结"结合进来。决策部门内部可能会有分歧,如怒江水电开发,环境保护部门可能认为经济发展目标必须要兼顾环境保护目标,但行业主管(国家发改委、水电部门)可能会坚持在特定时间特定区域经济发展是最为急迫的。影响受众的个体差异性也可能决定一部分人(如深港西部通道侧接线工程沿线业主)对环境影响是热切关注的,而另一部分是漠视的。同时,感兴趣的某个体或团体,可能会觉得某处景观的破坏或某类珍稀动物的灭绝会是整个人类的不可挽回的损失,而情感激烈(如怒江开发的何大明教授,圆明园防渗工程事件的张正春教授)。因此,在 EIA 过程中,行为主体与价值主体的关系并非确定的,也是多元化的。

作为一项社会活动,EIA 的行为主体常常是多元的,价值主体也常常是多元的,以及行为主体与价值主体的关系也是多元化的。由此,不同主体依据各自的看法介入同一 EIA 过程之中,构成了一个有着复杂关系的主体结构。

4.2.2 EIA 中多元主体之间的环境价值冲突

作为一项社会活动,EIA 复杂的主体结构为各行为主体之间的价值竞争和价值冲突的彰显提供了舞台。

4.2.2.1 EIA 主体之间的相互作用关系

在 EIA 过程中,对每个行为主体来说,所参照的判断标准,意识到的价值主体的利益需求可能是不同的。不同的行为主体所意识到的不同价值主体的利益需求既可能是相融洽的,也可能是相竞争和相冲突的。不同的主体形成的意见和态度可能是一致的,也可能是相反的,或彼此互不相关。我们可以看出 EIA 主体结构的复杂性:其一不同利益主体间关系,价值竞争、价值互助、相互独立;其二行为主体间关系,意见相左、意见一致、互不相关。

(1)价值主体之间的关系

相对同一价值客体不同价值来说,有两种相互关系:其一,同一性。例如,水库可以同时作为饮用水水源和自然景观,自然保护区景观连续性和完整性与对生物多样性保护之间。其二，相冲突性。例如，封闭水体的水源供给和其纳污能力之间，河流的原始生态功能和水电资源开发之间。

相应的，相对同一价值客体的价值主体之间也存在着不同的相互关系：第一，盟友型，存在着共同的价值基础。例如，太湖蓝藻暴发事件中地方政府行政部门的税收增加需要与周围企业违法排污向社会转嫁成本的欲求之间就有某种统一性。要保护湖泊作为饮用水源的公众和要保护湖泊生态系统的 NGO 和环境保护人士之间有兴趣或利益的一致性。第二，敌对型，存在着相互冲突的价值关系。例如，垃圾焚烧、公路建设、化工园区、高压电站、核电的项目提议人与当地居民之间。第三，互不关心型。例如，围绕一项重大工程建设的环境影响过程，仅打算在当地短期居留的游客与当地的长期居民之间。

（2）行为主体之间的相互作用关系

EIA 所意蕴的价值事实的认识过程不是单纯的个体的精神活动，相反，EIA 是一个集体智慧运作过程，包含多种个体的意识活动和个体间观念交流，以及不同个体（或群体）在过程中表现出来的行为。

围绕同一项目和规划等社会经济行为的决策，不同的主体都有从自己的立场和角度出发形成评价意见的正当性，也同时具有意见差异或意见分歧的可能。跟评价主体与价值主体之间的主动与被动的关系不同，行为主体之间保持的是相互独立又相互影响的关系，每个人都有表达自己意见和态度、采取合法行为的权利和自由，而每个人的意见和行为同时也受到其他主体言行的影响。例如，张正春教授就是以圆明园湖底防渗工程的最先发现者，他对该项目的评价从观点转化成行为，联系媒体，把该工程推向舆论高峰，从而停工整改。怒江水电开发过程，"绿家园"负责人汪永晨通过与国家环境保护总局相关负责人，以及其他 NGO、环境保护人士联合，通过组织各类活动，通过各种渠道宣传申诉，以及与占优势地位的主张建设派的激烈辩论，迫使该项目数度遭困。

当评价主体、决策者、咨询专家、提议者、影响受众、感兴趣的团体、个体等以自主意识进入 EIA 过程，就相应的不再仅仅是被动的价值主体，而是一个具备一定程度独立性的主体，能够通过自己行为和话语表达把自己的期望、利益和偏好主动的反映出来，与其他主体相互沟通和交流。

4.2.2.2 EIA 多元主体之间的价值竞争与价值冲突

在主体和主体行为方面，价值竞争和冲突需要将主体态度和观点的分歧表达出来，而 EIA 过程，恰恰是一个提供意见分歧和建议争执的社会活动舞台。这种价值冲突主要表现在两个方面：评价主体与其他行为主体之间的观点冲突、其他行为主体之间的态度分歧。

圆明园管理处及其上级部门北京市文物局希望通过防渗工程，解决水系水源不足的问题。但他们管理过程中的简单诉求跟全国人民希望文物古迹、遗址公园的保护和维修必须以保护历史环境和历史面貌的原真性的期望之间形成了直接冲突。

西部通道侧接线工程事件中，对排气口污染物浓度的预测值的差异，以及工程修改方案可接受性方面，社区业主和深圳市人民政府、深圳市环境科学研究所之间存在着观点分歧。背后就包括两方面的冲突：其一，负责进行环境影响报告书编制的深圳市环科所与社区业主之间的观点差异，他们之间并不存在直接的利益冲突；其二，提议和策划该工程的深圳市人民政府与社区业主之间的利益博弈的过程——即该工程运营的社会经济效益预期以及政治使命压力与社区居民对高房产价格、良好生活环境的期望之间的价值冲突。

作为一个社会活动过程，EIA 各介入主体都是具备独立意志和自主意识的社会主体，各代表着一定的态度、偏好和价值取向。彼此的意见和态度的不一致与相冲突是常见的，而意见相左的背后通常是所代表的价值取向的分歧，以及价值主体之间的竞争和冲突。

总之，在 EIA 过程中反映出来的环境问题不仅仅局限于人与自然之间的价值关系维度，人-地关系的紧张会反映到主体与主体之间的社会关系之上。EIA 是一个朝向决策的过程，而每个建设项目或战略替代方案通常包含一个环境资源配置方案。各主体借助 EIA 过程，把自己的态度和建议传达到决策者，就有可能会影响到环境资源的配置格局。因此，社会主体之间的价值竞争或价值冲突，表现为主体意见或态度的分歧和差异。在 EIA 提供的信息传递平台上，各社会主体相分歧和矛盾的意见或建议向决策者传达的过程，也就是社会主体间价值冲突的显化过程。在这个意义上，我们可以认为多元主体介入 EIA 的过程是一个环境问题的价值冲突特征彰显的过程。

4.3 环境价值冲突中的 EIA 主体行为

环境价值冲突是由多元主体之间进行价值竞争和价值冲突的言论和行为组成的。个体主体选择什么样的行为介入 EIA 过程，主体之间如何围绕环境资源的分配进行行为互动，对研究环境价值冲突现象是关键性的。

4.3.1　EIA 过程中主体行为的角色化

　　人的本质并不是单个人所固有的抽象物，在其现实性上，它是一切社会关系的总和（中共中央马克思恩格斯列宁斯大林著作编译局，1972）。"角色"这个概念则集中体现了个体在与整个社会建立关系的过程中所需要遵循的结构化秩序。

　　"角色"本是戏剧和电影中的名词，后于 19 世纪末被借用到心理学和社会学中，意指以社会位置（社会地位或社会身份）为基础的由社会需要所规定或期待的个体行为模式（丁水木和张绪山，1992）。

　　个体在群体中占据着一个位置，群体对占据这个位置的个人的行为做出一定的规定，使之符合群体的利益。这种有一定要求的社会位置，它的动态表现，就是社会角色（丁水木和张绪山，1992），由此，社会角色是社会结构中的最基本的单元，它包含与社会位置相关的个体行为的角色义务、角色权利和角色规范，不管互动中的个体怎样变化，社会对角色的义务、权利和规范的规定，及角色两端的互动作为一种模式化的社会关系，是普遍的和相对稳定的。所谓"位置"也就是行动者在社会系统中所处的结构性方位，"角色"则意味着社会对这一位置所具有的行为期待。基于这样的逻辑，"位置-角色"概念成为社会系统结构的最基本分析单位（刘润忠，2005）。

　　如果把 EIA 的社会活动过程看作一个社会舞台，由多方主体以不同社会身份介入行为互动的过程，那么社会舞台上便存在着多种社会角色的扮演和多对角色互应。例如，评价工程师、决策者、建设单位、公众、评审专家等多个社会角色，而不同的社会角色之间存在多对互动角色之间的社会关系，如建设单位与评价工程师之间是委托-代理的关系，决策者与建设单位之间是监管-被监管之间的关系，决策者与评价工程师之间是咨询-被咨询的关系等，见表 4-2。还有，存在着角色的多重扮演。例如，评价工程师和评审专家也可以同时以参与公众的形式介入 EIA 的活动过程。

表 4-2　EIA 过程中的角色扮演和角色互动关系

角色	评价工程师	决策者	建设单位	公众	评审专家
评价工程师	—	咨询-被咨询	委托-代理	代言-被代言	评审-被评审
决策者	咨询-被咨询	—	监管-被监管	委托-代表	咨询-被咨询
建设单位	委托-代理	监管-被监管	—	监督-被监督	评审-被评审
公众	代言-被代言	委托-代表	监督-被监督	—	代言-被代言
评审专家	评审-被评审	咨询-被咨询	评审-被评审	代言-被代言	—

一般地说，角色对具体个体有很强的先在性，其根源在于各种社会角色的设计和结构安排（欧阳康，1998）。占据 EIA 过程中的一定社会位置的主体在享有这个位置所赋予的权利的同时，被期待能够具备相应的角色扮演能力，履行相应的角色义务，并接受角色规范的制约，我们称为角色期待，角色期待包括个体为适应社会需要而承担的责任、使命和任务，是一系列权利和义务规范的总和，是相对稳定的有关价值创造和价值分配的人格模式（欧阳康，1998）。例如，受委托进行 EIA 的专业人员在舞台上的被期待行为便是技术提供、信息提供；另外负责 EIA 审批的政府部门被期待能够代表广大民众的社会权益，具备理性决断力的行政决策者；受到影响并介入 EIA 过程的民众被期望有着自主意识和参与能力的参与公众、行为提议者或投资者被期望有着社会责任意识，并能遵守相关 EIA 行为规范；参与评审的专家被期望有着强烈社会责任感，并在专业领域具有相当权威性，等等。

相应的，个体对本身在 EIA 过程中所扮演的角色了解程度和认同程度，即主体本身的角色意识（冯平，1995）是影响其在与其他主体互动过程中所采取的态度和行为的重要因素。我们可以认为，主体自身的角色意识是一种内化了的社会对主体的角色期待。

EIA 过程中，介入的主体是处于不同的社会位置之上的，因而其品质和行为会被设定不同的期望，通过各种方式被传达给个体。个体则在 EIA 过程中主动地接受这些期望，形成自己的角色意识和角色理想（冯平，1995）。针对不同的社会文化和发展背景，EIA 中的社会角色期望并不相同。而 EIA 中社会角色期望是通过个体的社会经历、在个体的社会活动中逐渐内化为个体的角色意识，因而同样是 EIA 技术主体，则会因为是具有不同的社会经历和经验而分别具有不同的个体特征。

在 EIA 的多目标设定下，EIA 过程中的角色期望会具备更丰富的内容。例如，对受委托进行 EIA 的评价技术主体来说，其基本的角色期望被定位于求真，即不管 EIA 市场的竞争如何，不管其委托方是谁，必须按科学性原则，向决策者提供翔实、准确可靠的环境影响信息描述。然而，在多目标之下，EIA 提供的信息就不仅仅是面向决策者，同样也需要面向所有其他潜在的价值判断者，如影响力受众、NGO、感兴趣的团体或个体等。另外，评审专家除了对环境影响报告书的技术环节进行把关，同时也可能会被期望成参与公众，作为公众之中的理性成分代表广大利益主体发表权威性的看法。同样，决策者除了被期望能够维护公共利益，还会被期望成为"共识"平台的搭建者等。

EIA 过程对各介入主体设定的角色既为主体限定了行为模式和行为目标,也同时赋予了主体行为能够得以进行的社会资源。

4.3.2 环境价值冲突中的主体行为互动

在价值冲突特征明显的 EIA 过程,往往是处在某种程度上的社会舆论压力下的社会活动。这时候,不同社会主体对环境资源配置决策的影响力很大程度上取决于社会主体在决策过程赢得的话语权,而决策话语权的取得跟主体的社会地位、身份,也就是社会角色定位息息相关。社会角色所赋予主体的各种资源能为主体争取到在环境资源配置过程的话语权。

根据 Giddens(1984)的行为理论,社会实践中不存在独立于社会"结构"之外的主体行为,所有的行为都是"结构化"的行为。吉登斯(A.Giddens)所定义的"结构"是在一定时空条件下社会再生产过程中反复涉及的规则和资源。规则主要指行为主体的行为所依赖的各种正式制度、非正式制度及有意义的符号;资源可以划分为配置性资源和权威性资源(吉登斯,1998;特纳,2001)。

配置性资源主要指物质、技术和依靠这些物质和技术生产的产品,如环境资源、经济资本、信息资源等;权威性资源主要指人们在交往过程中形成的能赋予行为及其规则以合法性,从而对人类行为本身进行支配的社会组织和文化,即行为规则的合法性确认和保证规则实行的强制力,如权力。权威性资源与配置性资源之间有统一性,通常占有较多的配置性资源的主体也能够占有较多的权威性资源,反过来也同样。例如,建设单位常常是 EIA 过程中经济资本最大占有者,金钱的优势使其在决策过程中总是可以获得较多的信息和便捷的参与渠道,从较容易占有话语权影响决策过程,相应的也为其廉价地利用环境资源,转嫁社会成本的合法化提供了可能。

很显然,在 EIA 过程中,决策者最为重要的资源是拥有行政决策的强制性权力,建设单位拥有经济资本,评价工程师和评审专家具备专业知识和技能,影响受众和 NGO 拥有的是作为舆论主体的威慑力。权力、知识、经济资本和舆论等,不同的资源占有决定着不同角色在评价过程中获得信息的渠道和信息占有的结构和程度,同时决定着不同角色在决策过程中的话语权利,最终影响环境资源的配置格局。可以说,EIA 过程中环境资源分配格局的形成和环境价值在主流价值体系内的建构,跟 EIA 过程中介入主体所拥有的权威性资源和其他配置性资源密不可分。因此,在 EIA 过程中,角色设定下主体所拥有的资源成为研究的要点。

因为权威性资源与配置性资源之间是可以相互转化的，为了研究的方便，我们可以设定一个衡量权威性资源与配置性资源的统一的量标，如"权威"，分析环境资源的配置格局跟不同角色的主体间行为互动之间的相互关系。

4.3.2.1 权威的合法性与 EIA 过程中的权威结构

（1）权威与权威的合法性

权威是由拉丁文 authoritas 翻译而来的，含有权力、尊严、力量和服从的意思。权威是以服从为前提的。权威存在于人与人之间的相互关系中，形成服从关系正是权威得以成立的标志，虽然这种服从可以是以命令为前提，也可以以协商、表决或自愿认同、尊敬等为前提。

作为一种特殊的社会关系，权威对维护社会秩序，促进社会运行都具有不可缺少的作用。权威的影响力有一定的辐射范围，在这一范围之内，即权威获得认同，那么权威的功能便体现出来。一般认为（薛广洲，1998），权威的功能体现在 3 个方面：它可使处于权威影响力以及范围内的成员（包括主从两方）形成共同的意志；使这一范围内的人们接受统一的价值标准；提供为全体成员共同遵循的行为模式。

韦伯（1997）认为，权威的本质在于"合法性"（legitimacy）。本节所界定的权威的合法性是指在特定的权威辐射范围内，权威作为一种影响力的形式，而来自于人们自发的授予，即它是从自愿服从、为民认可中得到力量。因而，它的合法性乃是权威关系中服从方对于支配方意志力量的一种认可（薛广洲，1998）。权威的合法性实施包括两个方面：既包括权威体现者——主体意志的合规律性，也包括权威服从者——受体对该意志的选择和认同（薛广洲，2001）。实现这两点，就实现了权威体现者和权威受体在价值体系选择上的共同性，形成共同的意志，才能保证行为上的一致和协调。

（2）环境价值冲突下的 EIA 权威结构

权威有多种表现形式，在 EIA 过程中，通常权力和知识是主要的权威形式，同时经济资本作为配置性资源可以通过对权威性资源的掌握而具备权威性。如果价值冲突现象存在，社会舆论可能就构成另外一种权威形式。权力、知识、社会舆论和经济资本的主体分别是政府行政管理机构、评价技术主体、公众和项目提议者。这里，如果权力权威对社会具有一种威慑的力量，而资本权威对社会具有一种利诱的力量，那么知识权威则仅仅靠真理的力量（谢嘉幸，2000），社会舆论同权力一样具备威慑力。威慑、利诱和真理 3 种完全不同性质的力量决定了价值冲突特征下 EIA 的权威结构。

1）知识的权威性。对于知识的定义，笔者认同 Bender 和 Fish（2000）的看法，即知识是被个体经验、信念及价值观所改造和丰富的信息，这些信息具有与决策和行动相关的含义，它被人们赋予各种解释并根据需要加以应用。知识包含主体对信息的解释，是进行决策的基础。也正因为如此，EIA 中评价主体和评审专家拥有知识权威。评价主体大都来自高等院校、科研设计单位和环境保护研究机构以及专业化的咨询公司，并以科研机构为主；而评价主体之中，具有中高职称的占绝大多数（姜斌彤，2004）。EIA 评审专家和技术主体中的相当一部分是属于环境科学领域和技术领域的专家，拥有环境影响规律和环境价值信息的优先权，对此类信息进行价值的解释和判定资格是得到社会普遍的认同和接受的，因此他们便构成知识权威的主体和体现者。

2）权力的权威性。本书的权力权威是狭义的，单指社会权力机构即政府拥有的威慑性权威，权力权威来自政府维护社会稳定，决策社会的统一行为，并实行宏观调控的职责。虽然当代政府越来越倾向使用沟通型、合作型的激励手段，但作为人类历史最悠久的一种社会权威结构，权力权威仍基于以下两点：一是权力的行使以威慑和暴力为基础；二是以命令-服从为现实作用方式。

在中国，除了立法和司法机构，EIA 的权力部门包括环境保护行政部门（国家环境保护总局和地方各级环境保护机构）和项目主管行政部门，如水利部、国土资源部（现为自然资源部）、国家林业局、农业部、财政部、国家发改委和国家经济贸易委员会等，以及地方政府中的这些部门（欧祝平等，2004），实行国家环境保护部门统一监督管理，各部门分工负责的管理体制。权力运行方式包括在宏观层面的战略导向和微观层面的监督管理。

权力权威的威慑性力量由广大社会群体所赋予和委托，代表着受社会公众群体的普遍认可。

3）经济资本的权威性。经济资本并不是一种权威性资源，本身并没有权威性可言。然而，作为一种配置性资源，经济资本能够获得对权威性资源的掌握或支配而间接具有权威性。

经济资本以利润为基本动力，通过组织生产，进行商品交换，来获得资本的增殖，并用这种增殖来维持或扩大再生产，扩大自己的社会结构力。因此经济资本需要通过市场的认可来实现，资本的效力起源于企业所掌握的社会物质需求的信息差和因此资本获得的流动力。

经济资本的持有者以资本投入能够为经济发展、就业、政府财税收入带来的效益的预期而得到社会的认可，从而能够获得权力和舆论的支持。而且，金钱能够带来信息优势、媒体的支持和决策渠道的畅通，为资本持有者赢得接近决策者，获得话语权和建构社会价值体系的优势。

4）社会舆论的权威性。在价值冲突特征明显的 EIA 过程，往往存在着利于社会舆论形成的主要条件：敏感性事件、权威性人物、媒介宣传等。

对于普通公众来说，在 EIA 过程，很难有在专业知识、经济资本和行政权力 3 方面达到可以与评价工程师、项目提议者和政府相抗衡的资源。然而，普通公众并非无一所持。例如，在西部通道侧接线工程事件、厦门 PX 项目事件、北京垃圾焚烧厂项目事件中，公众就成功地展示了他们的威慑力量——社会舆论。

社会舆论是指一定社会群体内相当数量的成员对社会现象所发生的倾向较为一致的议论意见（陈新汉，1997）。在中国古代语言中，"舆论"是"舆人之论"的简称。舆人原指造车匠，后泛指一般百姓，舆人也就作众人之理解（胡钰，2001；陈新汉，1997）。社会舆论是人民表达他们意志和意见的无机方式（黑格尔，1961）。社会舆论的权威性，表现在它是普遍的且隐蔽的强制力量。"千夫所指，无疾而亡"，它是作用于无形，这种隐蔽性使其带有鲜明的价值指向和强大的感染力。

在 EIA 过程中，社会舆论有两个指向，一个是指向评价所辐射区域内公众的个体成员，另一个是指向政府行政主管部门。对公众个体成员来讲，社会舆论是一种精神的强制：十目所视，十手所指，其严乎。惧怕惹人讥笑和担心人们议论是非——这就是比宗教观念更强大得多的种种动因（罗斯，1989），公众个体会不自觉地接受社会群体主体的评价结论，与群体保持一致的行为。

当社会舆论针对政府行政主管部门时，会直接向决策相关人员或部门施加压力，以影响他们的决策，制约他们的行为，最后达到与社会舆论倾向一致的决策结果。西部通道侧接线沿线居民强大的舆论声势，使深圳市人民政府更改初期方案，增加 10 多亿元投资，这便是舆论的威力所在。圆明园湖底防渗工程事件迫使管理处停止该项工程，并投资 2000 万元进行工程整改。怒江水电开发强大的舆论攻势使温家宝总理批示暂停当时势在必行的开发行为。

因此，社会舆论不是坐而论道，不是清谈，而是具有明显的实践意向和积极的参与意识，通过社会舆论活动剖析得失，陈述利害，坦露请求。但是，社会舆论的干预是有界限的，它只是具有实践意向和诉诸行动的倾向，而不是实践本身和直接诉诸的行动本身（陈新汉，1997）。

当然，EIA 过程中，社会舆论并一定能够形成，如果决策行为并不会引发显著的价值冲突，或影响受众缺乏一定的信息渠道了解自己的利益受影响状况，或影响受众意见难以达成一致, 没有相当数量的成员能够形成倾向较为一致的意见, 社会舆论在 EIA 中就是缺乏的一环。

4.3.2.2　价值冲突下的主体行为互动与权威合法性难题

（1）EIA 的权威合法性前提

在 EIA 过程, 政府行政机构拥有社会群体委托的特权, 必需代表广大公众的需要和利益, 其权威来自对社会整体利益的维护; 在第三方独立性的条件下, 评价工程师由其专业知识和经验, 收集数据、采样监测、模型模拟、预测分析、提出防治建议、编写环境影响报告书, 提供客观准确的环境影响数据, 并以环境资源的维护和改善作为准则做出环境影响的价值判断和评价, 兼顾求真和求善的两面, 亦以社会群体的整体利益合法性为基础; 而如果群体理性程度足够, 在对自身的长远和整体需要和权益有清醒认识的情况下, 社会舆论的普遍和隐蔽的力量是推动整个社会文明前进的决定性动力之一。

总之, 除了经济资本之外, 是否以社会群体的整体利益和需要为依凭和目的, 便构成 EIA 过程各权威的合法性前提。经济资本的权威合法性, 在 EIA 过程中, 则来自对环境资源的合法占有。

（2）社会舆论缺失下的 EIA 权威合法性难题

在当前的 EIA 过程中, 由于对 EIA 的决策咨询技术功能的强调, 公众参与还停留在形式层面, 参与力常常不足。由于面向的是决策者和评审专家, 高高架设的技术门槛使普通公众很难介入, 在没有外在作用力, 如权威人物或权威机构的呼吁宣传的前提下, 舆论很难形成。

如果环境价值冲突, 尤其是侵害公众环境权益的价值冲突存在的前提下, 公众参与不足, 社会舆论缺失, EIA 过程只有决策者、提议人和评价咨询单位之间的行为互动。这时, 政府位于权力的中心, 以其强制力引导对环境资源的宏观配置和对市场行为的微观监控; 企业以资本的循环增值内在特性所带来的经济和社会效益合法争取环境资源开发占用权; 评价技术人员与评审专家依据所掌握的知识、经验, 以及对社会整体效益进行把握的理性能力, 为政府行政决策和企业经济决策提供信息咨询, 以及方案分析。这种结构在彼此权威制衡的前提下有着简单高效的优点, 特别是针对利益冲突不显著的行为决策。

然而, 根据系统论, 越是简单的系统越容易趋向失衡。何况在当前的经济发展大潮中, 环境保护与经济发展之间, 经济利益与环境权益之间常处于激烈的冲突之中, 而公众常常是冲突中主要的利益主体。如果在决策过程缺乏公众的利益诉求，权威制衡的结构将很难形成。

首先，由于经济资本具有外部扩张的盲目性，市场对资源的配置方式会导致对资源配置的哄抢效应（陶传进，2005），企业很容易利用环境资源有外部不经济特性，加速环境资源的低成本（或零成本）开发，把环境成本转嫁给社会，而自身从中牟取暴利。

其次，对政府来说，特别是地方政府，在环境资源配置问题上，也可能出现管制失灵。因为政府机构庞大，而财政有限，如果事无巨细，皆由政府统一筹划，必定导致管理成本过高，效率低下；另外，政府部门也同样隶属于利益集团，有政绩和财政等价值权衡，地方保护主义便属此例；由于环境资源问题的累积效应和模糊性，部门之间的协作困难；决策者拥有较大的自由裁量权，这便为权力寻租和腐败提供了滋生的契机。因此，在经济发展的竞争压力下，政府部门（包括地方和国家）的决策者有偏向于经济发展的环境资源配置偏好，有为了当前经济效益而放弃远期环境公益的决策行为倾向。

低廉的环境成本加剧资本持有者财富的积累，使社会在物质财富分配上处于不平等状态，这种不平等却往往由权力来维持（谢嘉幸，2000）。以 GDP 作为主要政绩考核指标，且任期有限的行政人员会趋向于选择经济效益优先的决策方案。因为目标趋同，在环境资源分配方案选择方面，政府和企业会在某种程度上达成联盟。

而知识，因为本身就处于"向权力诉说真理"（张庭伟，1999）的被动，使专家常常处于被排斥于决策之外的无奈。在资本的利诱和权力的威慑下，技术专家处于孤立地位，求真独立性空间进一步丧失，其批判性被规范化所取代，不得已去追求市场营销性（萨义德，1997），如环境咨询业出现的种种为"业主"服务而弃职业道德于不顾的行为失范现象。

于是，权威结构内部倾斜，"公地悲剧"和"时间困境"（陶传进，2005）没有长效的解决机制，公众的环境权益无法得以足够保障，不得已承担着由资本持有者转嫁过来的社会成本，被迫"为富人买单"，社会不稳定因素形成。因为环境资源透支，社会的存续与发展无保证可言，这种环境资源配置格局与"科学发展观"和"和谐社会"的理念直接相悖。

（3）社会舆论权威及其合法性困境

有了社会舆论并不一定是利于环境资源的合理配置，社会舆论介入 EIA 过程并不一定能够起到积极作用。例如，公众参与常常会拖延决策时间，而市场供需状况的瞬时性却往往高效率决策。另外，社会舆论有盲目性，舆论导向的失误会加剧环境资源配置的不合理性。

社会舆论起源于公众口舌，理应代表着公众自身的环境权益和诉求。然而 EIA 实践过程中，却并非如此，众议纷纷之中，可能出现公众的根本需要和利益很难得到清晰呈现，甚至出现取向错误的现象。究其因，内是由于社会舆论本身的自发和盲目性；外则因为权力和知识等因素的强力干扰。

常见有"振臂一呼，应者云集"的社会舆论威力性，而振臂者的言论或应者的响应是否符合客观事实，是否符合公众权益就构成了社会舆论是否有合法性的主要限制条件。因此，在 EIA 过程，如果群体理性程度足够，在对自身的长远和整体需要和权益有清醒认识的情况下，社会舆论的普遍和隐蔽的力量便能够朝着所期望的方向发挥。所以，社会舆论是否以社会群体的整体利益和需要为依凭和目的，便构成社会舆论权威的合法性前提。

1）舆论权威的盲目性。舆论权威强制力量是自发的，因而是盲目的。"振臂一呼"者的言论却未必符合客观规律。"应者云集"的社会舆论作为公众意志和意见的"无机方式"，并没有经过某种程序的组织，表面上是杂乱的，即表现形态是多数人独特的和特殊的意见（黑格尔，1961）。例如，圆明园事件公众在网络上的七嘴八舌，意见相左者众，而讨论的出发点也迥异，愤起者也大都受整体氛围的感染，而对事实的判定有清晰而明断的思路者却寥寥。

社会舆论本身很容易受到操纵。社会舆论的形成有一个从无序到有序，从议论纷纷到意见倾向一致的过程。首先要有一定敏感度的事件引发大家评论的兴趣（如圆明园事件或西部通道侧接线工程）；其次要有一定的氛围感染公众的情绪，特别是群情激愤的状态；最后要有代表人物或权威部门的号召和引导，达到意见的统一。最后一个环节，代表人物或权威部门便是社会舆论从无序到有序的关键因素，也往往是舆论中的理性和自觉性因素。例如，黄丝带事件中，两会期间"关于厦门海沧 PX 项目迁址建议的议案"的牵头人政协委员赵玉芬女士，以及居住在厦门知名作家连岳等凭借其特殊的社会身份，其有关 PX 项目的巨大风险性的公开言论对当时社会舆论的形成起着激发作用（宗建树，2007）。然而，此类自觉因素得到舆论公众的认可和追随，但却不能在整体上改变社会舆论的无机状态。因此，如果社会舆论中的代表人物和权威部门得到了公众的认同，但却无法代表公众的需要和利益的时候，社会舆论容易被操纵的特性就表现出来了。

构成舆论自觉因素的代表人物和权威部门，在 EIA 过程中，常常就是有威望的社会精英、某方面的技术专家、政府行政主管部门等。对环境影响的判定需要一定程度的知识积累，对环境资源的配置需要行政权力的威慑性，因此，知识权威和权力权威在引导公众舆论方面有着较大的优势。

2）外界的压力。一般而言，EIA 是通过环境影响报告书（表）文本编制并通过技术评审后递交环境保护行政部门和其他相关政府部门供其决策过程参考。如果出现社会群体的需要在决策过程中被忽略，决策权成为代表某利益集团的强制性力量。那么，社会舆论形成必备的信息与信息传播资源必然处于权力控制之中，在政府的强大宣传声势之下，社会舆论自然没有独立性而言。

而知识也难免会在经济的利诱和权力的威慑下丧失求真的独立性。萨义德（1997）认为，只有在不属于某个利益集团的前提下，知识分子才能充当公众的"代言人"，否则，"他们便被权力体制所湮灭"。独立性丧失，知识分子的专业知识避免不了成为为政治提供合法性的工具，成为福柯（1997）所言的"权力的眼睛"。所以，西部通道侧接线沿线居民维权运动最后落脚于对深圳市环科所所做环境影响报告书的种种质疑，就是根源于这种疑虑——深圳市环科所在整个 EIA 过程是否真的处于"第三方"的独立地位？

3）社会舆论的权威合法性困境。我们已知，评价技术服务机构掌握着环境影响信息以及对信息的解释，而项目建设单位和决策机构掌握着项目决策信息。在独立运作空间缺乏的前提下，评价技术服务机构处于发言的被动地位，因而权力机构拥有强大的信息优势，并可借助于所拥有的媒体资源对社会舆论进行宣传和引导，最终得以价值取向和价值标准的强制统一。

如果公众不存在对环境权益的自觉性，公众舆论处于被操纵的蒙昧中，而评价结论还能最终得以服从和实施，公众必然要负起评价结论的责任，承受可能的环境污染、生态破坏和资源耗竭所带来的经济、健康和精神损失。在倾向于权力权威强权化、知识权威工具化和舆论权威被操纵化的社会环境中，权威尊严不再符合规律性原则；公众作为各类权威的受体，对权威，包括社会舆论本身的权威认同都是被动的，不存在自觉自愿基础，也不再具备合法性。权威的合法性危机由此而生，公众与其他权威主体的价值标准体系将逐步分裂，逐渐潜伏下社会不和谐因素。

EIA 追求社会公平目标。然而，在权威合法性前提失缺下，公众的环境权益得不到切实保障，社会公平无从谈起；其次，如若社会整体环境效益被忽视，也就无从说起对环境资源的价值建构。

因此，如果在价值冲突特征明显的情况下，EIA 若只是个形式的虚设，在决策过程得不到应有的重视，而公众参与则会成为形式中的形式。何况社会舆论无自由空间的情况下，公众没有实质性参与评价和决策的依凭。两个根本的目标均不可达，那么 EIA 必然无效。由权威合法性危机而产生的 EIA 失效是一种本质的失效，并非浅层技术方法的失效，它与和谐社会的构建理念直接冲突和矛盾。

4.3.2.3　主体行为互动中的权威结构优化可能

合法性前提是权威运作过程的关键。权威合法性需要权威结构的和谐与权威制衡的达成。在 EIA 过程中，社会系统是一个自组织的有机系统（谢嘉幸，2000），在外在环境和内在因素协调的情况下，才能实现整体上的最优和共同的合法性。因此，社会舆论权威的合法性要靠权威结构的整体优化才能达到。在外在环境与内部因素都达到谐调的条件下，才能朝向自觉，保持其独立性，并更好地实现其广泛监督管理作用。所以，社会舆论权威的合法性重构便是内在因素的激发和外在环境的保障，列出如下几个要点。

（1）舆论主体的内在自觉

在 EIA 过程中，社会舆论并不一定是必需的权威成分。但当面临利益冲突显著，而权力和知识都不足以保证权威合法性的情况下，社会舆论就将是必要的权威结构组分。社会舆论的权威合法首要条件就是舆论主体的自觉。社会舆论自觉化的内在动因是：对环境权益的自觉意识和参与主体的有组织化。

我国 EIA 实践中，公众参与意识薄弱，"草民"意识、"官本位"思想对公众参与的积极性都起着抵制作用。民众的"谨慎"与"和谐社会"所需的公民主体意识相悖，因此公众权益意识的激发和参与热情的激励乃是首要条件。同时，个体的力量是微弱的，而无组织的群体像一盘散沙。只有被组织化的公众才具备理性思考的可能，只有被组织机构归纳代表化的意见才能有被高效接收和采纳的可能。只有被良好的组织化之后，公众舆论的强大威慑力量才得以被挖掘。在西部通道侧接线工程事件和厦门 PX 项目事件中，舆论威力的显示背后都有一个公众的自发组织过程。

（2）主体独立空间的保障

在 EIA 过程中，常处于被动地位的主体主要包括两方面，一是 EIA 工程师；二是 EIA 过程中利益相关或感兴趣的公众群体。要保证社会舆论和知识独立运作空间，首要条件就是相应的制度供给，赋予公众知情权、参与权和监督权，保障决策过程透明化，给予公众舆论评价合法性地位。同时保障 EIA 技术服务机构的第三方独立性，建立评价工程师绩效管理和责任制度，赋予评价技术服务的独立操作权力；严格 EIA 的市场准入制度和工程师职业资格制度，培养 EIA 市场的良性竞争，提高评价专业人员的专业技能和道德素质。

（3）知识的协助

我国的知识分子有一传统的"代言"使命：首先"代圣贤先哲之言"，为社会提供评价标准和价值取向；其次是"代民而言，为民请命"，向权力机构传达公众的要求和呼声（葛红兵，1997）。EIA 技术主体要想赢得独立性，得到在决策中的应有话语地位，必须借助公众舆论普遍性力量的支持，因此应该主动向公众靠近。除向决策者进谏陈诉利害；还应该促进各利益主体之间信息对称，帮助决策者和公众之间意见交流和共识达成，搭建好信息解释和信息交流平台；并充分了解公众的所求所需，利用自己的职业之便组织公众有效的参与，加强对行政行为和建设行为的约束和监督。

同时，公众舆论威慑力的最大化发挥也必需求助于科学合理的引导。有了代表公众环境权益的舆论导向，公众才有可能在决策话语权力的争取处于主动地位。知识在帮助社会舆论最大化发挥作用的过程，自然会得到尊敬和认可。总之，这是 个双赢的策略。

综上，在 EIA 的各角色互动中，每个角色都被赋予相应的资源，行为主体就是凭借这些资源来获取信息和话语权，展开利益博弈（图 4-2）。

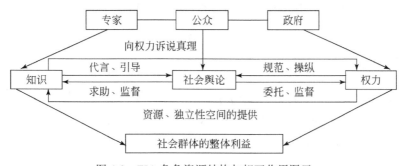

图 4-2　EIA 角色资源结构与相互作用图示

不像拥有权力、知识和经济资本的决策者、评价工程师和建设单位那样，普通的影响受众在信息获取和话语权争取方面都处于弱势,他们的利益依靠决策者、评价工程师和建设单位的共同自觉来保障。任何一方的行为失范都将会导致影响受众的利益受损，如地方保护主义、建设单位的违法行为和环评市场的不规范行为最终导致的都是普通公众成为受害者。

当然，普通公众也并非没有任何所持。团结便是个体力量薄弱但数目众多的公众最强大的后盾。在 EIA 过程中，社会舆论便是公众展示的威慑性资源。在影响受众能够觉醒到自身环境权益的前提下，公众会自发地形成趋向一致的公众评议,以强大的舆论威慑力为自身争取决策话语权。但社会舆论有一个很大的缺陷,便是它的力量是盲目的,可以被人操纵。因此,舆论本身能否代表公众的整体利益就构成了舆论力量正确导向的前提。

在价值竞争激烈的 EIA 过程中,必然是各角色定位下的主体依靠资源禀赋为环境资源的配置进行行为博弈的过程。因此,个体的主体行为并非是一个理性主体的单独行为,而是各主体行为互动前提下,受外在环境变量和自身主体行为变量双重影响下的社会行为。

4.3.3 环境价值冲突中的个体理性行为

在环境价值冲突现象中,对能够想赢得相应话语权的个体来说,采取什么行为来介入 EIA 过程,将是关键的环节。

在 EIA 实践中,主体介入不仅仅是为了最大化满足自己的功利需要,同时还是为了实现社会对其角色的期待而介入。也就是说,行为主体"通过"他(她)在 EIA 中的行为来告诉别人,他想要成为什么样的人,以及他希望别人如何看待他。而他(她)在 EIA 过程中的环境得分,一方面取决于他(她)对环境问题的态度,也就是环境意识;另一方面,还跟他(她)在 EIA 过程中能够获得的可选择的行为方案密切相关。

当前对 EIA 主体行为的研究多限定在对行为的法制约束和经济激励方面,有关社会活动主体行为本身的规律研究却比较欠缺,特别是从环境价值冲突角度展开的行为研究更为少见。本节就在社会变量和主体自身变量的约束下,对 EIA 过程中公众参与的行为规律进行尝试性的研究。

4.3.3.1 当前适用的两种 EIA 行为模型

EIA 的过程大体上分为目标设定、影响筛选、范围界定、影响预测和评价、减缓措施的制定、评审、减缓措施的实施、跟踪监测和审计。在整个过程中,介入的主体包括:负责审批环境影响报告书的政府有关部门、环境保护行政主管部门、拟议行动的提议者、受委托编写环境影响报告书的评价从业人员、公众和感兴趣的团体等。不同的主体在 EIA 中的角色定位不同,相应的,他们的行为目的也各不相同,行为性质也不尽一致。政府有关部门、环境保护行政主管部门以决策者的身份介入,他们的行为属于决策行为;规划、建设项目的提议者是以项目提议者的身份介入,他们的行为属于进行开发建设的投资行为或经济行为;评价专业人员的身份是职业的评价技术主体，他们的行为属于评价专业咨询的职业行为；公众的角色是利益受影响者，感兴趣或志愿性的团体常把自己视为社会整体以及后代环境利益的代理人，他们的行为属于参与选择行为。

无论是决策行为、经济行为、职业行为还是公众选择行为，在现有的理论研究中，大多采用的都是基于个体的心理学的态度-行为（attitude-behavior）模型和基于理性人假设的社会学的理性选择理论。

（1）心理学的态度-行为模型

自 20 世纪 20 年代以来，态度对行为的重要影响一直是社会心理学研究的重要主题。对态度的定义在社会心理学界一直都存在分歧，当前比较流行的是 Freedman 提出的态度三成分学说，认为态度是由认知、情感、行为倾向组成的。国内有学者（马先明和姜丽红，2006）认为态度是以主体对特定对象的肯定或否定的评价为特征的心理反应倾向，分为内隐态度和外显态度两种。

在社会心理学的态度 行为研究中，有卢森堡的态度模型、佩因罗德的态度模型、Russell Fazio 的态度-行为模型（Fazio and Roskosewoldsen，1994）和由菲什拜因（Fishbein）和阿耶兹（Atzjen）提出的行为倾向模型。其中，由美国学者 Fishbein 和 Atzjen（Ajzen，1991）于 1975 年提出的行为倾向模型（Theory of Reasoned Action，TRA）（Theory of Planned Behavior，TPB）是应用最为广泛的态度-行为模型，该理论认为行为是由意图引起的，而意图又是根据个人对行为态度、主观规范（人们对自己在乎的人会如何看待自己行为的推测，即周围的社会影响）和知觉到的控制决定的。但是该理论隐含着一个重要的假设：人有完全控制自己行为的能力。通常行为倾向理论的公式表达为

$$B \approx B_i = AW_1 = SW_2 \qquad (4\text{-}1)$$

式中，B 为行为；B_i 为行为倾向；A 为态度；S 为社会影响；W_1 和 W_2 分别为其权重。

后来学者对行为倾向模型作了多种形式上的变化，其中 Ven der Meer 修正后的模型（曾思育，2004）形式用比较简单明快的方式阐明了该模型中的所有主要理论假设（图 4-3）。模型的核心部分是态度-行为之间的相互关系，即假设如果对某人的基本态度有了清楚的了解，那么就可以把他的"行为"作为"态度"的净结果进行预测。态度包括两个要素，一个是动机，动机是指个人从他自己的行为中所期望获得的"回报"；另一个是个人所抱有的社会对他的行为会做出何种反映的期望。

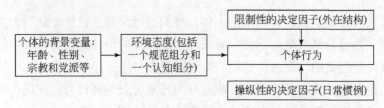

图 4-3　Ven der Meer 修正后的态度-行为模型

资料来源：曾思育，2004

　　该模型的基本假设前提是：个人的行为就是行为人进行有意识选择过程的直接结果。其中，个人的性别、年龄、政治或宗教信仰等主体因素的不同会导致态度的不同，所以此类变量在模型中被称为背景变量。然而，有时候，选择并不是在人自觉的情形下做出的，而是受一些基本惯例即操纵性的行为决定因子的影响导致的；另外，行为人的行为方式实现也有相应的限制因子，即限制性的结构化决定因子。所以操纵性的行为决定因子与限制性的结构化决定因子就构成态度-行为模型的制约条件。

　　此模型被尝试性的应用于环境行为。例如，Hines 等提出了一个责任环境行为模型（Hines et al.，1986）（图 4-4），指出：环境行为受行为意图所影响；而行为意图又受若干变量所影响，如行动技能、行动策略知识和环境问题知识等。此外，情境因素，如经济上的限制、社会压力、是否有机会从事环境保护行动等都是可能直接影响环境行为的重要因素。

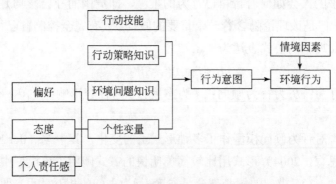

图 4-4　Hines 等的责任环境行为模型

　　在 EIA 研究中，态度-行为模型比较典型的应用是公众参与行为，即认为当前 EIA 甚至环境管理过程中，公众参与积极性普遍不足的主要原因首先是公众环境权益不足，即个体动机缺乏；其次，是制度供给不足，公众参与无法可依，即外在支持参与的决定性的结构性因子不足；最后，是受我国根深蒂固的"良民"

思想，"草民"意识，"官本位"意识等文化传统的影响。认为要想促进环境管理过程中的公众参与热情，需要一方面宣传、教育，培养公众环境保护意识，另一方面加快信息公开制度和公众参与制度的完善化进程，还有就是加快民主进程。

另外，用态度-行为模型来解释 EIA 中普遍存在的地方保护主义，即决策行为的不规范。首先，动机方面，地方财政收入，政绩，和区域间经济发展竞争的需要；其次，限制性决定因子，长效的决策问责机制没有建立，以 GDP 来评价政绩的不合理性；最后，操纵性的决定因子，环境资源的"无偿"使用观念，经济发展优先论。

该模型的缺点在于：第一，模型集中在讨论相互分离的原子化的个人规范和价值观上，假设每个人在做出行为决策时是相互独立的；第二，模型对社会结构的处理比较肤浅和不充分。在现实情况下，态度与行为之间关联无法确证，该模型难以解释在"正确"的态度下为什么会有"错误"的选择行为的实际问题。尤其是在环境影响存在着间接性和模糊性特征，人对自己行为的后果难以预料的情况下，更难以去寻求态度与行为之间的连接性。因此，该模型仅适合于社会结构简单，个体之间的相互独立的原子化状态。

所以，当遇到公众深受污染之害，已经认识到自身权益受到不合理侵害，且具有相应的参与途径，惯性制约因子作用力并不大，在 EIA 过程中仍然存在着参与不足的案例时，态度-行为模型就显示出局限性。在我国，信息公开和公众参与制度虽然并不完备，但已经具备了相应的法制依据；传统的一些不论时事，不参与政治的保守思想随着民主化进程已经得到很大改变；随着宣传力度和教育的普及，以及环境问题的恶化，公众的环境保护意识已经得到了很大程度上的提高，在这种情况下，EIA 的公众参与在量和质上仍然普遍性地不足。这意味着在社会关系的多元性和复杂化背景下，个体的动机并不一定就显见为行为。依据吉登斯的看法（特纳，2001），动机远比态度-行为模型所描述的要分散，不存在着行为和动机之间的一一对应关系。在个体动机和个体行为之间还存在着非线性的复杂关系，这种关系超越了从原子化个体和简单的社会结构假设出发的态度-行为模型。

（2）社会经济学的理性选择理论

在西方国家，有关理性行为的理论研究发轫于以"理性经济人"为假设前提的经济学领域，随后扩展到整个社会领域占据主导，发展成为当前的博弈论、公共选择理论和理性选择理论（rational choice theory）等以个体理性行为研究为主流的研究范式，其简洁明了，说明有力（Hindess，1988）的优点使其在各个社会领域都有很大的适用性。

我国相关研究主要是借鉴西方国家个体理性行为理论，并偏重于金融行为、企业行为、消费行为，以及政府决策行为研究。涉及环境资源管理领域，虽然有关公众参与的组织化和法制等宏观层面研究已经不乏理论成果，但是公众参与的个体行为研究方面，除在城市规划方向的少数创新（吴人韦和杨继梅，2005）之外，基本上还保持着空白。

理性选择理论是借用经济学方法来研究社会学问题的一种方法，是一个解释人类行为的精致的理想模型。

理性选择理论是基于个体与群体行为和后果之间的相互关系研究，能够很好地解释"公地悲剧"（Hardin，1968）的发生机理，即个人的所为和累计的环境后果之间存在着不平衡现象。我们把这一类引发此类环境问题的个人行为称为自由骑士行为（freeriders behavior）、个人置后或邻居优先（the 'after you' or 'neighbours first'）、囚徒困境（prisoner's dilemma）及寄生虫行为（parasite behaviour）等。

理性选择理论的基础是"理性经济人"假设。该理论的核心观点是人以理性的行动来满足自己的偏好，并使效用最大化。

德国社会学家韦伯（M.Weber）（韦伯，1997）曾区分了 4 种社会行动的理想类型：①目的合理性行动（也称工具合理性行动），行动者通过理性计算，选择手段与目标；②价值合理性行动，价值理性行为也会理性地选择行动，但是目的则由既定的价值体系事先决定；③情感的行动，行动由行动者的感情或情绪状态决定；④传统的行动，行动由习俗或惯例决定。从合理性角度来看，韦伯认为，只有前两种类型的行动，即目的合理性行动与价值合理性行动才属于合理的社会行动。尽管后来理性选择范式经过修正与扩充后试图将价值合理性行动包含在内，但理性选择理论所考察的个体行为其实主要对应于韦伯的目的合理性行动。

同时，理性选择理论继承了古典经济学家斯密（A.Smith）著作中的一个基本假设——"经济人"假设，即假定人在一切经济活动中的行为都是合乎理性的，即都是以利己为动机，力图以最小的经济代价去追逐和获得自身最大的经济利益。因此，理性选择理论所讲的"理性"就是解释个人有目的的行动与其所可能达到的结果之间的联系的工具性理性（陈彬，2006）。

一般认为，理性选择理论的基本理论假设包括：①个人是自身最大利益的追求者；②在特定情境中有不同的行为策略可供选择；③人在理智上相信不同的选择会导致不同的结果；④人在主观上对不同的选择结果有不同的偏好排列（丘海雄和张应祥，1998）。

在当前，从"理性人"假设出发的理性选择模型几乎被用来解释全部的人类行为。那么在 EIA 过程中发生的决策行为、职业行为、经济行为、参与选择行为等也不例外，正因为决策者、评价技术主体、提议者和公众都是理性的，都是在特定的评价情境中选择对个体有最大利益的行为策略，所以，才会出现 EIA 过程中的"长官意志""雇主情结"、违法开工和消极参与等社会现象。

理性选择理论的不足在于，并不是所有的行为主体在全部的行为选择过程中都是理性的，在决定个体行为选择的因素中，还存在着非理性的因子。例如，圆明园湖底防渗工程事件中，公众并不是因为个体会得到什么好处而参与声讨，而是出于一种对民族文化的骄傲和认同。

4.3.3.2 两种主体行为模型的应用前提

总的来说，当前 EIA 过程中主体行为研究的理论模型存在着两方面的理论假设：对主体的原子化假设和对主体行为的理性化假设。这两个假设是 EIA 过程的主体行为理论解释力不强的主要原因。首先，主体的原子化假设忽视了在现有评价情景下主体与主体的关系对个体行为策略选择的影响；其次，主体行为的理性化假设忽视了个体行为策略选择的非理性变量。

审批、技术咨询、开发建设提议和参与决策等 EIA 过程中，尽管主体行为因为角色预设差别而不同，但行为本身发生在相同的评价情景之下，被组织进同一 EIA 过程。所以每个主体都不是可以完全独立于其他主体和决策背景之外的个体，主体往往会根据其他主体所选择的行为策略，和复杂的社会背景而修订自己的行为策略选择，不同主体行为之间，主体行为与社会决策背景之间有着内在的联系和彼此的相互影响。

虽然 EIA 过程中，环境问题可能表现为因环境资源的稀缺和分配格局而引发的利益冲突，但主体并不总是根据功利标准来判断事物。每个个体都是有个性、有情感、有信仰的个体，每个主体在进行行为选择的过程中，并非都是预先"算计"的，而且个体与个体之间，行为与行为之间也不是相互独立的。

4.3.3.3 环境价值冲突下公众参与行为选择模型的试建

在实际情况中，不存在绝对的理性行为和完全独立的个体行为。主体行为不仅仅是受常态变量，如主体固有的态度、个人利益最大化目标所驱动，还更受 EIA 过程所提供的个体行为决策背景的随机性变量所影响，如舆论导向与强度、公众参与的组织形式与规模、主体间拥有的信息的对称程度，政府的态度、制度的完备程度和执行情况，等等。整个评价活动过程中不同角色定位下的主体，在不同的客观条件约束下会有不同的行为选择，集合在一起便构成了一个 EIA 的"场"，个体主体不得不受这个主体互动的"场"的影响，主体固有的态度或偏好对决策的作用力会弱化，同时主体也不再是完全追求个体经济利益最大化的个体，主体的心理过程会处于一个动态的与外界相互作用的界段，其他的心理因素会同时被激发出来，共同构成个体行为决策的影响因素。

因此，在结构化约束之下，主体理性行为模型的假设前提需要得到修正，而且模型中行为选择主要变量除主体偏好之外，将增加制度、社会网络、可获得替代方案、信息对称性、社会舆论、权威等结构性约束因子，以及在结构性约束因子作用下主体责任感、忠诚度、归属意识等的心理状态的激发程度。

本书以深圳的深港西部通道侧接线工程和圆明园湖底防渗工程为案例，主要参照美国经济学家赫希曼（A.O.Hirschman）以理性行为理论为基础构建出个体在企业或政府等组织绩效衰退中行为决策的"退出、呼吁与忠诚"理论（赫希曼，2001），分析在环境价值冲突显著的 EIA 过程中公众参与理性行为选择。

（1）退出、呼吁与忠诚理论

赫希曼于 1960 年提出了"退出、呼吁与忠诚"理论，探讨了个体在组织绩效衰退中行为决策问题。结合 4.3.3.2 节的个体行为模型，"退出、呼吁与忠诚"理论将更具体的帮助我们了解 EIA 过程中理性公众个体在公众参与契机下的行为选择机制，以及公众参与的制度设计标准。

赫希曼（2001）认为，面对企业或组织的绩效衰退，个体成员有两种选择：要么退出，要么呼吁。退出，对于企业而言，指消费者不再购买其产品或服务；对政党社会团体而言，指成员与之脱离关系，不再是其成员。呼吁，指消费者或会员为修正企业或组织的惯例、政策或产出而做出的种种尝试或努力。企业的产品或组织的服务难以令人满意时，任何试图改变这种状态而不是逃离的措施，都符合呼吁的基本定义。

对退出和呼吁两种途径的选择，赫希曼指出当退出也是一种选择的条件时，消费者或组织的成员呼吁与否的意愿将取决于两个因素：呼吁的收益和呼吁的成本。Banfield（1961）曾指出与此相近的观点，有关利益集团是否使足力气把争诉摆到决策者的面前，取决于两个因素：一是结局对他有多少好处，二是他能影响决策的概率。两者的乘积与提起争诉与否成正比。当呼吁作为一种选择时，组织成员对退出的选择同样依赖于退出的成本和收益。这两种恢复机制在功能上存在互补性和替代性（Kostant，1999）。即呼吁要以退出作为威胁才会最大化的发挥它的效力；没有呼吁的退出往往是无助于组织绩效的恢复；随着退出概率的下降，呼吁的作用将不断增强；但当退出十分自由时，呼吁的作用又往往被忽视。

因此，赫希曼（2001）认为，应当设计出一种制度以提高个体成员呼吁的意愿和效率，降低呼吁的成本，使消费者在退出之前高声呐喊。而充分发挥呼吁机制的效用的手段是培养个体成员对组织的忠诚，因为呼吁的可能性与人们对组织的忠诚度成正比。所谓忠诚，指成员为组织的绩效好转或提高而诚诚恳恳地尽心竭力，它实际上是暗含着一种期望，即使组织在作了某些错事之后毕竟还能够回到正确的航线上，它是一种理性的行为。在大多数情况下，忠诚可使退出进退维谷，从而起到激活呼吁的作用，因此，忠诚是退出与呼吁抉择过程中的一个关键性概念。

忠诚对企业或组织的忠诚具有延缓退出的功效，能使呼吁在修复衰减过程中的作用趋于极值。因为此时的退出最具威胁性，企业或组织必须对消费者或成员的呼吁尽快做出回应（赫希曼，2001）。忠诚在退出与呼吁组合及其交互作用的过程中，扮演着一个不可或缺的角色。

在本书中忠诚被理解为公众在环境价值冲突中被激发出来的对所在社区（或区域、群体、阶层、民族、时代等）的归属意识、认同感和责任意识。

（2）EIA 的公众个体行为选择类型

在本书中，公众行为等同于公众个体行为，特指在 EIA 过程中，公众中任意的独立个体成员对参与还是不参与的选择行为。

EIA 中的公众涵盖着除去政府决策部门、专业技术咨询单位和拟议项目建设单位之外的所有其他利益相关者、感兴趣团体和个人。

公众个体在参与契机面前有两种行为选择类型（图 4-5）：参与，把自己的建设或意见表达出来；不参与，保持沉默。

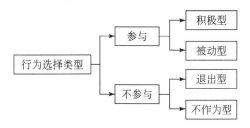

图 4-5 公众个体行为选择类型

根据行为选择动机，参与行为也有积极型、被动型两种类别。积极型是在项目或规划决策过程和后期监督追踪过程，公众自觉主动把自己的意见或建议传达给决策者；如果参与行为不是出于公众的个人意愿，而且公众并没有在参与过程表达出自己的观点，那么这类的参与称为被动型。同样，不参与也有不作为型和退出型两种类别。不作为型的不参与行为是因为利益驱动不足，公众个体没有参与的意愿；而退出型的不参与行为是公众本有参与的主动性，但在参与无望或无效的情况下，不得不选择沉默的不参与行为。

（3）环境资源的公共物品属性对公众个体行为选择的双刃效应

环境资源的公共物品属性对激发公众个体的参与积极性来说是一把双刃剑。首先，由于使用上的非排他性，使对环境资源的保护和改善的努力不能排除他人对这一努力结果的共享。公众"搭便车"心理普遍，参与热情不足。其次，在公共物品的服务范围内，却不存在完全的不参与选择。因为公众个体可以选择不参与环境资源的方案决策过程，但却中止不了使用者或消费者的身份（赫希曼，2001）。在某种意义上，对于决策者来说，公众的不参与选择节约了决策的成本，提高了决策行为的效率；同时，不参与的公众同样得承担由不合理决策而引发的环境污染与生态破坏的结果。因此，在环境资源的配置与管理的过程，公众话语的缺失的责任承担者和受害人是公众自身，由此，理性的公众个体将不得不把参与行为作为考虑的优选。

（4）公众个体行为选择的动力机制

1）典型案例。2003年8月，深圳的深港西部通道侧接线工程方案公布之后，沿线居民就此项工程可能产生的景观破坏、噪声、大气污染等不利影响向深圳市人民政府提出异议，引发了一场延续了两年的"维权"运动（见案例二）。

2005年4月13日在国家环境保护总局的主持下，圆明园湖底防渗工程（见案例四）听证会召开，会上NGO和自发而来的民众济济一堂，同时网络上网民也愤声如潮①。这是很典型的EIA中由于环境价值冲突而激发的公众参与案例，与其他环境管理实践中公众积极性不高形成反照。那么是基于什么样的因素促发了公众突然一改往日的行为习惯而选择主动参与的呢？

通过调查发现，案例二业主的态度与环境质量变化对个人房产、健康的影响相关。而案例四的参与公众也与个人的环境和历史文化偏好紧密相连。显然，公众的参与行为并非是一时的盲目冲动，行为背后有着理性的动因，或者说，是"功利性"的，这里的"功利"不是仅仅指代物质利益，还包括能被公众自觉意识到的精神收益在内。

---

①聚焦圆明园防渗工程［N/OL］. http://env.people.com.cn/GB/8220/45856。

2）参与意愿函数。根据赫希曼的退出、呼吁与忠诚理论，公众个体选择呼吁或退出行为是基于理性的，当退出也是一种选择的条件下，公众呼吁与否的意愿将取决于两个因素：呼吁的收益和呼吁的成本。Banfield（1961）曾指出与此相近的观点，有关利益集团是否使足力气把争诉摆到决策者的面前，取决于两个因素：一是结局对他有多少好处，二是他能影响决策的概率。两者的乘积与提起争诉与否成正比。因此，在理性经济人假设前提下，EIA 的公众个体选择参与行为是基于 3 方面的考虑：参与的预期收益、参与成本、参与行为影响决策的概率。

第一，参与收益预期（VP）。对参与行为作以损益分析，预期中的参与收益如果大于参与成本，理性个体必然偏向于参与行为。否则，如果预期参与收益不佳，或参与成本过高的话，公众宁愿选择沉默。不同的公众个体对参与行为的收益预期是不同的，这根源于个体环境偏好的差异。个体存在着对环境问题的认识、环境价值认同的多元化，因此，对环境质量变化的敏感程度有敏感型和非敏感型的区分。敏感型公众对参与的收益的预期会高于非敏感型公众。

第二，参与行为影响决策的概率（P）。公众参与机制对决策过程会产生相应的约束力，公众个体在行为选择之前会对自己的决策影响效力进行判断，如果估计的影响效力较低，那么公众会宁愿放弃自己的参与权力。反之，如果法制健全，政府行为相对比较规范，并有过公众意见被决策者认真考虑并加以采纳的示范，公众的参与积极性就会高涨。西部通道侧接线事件是较为典型的实例，深圳市人民政府与区人民政府表现出沟通合作态度，并采纳公众前期意见而改动初始的全线高架路方案，优化为全封闭下沉式道路组合方案，增加约 14 亿元投资[①]，这些政府行为构成了工程沿线公众对自己参与行为的能力预期较高的促进因素。

第三，参与成本（VC）。参与成本主要集中在信息收集成本上，信息成本根据参与规模和决策背景而异。一般个体信息成本会随着参与人数的增加而趋于减少，超过了一定规模，个体参与成本就可以忽略不计。然而，如果决策过程信息不够透明，参与渠道不畅通，参与规模也势必受到影响，这时个体参与成本就会彰显为重要制约因素。

3）不参与意愿的函数。公众选择不参与行为也同样是基于成本-收益的分析。

第一，不参与收益预期（EP）。根据上文，不参与行为对环境质量的改善没有贡献，还会更大可能的让公众蒙受环境污染、生态破坏和资源危机的不利损失，

---

① "深港西部通道接线工程" 环评事件调查［N/OL］. http://sz.oeeee.com/Channel/2005/200505/20050516/Preview_220050516_1.html。

问题是公众是否能够意识到并敏感于这个后果。因此，这里的关键要素仍是公众个体的环境偏好。

第二，不参与成本（EC）。赫希曼在他的著作中（赫希曼，2001）特别引入一个要素——忠诚，忠诚最大的作用在于能够提高退出成本。相类同的，能够提高 EIA 不参与成本的也是一种精神因素，即个体对组织、社区、区域或国家的归属感和责任感。就深港西部通道侧接线工程和圆明园湖底防渗工程两个案例来看，随着参与规模的扩大，社会舆论形成，业主的社区归属感和公民的民族自豪感被唤醒，参与热忱也随之高涨，这时逆流的声音将不得不克服一种无形而强势的精神压力。

个体的责任意识的内因是公众的道德素养，外因是情境因素的社会舆论（陈新汉，1997）。社会舆论的形成是与事件的敏感程度以及发生的时机等客观环境相关的。这类情境要素是由个体行为向有组织的群体行为转化的主要外力。

（5）公众个体行为选择的影响要素

根据上文的分析，参与收益函数的主要变量是环境偏好（environmental preferences，PE）；而影响决策的概率函数和参与成本函数的主要变量是政府行为规范和制度供给，简化为制度供给（institutional providing，PI）；不参与收益函数的主要变量也是环境偏好，而不参与成本函数的主要变量即是公众的责任意识（loyalty，L）。

另外，在一定的参与规模、参与时机、事件的敏感程度等客观要素影响下，情境要素社会舆论（consensus，PC）可能会突显为主要变量之一。

1）环境偏好。环境偏好是指公众个体对生态环境质量和环境资源价值的敏感和认同程度，个体会因年龄、性别、受教育程度、职业、社会地位等的不同而有环境偏好的差异性。对环境质量较为敏感的公众个体，对同等程度的环境质量的改善，将获得较高的满足程度，因此将会对参与行为的预期收益赋予较高的值，一般属于积极型和退出型不参与公众。例如，第一位公开质疑圆明园湖底防渗工程的张正春教授，便是对中国古典园林有特殊偏爱，且有累积多年的生态环境专业知识，对圆明园生态环境的变化有异于众人的敏锐觉察力（吴人韦和杨继梅，2005）。相反，对环境资源价值认识不足的个体，一般是被动型和不作为型的公众。

2）公众的责任意识。公众个体对组织（社区、区域、国家和民族等）的责任感和归属意识作为一种理性的约束，增加不参与行为的成本，促使公众在与个人经济利益相关程度不高的情况下，保持参与的激情和信念，以及对决策质量的关注。这种理性正好克服了公众"搭便车"个体理性的狭隘，使离散型的公众个体行为有了向有组织的集体行为转化的凝聚力。

图 4-6 中横轴代表决策方案将会产生的环境质量恶化的程度，从右向左恶化的程度是增加的，公众的不满情绪也随之深化。纵轴表示有效参与数量，排除了被动型参与者。不显著的环境影响是可以容忍的，但随着环境质量从右向左滑落，公众将有从沉默向主动的行为方式转变的趋向，开始尝试向政府决策者或经济行为主体施加压力。当环境质量恶化的预期达到了 EAL 点时，公众的责任感和危机意识就可能被启动，开始尝试修正决策者的大政方略，采取不同的形式将个体意见传达到决策者，参与函数在这里形成一个拐点，参与的趋向陡然增强。而 V_0 与 V_L 之间的距离便是公众的责任意识的作用下所增加的参与公众个体数量。

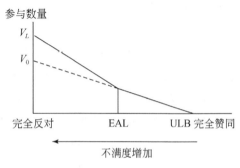

图 4-6 责任感作用下的有效参与规模

资料来源：赫希曼，2001

公众的责任意识的激发取决于两个方面，第一，评价舆论情境的外力作用；第二，公众个体道德素养的培养。

3）制度供应和政府行为规范。公众参与权与信息权需法制保障，制度上的供给是参与行为的外界硬环境，如果制度供给不足，公众参与渠道不畅通，将会增加公众参与成本，同时降低公众对参与行为所能影响决策概率的预期。

目前来看，决策过程中的信息不透明和不对称是影响公众参与的一个非常重要的制约因子。政府决策部门和建设单位常常在信息量上具备优势，博弈过程中的公众不得不增加信息成本，当成本高到一定程度，便会使公众参与情绪受挫转而成为退出型不参与公众。

我国的《建设项目环境保护管理条例》（1998 年）、《规划环境影响评价条例》（2009 年）、《中华人民共和国环境影响评价法（修订）》（2016 年），以及 2004 年 4 月 1 日实施的《环境影响评价工程师职业资格制度暂行规定》，对 EIA 技术服务单位的证书管理和评价工程师的职业资格均作了相关规定。而 2006 年 2 月 22 日，国家环境保护总局又颁布了《环境影响评价公众参与暂行办法》，成为我国环境管理领域的第一部有关公众参与的规范文件。这一系列保障信息公开、强化社会监督的法律、法规和条例，构成了公众参与的法源依据，但在政府行为的规范化等方面仍然有不完善的地方。

（6）公众个体行为概念模型

1）模型构建的前提假设。①理性人假设，需要保证公众个体的行为选择是在对可获得信息进行了理性分析的基础上，符合个人成本最小而福利最大化的原则。②公众的独立性与政府决策权，公众个体具备独立的认知、判断能力和选择能力，政府行政主管部门的决策权得到认同。③不参与选择的确定性，把拟议中的决策方案对公众个体可能产生的福利影响设定为一个常量 M，假设公众个体选择不参与不会对决策方案产生影响，即 $\Delta M \approx 0$。④环境质量与公众个体利益相关性，决策优化所带来的环境质量的改善与公众个体所得到的福利增加呈线性正相关。

2）概念模型构建。公众个体选择参与行为的倾向（the propensity to resort to voice option，TPRVO）（赫希曼，2001）程度，最终还是取决于对参与和不参与选择的预期成本与预期收益的比较，其中道义或精神上的亏盈也在理性分析之内。

$$TPRVO=f（PE, PI, L, PC）=（VP \times P-VC）-（EP-EC） \qquad (4-2)$$

式中，TPRVO 为公众个体选择参与行为的倾向；PE 为公众个体的环境偏好；PI 为制度供给和政府行为规范；L 为公众个体的责任意识；PC 为舆论情景；VP 为公众个体对参与行为所可能产生的收益预期；P 为公众个体对参与行为所能影响决策的概率预期；VC 为公众个体参与成本；EP 为不参与行为收益预期；EC 为不参与行为成本。

假设不存在不参与替代方案，EP $\approx$ 0；参与选择所带来的个体的福利的改善为 Q，也可以理解为环境质量的改善，即 VP$=Q$。模型可以简化为

$$TPRVO=f（PE, PI, L, PC）=（Q \times P-VC）+EC \qquad (4-3)$$

如果 TPRVO$>$0，则公众个体倾向于选择参与行为；如果 TPRVO$<$0，则公众个体倾向于选择沉默；如果 TPRVO$=$0，则公众个体没有明显的选择意愿[①]。

3）模型曲线分析。为了简化分析的过程，我们暂且忽略公众个体环境偏好等差异性。

图 4-7 中纵轴 P 代表影响决策的概率，横轴则代表环境质量 Q。Q_n 代表环境

---

① TPRVO 这个概念以及模型的基本理念都源自赫希曼的"退出、呼吁与忠诚"理论，然而式（4-2）和式（4-3）的函数表达形式是根据环境影响评价的公众参与变量而构建的。

质量背景值，Q_0 则代表拟议决策方案所可能产生的环境影响。

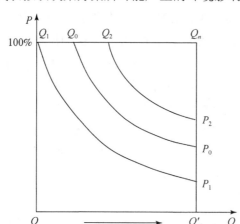

图 4-7　排除了个体差异性的公众的行为选择无差异曲线图

资料来源：赫希曼，2001

　　在矩形 $OQ_1Q_nQ_n'$ 框定着公众个体对自己参与行为效力的预期，是环境质量能够获得改善的程度与参与选择能够影响到决策的概率组合（Q_x，P_x）：假定参与选择的期望目标设定在 Q_x，那么公众建议被决策者所采纳的可能性为 P_x。

　　第一，无差异曲线 Q_0P_0。假设不参与选择也能带来一定的环境质量改善，即不参与替代方案 $EP=\Delta N$（ΔN 为一常量，$\Delta N>0$）存在的前提下，如果不考虑参与成本 VC 和不参与成本 EC，即存在无差异曲线 Q_0P_0。曲线上汇集着环境质量可能得到的改善 Q_x 与能够实现目标的概率 P_x 的乘积等同的点，即 $Q\times P=\Delta N$。在曲线上参与的效力预期等同于不参与，公众个体处于两难选择；位于曲线右上角的点表示参与选择比较有优势；曲线左下角的点则表示公众倾向于不参与选择。处于无差异曲线附近的个体即是潜在的参与公众，比较容易通过软硬环境的设计而争取为参与公众。

　　需要说明的是，无差异曲线并不总是存在的，即 $\Delta N>0$ 并不总是存在的。在很多情况下，不参与选择往往对决策质量毫无贡献甚至呈负的影响，即 $\Delta N\leq0$。因为对参与选择的影响期望总是正的，$Q\times P>0$。在这种情况下，无差异曲线并不存在，即不参与替代方案 $EP=\Delta N$（ΔN 为一常量，$\Delta N>0$）并不存在，公众个体在参与或不参与之间的选择应该是不费踌躇的。

　　第二，个体责任意识。如果公众个体的责任感得以激发，Q_0 左移，假设移至 Q_1，Q_1Q_0 这段距离意味着不参与成本增加，公众可能会被迫选择参与行为，对决策过程施加压力，环境质量因而得以改善。它的含义是：当公众个体在参与成本较高或参与效力的预期较低的情况下，仍然选择参与行为，并非因为公众个体是不理性的，相反，这表示从个体理性向集体理性的超越。

第三，信息成本。在制度供应不足或政府行为不规范的情况下，参与成本不可忽略，参与选择行为就有可能会被阻止。如果图 4-7 中 Q_0Q_2 是参与行为必需追加的信息成本的话，则原本以 Q_0 为起点的无差异曲线就会移至 Q_2，而 $Q_0P_0P_2Q_2$ 所包括的一部分原本倾向于参与选择的公众可能会转而倾向于不参与。

如果加上环境偏好 P_E 等个体差异性，则每个公众个体的无差异曲线的形状，以及彼此间的距离都将是互相不同的。

（7）模型的应用

假设公众的环境偏好趋同，且存在不参与替代方案 EP=ΔN（ΔN 为一常量，$\Delta N > 0$），根据图 4-7，要想充分激发公众参与热情，需要最大化曲线 Q_0P_0 右上角的扇形 $Q_0P_0Q_n$ 的面积，无差异曲线 Q_0P_0 应该尽量的左移，使 ΔN 值接近于零值。这说明公众越是清楚地意识到：沉默对目前的状况没有任何改善的可能，那么趋向于选择参与的公众就会越多。

以圆明园湖底防渗工程事件为例。首先，圆明园作为珍贵的历史文化遗产，在我国民众心中有着特殊的价值地位（PE 偏大，VP（或者 Q）增加）；当防渗工程没有经 EIA 审批而擅自开工的事实被媒体曝光之后，成为舆论焦点（PC 偏大，EP 降低）；网络上和其他各种媒体愤声如潮，公众的爱国热情和责任感被极大的激发（L 偏大，EC 增加）；国家环境保护总局特别为此事举行听证会，邀请普通公众参加，并大力宣传《中华人民共和国环境影响评价法》（2002）（PI 偏大，VC 降低，P 增加），主要变量的取值都在趋向于使 TPRVO>0。

然而，依据我国 EIA 过程存在的公众参与不足现状，无差异曲线位置偏右，曲线上的点 Q_x 与 P_x 的取值都相对偏高。这意味着即使是有公众个体认识到他（她）的参与行为能够明显地提高环境决策质量的情况下，他（她）也仍然在犹豫不前。根据式（4-2），我们可以把原因归为几个方面：第一，信息公开程度不够，或参与机制和信息反馈机制不完备（PI 降低），使参与成本（VC）大大提高；第二，事件敏感程度不高或参与组织程度不够，形不成一定的舆论压力（PC 取值偏小），使个体责任感的激发不足（L 降低），"搭便车"心理普遍（EC 降低，而 EP 增加）；最后，在环境资源的公共物品属性前提下，公众个体对环境问题的严重程度认识不足（PE 较小），对环境资源的价值认识不全面（Q 偏低）。这 3 方面的共同作用，使 TPRVO≤0 的情况成为普遍现象。因此，要想激发公众参与热情，解决 EIA 参与不足的现状，必须从培养公众环境意识、责任意识，完善制度供给和规范政府行为，设计并恰当利用评价情景 4 个方面入手。

总结起来，此模型的主要特点便是加入一个主体变量——公众个体的责任意识，以及一个约束变量——制度供给的完备性。

影响我国 EIA 公众参与不足的主要原因是：受公众行为选择的主观因素所制约，如环境价值认识和环境责任意识的强度等；受客观条件的制约，如制度供给缺失和政府行为不规范等；最后是公众参与组织者的技巧，如公众参与情景设计与公众舆论的利用等。这几个方面构成了 EIA 公众行为选择模型的主要变量。

由于环境资源的公共物品属性，公众在参与 EIA 的过程将产生"搭便车"的心态，同时促使理性个体不得不选择参与行为。如何利用这种潜势调动公众参与的积极性，通过对外在环境参数的改变。例如，规范政府行为，设计评价情景等，降低参与成本，提高公众对参与的效力预期，激发公众责任意识，来改变公众行为选择的内在变量赋值，使潜在的参与者 TPRVO 函数取值大于零，由潜在参与个体转向积极参与个体。

需要加以说明的是，此模型仅适用于环境价值冲突下 EIA 的公众个体行为，且环境质量的改善程度正比于个体的福利增加的情况。

4.4　本 章 小 结

随着对环境问题社会性特征的认识深化，在某种程度上，我们可以把环境问题统一于由于稀缺性环境资源在不同社会主体之间的配置而产生的环境价值冲突。

作为一项社会活动，EIA 过程存在着多元的价值主体、多元的行为主体，以及多元的主体关系。EIA 过程中特殊的主体结构为环境价值冲突现象的突显提供了前提。这种有关环境资源配置的价值冲突在 EIA 过程突显为主体之间意见和态度的分歧。

EIA 过程中，意见分歧和利益争诉是由主体的行为表达出来的，主体行为包括主体行为互动和个体行为两个层面。特殊的主体结构也为各行为主体介入 EIA 过程预设了相应的角色。主体的行为都带着深刻的角色烙印。

在利益冲突前提下，不同角色设定下的行为主体往往会通过自身行为，努力获取话语权，影响环境资源配置决策。因此，从主体行为互动来看，行为主体往往通过自身的资源禀赋，如权力、经济资本、知识等，进行利益博弈。对普通的影响受众来说，可能不具备传统的权力、知识等权威性资源，这时，如果我们把社会舆论看作一种资源形态的话，那么，显然公众意见的表达和借助媒体力量的放大会成为影响决策中环境资源配置方案的一种重要影响要素。当然，理想的 EIA 主体行为互动状态是评价主体、决策者、提议者和影响受众之间社会力量的制衡。然而，通常情况下影响受众却往往是在环境资源配置决策中缺乏的主体。即使社会舆论成为环境价值冲突中的主要现象，舆论也往往会矫枉过正，偏失方向和理性。因此，如果能够激发公众对环境权益的内在自觉，以及行为的理性化和组织化，那么公众的言论可能会起到有效的决策监督作用。

主体之间的行为互动和利益博弈过程由个体行为所组成，在环境价值冲突存在的前提下，对能够想赢得相应话语权的个体来说，采取什么行为来介入 EIA 过程是一个关键环节。尽管角色预设了主体行为模式，如评价主体的技术行为、决策者的 EIA 审批行为、公众的参与行为等，但模式化的主体仍然有不同的行为方案选择空间，如影响受众可选择 EIA 过程中的参与或不参与。对 EIA 过程中的个体来说，其行为并非是完全独立的理性行为。主体行为的主要变量，是个体主体要素和外在情景要素共同组成的。例如，在环境价值冲突前提下，公众选择参与或不参与的主要因素就包括在舆论等评价情景下激发的主体责任意识。

总之，如果设计得当，条件成熟，通过协调 EIA 主体之间的社会关系，设计影响主体行为选择和行为互动的 EIA 模式来解决环境问题，缓解社会矛盾是可能的。

第5章 基于 EIA 客体定位的环境价值冲突分析

环境问题在 EIA 过程中会突显出环境资源在不同社会主体之间配置的价值冲突特征，然而对这一特征的认识是以明确 EIA 的价值评价本质和社会活动特征为基础的。从主体方面来说，如果不明确这一点会难以把握各介入主体在彼此价值冲突、意见分歧和利益争诉过程中的复杂关系和行为规律；同样，从客体角度来说，如果不明确这一点会难以把握由环境资源配置结构的不合理性而引发的环境风险和社会矛盾，如"符合高环境保护标准却同时存在着高环境风险的项目"的困境以及邻避运动。

实践证明，EIA 对在物理层面上表现出来的环境要素的功能性损伤的环境问题是高效的。然而，在结构性环境风险趋势愈演愈烈的局势下，EIA 能否承担对环境资源配置结构的合理性衡量任务就成为必须探究的问题。

5.1 环境价值冲突的结构性

根据本书第 4 章，EIA 的客体，也就是 EIA 主体所要认识和把握的对象，并不是项目或战略行为，更不是自然环境，或者是自然环境的功能本身，而是项目或规划行为所促发的自然环境的功能、性质、状态或改变对人的欲求的满足关系。环境问题往往是指相对于主体欲求来说环境资源的稀缺，以及在环境资源稀缺性的前提下，环境资源在不同价值主体之间的分配冲突和矛盾。总的说来，环境问题即是人与自然之间的矛盾（人-地矛盾）和在人-地矛盾下引起的人与人之间的价值冲突和社会矛盾。所以，在 EIA 过程中，环境问题只有作为评价对象进入 EIA 主体的观念之中，才有可能被关注，被建构成为受到重视的环境问题。

5.1.1　环境资源配置结构

环境资源按照一定的原则在不同社会主体中分配所产生的主体之间的关系即为环境资源配置结构。环境资源配置结构包括环境资源的成本分配关系、收益分配关系、权利关系和责任关系等。环境资源配置结构可以通过生产力布局、产业结构、消费结构、人口结构、阶层结构、城乡结构等实体性社会结构形态表现出来[①]。因此，环境资源配置结构便可以借鉴社会结构参数来表达。

借鉴当代美国结构主义学者布劳（P. Blau）对社会结构的定义，社会结构就是由个人所组成的群体或阶层组成，更确切地说，是由不同群体或阶层的人们所占据的位置组成（洪大用，2001）。同时，他认为，社会结构可以由一定的参数（人的属性）加以定量描述。结构参数包括两类，第一是类别参数，它从水平方向对社会位置进行区分，如地域、性别、宗教、种族、职业等；第二是等级参数，它从垂直方向对社会位置进行区分，如收入、财富、教育、权力等。社会结构以异质性和不平等两种形式进行结构分化，异质性分化（即水平分化），是指人口在由类别参数所表示的各群体之间的分布；不平等分化（垂直分化）是指人口在由等级参数所表示的各种地位之间的分布（洪大用，2001）。

因此，环境资源配置结构作为社会结构的一种，能够借用社会结构的类别参数和等级参数，也相应地具备了异质性和不平等性两重特征。

5.1.2　结构性环境问题

5.1.2.1　环境问题的产生双变量分析

假设环境问题的产生仅与两个因素相关：环境资源稀缺性和环境资源配置结构合理程度，如图 5-1 所示，把这两个因素作为主要变量，得到以下情况。

---

① 与 4.3 节谈到的"结构化行为"不同，本章的结构主要是依据系统论，指可以通过要素的数量比例关系、时空结构关系和相互结合方式等多种形式表现出来（张景荣，1988）的实体性要素的关系。虽然都是强调系统要素之间的关系，本章的社会结构是以社会系统中的实体性要素作为联结点，但 4.3 节中的社会结构更类似于对社会行动者的一种相对稳定行为的一个抽象（赵鼎新，2006），趋向于结构主义者的看法，把结构看作隐藏在经验现象背后的不可观察的内部关系，可呈现出非实体性的结构形态。社会结构则被视作通过可观察的社会主体行为规范表象出来的更为深层的社会内在调整规律。形成与主体行为互动的外在条件，如制度、法律、道德、习俗、文化和关系网络等研究范畴。

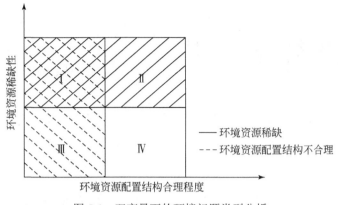

图 5-1　双变量下的环境问题类型分析

第一，图 5-1 中矩形Ⅳ是一种较理想的状态，矩形Ⅲ是社会结构不稳定，但环境资源不稀缺的情况，都超出了本书研究范围。

第二，图 5-1 中矩形Ⅱ是社会结构相对合理，而环境资源稀缺的状态。这时环境问题的表征更趋向于环境要素功能性损伤的"功能性"，技术性特征显著，社会属性不明显。

第三，图 5-1 中矩形Ⅰ是在环境资源稀缺的前提下，环境资源配置不合理形成不同程度的环境风险。这时环境问题要么突显为社会冲突事件，如厦门 PX 项目事件，要么以潜在环境风险的形式沉积下来成为一种社会不稳定因素。

图 5-1 中矩形Ⅰ和Ⅱ，即由于环境资源在社会结构上的不合理配置，以及环境要素的功能性损伤是常见的环境问题类型。根据当前的问题发展趋势来看，前者将会是越来越突出的环境问题。例如，由于生产力空间布局不合理所引起的饮用水源环境安全隐患突出。我国产能过剩行业投资规模持续过度扩张，不仅产生较大的金融风险，还进一步加剧能源资源矛盾和环境污染问题。还有，污染产业从城市向乡镇转移所引起的农村环境问题将日益严重，等等。

如图 5-2 所示，在特定时期和特定地域的社会结构下，不足量的环境资源必然引起它在不同社会主体之间配置时就成本与收益之间，或权利与责任之间所导致的利益冲突，社会系统中不同主体具备的社会地位和决策影响力是相差异的，这必然会导致环境资源在不同主体间配置的差异性。如果这种配置差异所决定的结构状态破坏了社会系统持续、和谐、稳定的能力，那么它必然将导致对环境资源的无序性和破坏性利用，加剧环境资源的稀缺程度，进入环境污染、生态破坏和资源危机等环境问题与贫困、两极分化、社会冲突等社会问题之间的恶性循环。

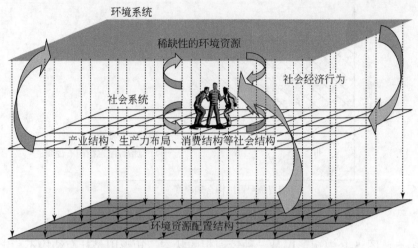

图 5-2　环境问题与社会结构的相关性图示

5.1.2.2　环境问题的结构性特征

由于环境资源配置结构的不合理性所引发的环境问题具备着能够以社会结构参数来定量或定性描述的异质性和不平等性特征，我们称其为结构性特征。例如，通过产业结构、工业布局、消费结构等，以及此类结构所覆盖的群体的生产和生活方式的差异性，环境资源呈现异质性配置，引发的多是区域性的环境风险；而通过贫富阶层，城乡结构、社会资源占有结构、权利义务配置结构等，以及此类结构所决定的群体的生产和生活方式的不同，环境资源呈现出不平等性配置，即为环境资源付出成本和所获利益分配的不平等性，和应有的权利与应该承担的责任之间的不相符性。典型的有区域间环境污染转移、"邻避设施"等。

事实上，环境资源配置结构的异质性和不平等性有着内在的一致性。社会权力、财富的阶层分配决定着社会的经济结构和产业布局，而能源结构、产业结构等的不合理性最终会以两极分化、城乡差别等社会矛盾的形式表现出来。这也就解释了厦门 PX 项目所潜在的布局性环境风险，最终导致民众的群起抗议。

5.1.3　当前中国环境问题结构性特征的例证

环境资源在不同社会群体间的配置形成的是以时空结合、数量比例、成本收益分配等关系为基础的环境资源配置结构，因此，可以认为稀缺的环境资源经过社会结构这张滤网，环境问题就演化成与社会结构相关的利益冲突和社会矛盾。

5.1.3.1 我国环境资源的稀缺性

我国环境问题的特殊背景在于：资源供给与主体需要之间的矛盾突出。

首先，我国人口众多，人均资源和环境容量占用量低。矿产资源人均占有量只有世界平均水平的 1/2，煤炭、石油和天然气的人均占有量分别仅为世界平均水平的 67%、5.4%和 7.5%[①]，我国人均耕地、淡水和森林分别仅占世界平均水平的 32%、27.4%和 12.8%[②]，河流年径流量只有世界人均的 1/4（世界排序第 88 位）。

其次，随着经济的高速发展，人们对环境资源的需求量和需求水平大大提高。

最后，环境资源利用效率不高，浪费严重，单位产出的能源资源消耗水平则明显高于世界平均水平（图 5-3，图 5-4）。

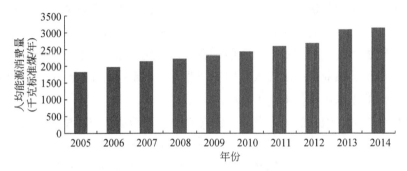

图 5-3　2005～2014 年人均能源消费量

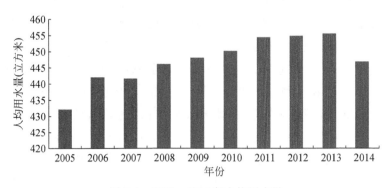

图 5-4　2005～2014 年人均用水量

资料来源：中华人民共和国国家统计局（简称国家统计局）数据中心. http://data.stats.gov.cn/easyquery.htm?cn=C01

---

① 中国的能源政策白皮书［N/OL］.2012. http://www.gov.cn/jrzg/2012-10/24/content_2250377.htm。
② 党的十七大报告解读：建设生态文明，基本形成节约能源资源和保护生态环境的产业结构、增长方式和消费模式［N/OL］. http://cpc.people.com.cn/GB/67481/94156/105719/105720/6572141.html。

5.1.3.2　中国环境问题的异质性特征例证

（1）重工业结构所导致的环境问题

我国处于工业化转型阶段，产业结构持续优化，技术密集型产业在东部发达地区比例明显增加，然而高能耗高污染工业仍在产业结构占有重要比例，产能过剩突出。造纸、酿造、建材、冶金等行业产生的环境污染和生态破坏问题依然严峻（洪大用，2013）。当前我国是全球最大的碳排放国，2008 年我国单位 GDP 污染物排放水平是发达国家的 10 倍以上（李永友和沈荣坤，2008）。

（2）不合理的农业结构和生产方式所引起的环境问题

中国需要以占世界可耕地 7%的土地，养活着占世界总人口 22%的人口，在人口压力下和工业化进程中，农业作为第一产业，成为工业的支持性产业，承担巨大的发展压力。由此，对农业生产力的强调和对农业经营方式的忽视使农业被迫走上了粗放型的发展方式，如滥垦、滥牧、滥伐、滥采、滥用水资源等，导致农业产业结构、农业生产的投入结构和经营方式严重违背生态环境的健康演化规律，为我国的生态环境伏下巨大隐患。

规模化畜禽养殖业的无序发展已经对农村环境造成严重污染。近几年来，由于畜禽养殖业从农户的分散养殖转向集约化、工厂化养殖，目前全国大中型畜禽养殖场已 4 万多家，我国每年产生的畜禽粪便约为 27 亿吨，COD（化学耗氧量）产生量 6900 多万吨，是全国工业和城市污水 COD 排放量的 4 倍多，已成为农村主要污染源（唐楠，2010）。然而我国畜禽养殖废弃物综合利用和污染防治水平还很低，一些地区养殖规模远远超过环境容量，根据杨飞等（2013）的调查，至 2009 年，中国畜禽氮的年产生量约为 1399.8 万吨。全国的平均单位耕地面积氮污染负荷已达到 138.36 千克/公顷，欧盟的农业政策规定，粪肥年施氮（N）量的限量标准为 170 千克/公顷，超过这个极限值将极易对农田和水环境造成污染（侯彦林 等，2009）。中国的四川、北京、贵州、广西、云南、广东 6 省（自治区、直辖市）的畜禽养殖的氮产生量都已达到 202.98 千克/公顷以上，远远超过这一警戒线。而且我国养殖业种养分离现象严重，大量畜禽粪便无法就近还田，而是直接排到土壤、河道中（唐楠，2010），导致大量氮、磷流失，造成成片水体污染。

农业产量的不断增加是与其不合理的投入结构（农药、化肥和农用地膜在农业投入中的比例不合理的增加）直接相关的。我国化肥、农药的生产量和使用量高居世界之首，但化肥利用率仅为 35.2%，农药利用率为 36.6%，比发达国家低15%~20%（孔明，2015）。

化肥的过量施用，成为造成面源污染的主要原因之一。化肥施用过程中，氮流失会导致地表水富营养化、地下水硝酸盐富集及温室气体含量增加，如太湖非点源污染一半以上的氮磷来自化肥使用（陆新元等，2006）。长期、大量和不合理使用农药导致土壤、地表水、地下水和农产品污染（表5-1）。环保部和国土资源部2014年公布《全国土壤污染状况调查公报》（环保部和国土资源部，2014），全国土壤总的点位超标率为16.1%，耕地土壤点位超标率为19.4%。其中六六六、滴滴涕、多环芳烃3类有机污染物点位超标率分别为0.5%、1.9%、1.4%。

表 5-1　农用化肥、薄膜和农药施用情况

年份	农业化肥施用折纯量（万吨）	农业塑料薄膜使用量（吨）	农药使用量（万吨）
1980	1269.4		
1985	1775.8		
1990	2590.3	48.2	73.3
1995	3593.7	91.5	108.7
2000	4146.4	133.5	128
2001	4253.8	144.9	127.5
2002	4339.4	153.1	131.2
2003	4411.6	159.2	132.5
2004	4636.6	168.0	138.6
2005	4766.2	176.2	146
2006	4927.7		
2007	5107.8		
2008	5239.0		
2009	5404.4		
2010	5561.7		
2011	5704.2	229.5	178.7
2012	5838.8	238.3	180.6
2013	5911.9	249.3	180.2
2014	5995.9	258.0	180.7

资料来源：《中国农村统计年鉴》（1993～2006年，2015年）；《中国农业统计资料汇编》（1949～2004年）

还有，乡镇企业的长足发展与污染问题并重。首先，乡镇工业园的入园企业把关不严及企业的粗放管理造成严重污染。乡镇工业规模小，布局分散，资金和技术力量薄弱，普遍存在着工艺旧、设备差、能耗高等弊端，而且在防治污染设施方面比较欠缺（陈柳钦和卢卉，2005），造成严重环境污染；其次，产业结构呈现出低级化和单一性特征，主要从事的是造纸、电镀、印染、制革、制砖、农药化工、水泥、有色金属、石灰石采矿业等重污染行业，污水、废气的排放严重超标。低级产业重复建设严重，相似产业度竞争，造成严重的资源浪费，并加剧环境污染。

据 1997 年公布的《全国乡镇企业工业污染调查公报》显示，1995 年，全国乡镇企业"三废"排放量已达到工业企业"三废"排放量的 1/5～1/3，乡镇企业占整个工业污染的比例已经由 20 世纪 80 年代的 11%增加到 45%，一些主要污染物排放量已经接近或超过工业企业的一半以上。

根据黄季焜和刘莹（2010）对农村百村的调查成果，2008 年我国工业污染源对农村大气污染贡献率为 66.7%，对饮用水污染贡献率为 41.2%，对地表水污染贡献率 45.5%，对土壤的污染贡献率 15.0%。唐楠（2010）认为，2010 年我国乡镇企业废水 COD 和固体废物等主要污染物排放量已占工业污染物排放总量的 50%以上（表 5-2）。乡镇企业所排放的废水、废气和废渣占全国"三废"排放总量的比例分别为 21%、67%和 89%。农村工业污染已使全国 16.7 万平方千米的耕地遭到严重破坏，占全国耕地总量的 17.5%。

表 5-2 乡镇企业的污染状况

年份	废水排放		COD 排放		SO$_2$ 排放		烟尘排放		固体废弃物排放	
	量（亿吨）	占全国比例（%）	量（万吨）	占全国比例（%）	量（万吨）	占全国比例（%）	量（万吨）	占全国比例（%）	量（亿吨）	占全国比例（%）
1989	25.7		156.7	18.3	220.6	11.9	303.4	17.3	0.16	17.8
1995	59.1	21.0	611.3	44.3	441.1	23.9	849.5	50.3	1.80	88.7
1998	29.2	14.6	296.0	36.7	383.0	24.0	495.0	42.1	0.52	74.2
2000	41.1	21.2	254.3	36.1	463.3	28.7	436.2	45.8	2.14	67.3
2010		21.0		>50.0						89.0

资料来源：《全国乡镇工业污染源调查公报》（1997 年）；《中国环境状况公报》（2000 年）；唐楠，2010

（3）城市化进程引发的环境问题

城市化是指人口向城市社区集中的过程，它通过原有城市的扩大、非城市社区向城市社区的转化以及新建城市 3 种途径来实现。这一过程的结果是城市数目增加,城市人口和用地规模扩大(陆学艺,1996)。据国家统计局统计资料:截至 2013 年,我国的城镇化率已由 1978 年的 17.9%提升至 53.7%,年均提高 1.02%。我国的城市化呈加速度发展的趋势,在城乡人口比例、城区面积和城镇数目急剧增加的同时,相伴而生的是新增城镇居住环境的恶化和环境资源的不合理利用。

例如,我国城市化基本上走的是"外延式扩张的道路"(洪大用,2001),"摊大饼"的现象普遍,侵占了大量耕地,土地利用率却很低,造成土地资源的大量浪费。还有,小城镇的发展所占城市化比例很大。而小城镇无序发展(如分散格局,建设的重复发生和基础设施不完备等)所造成的环境问题加重了当前的环境污染和生态破坏局势(王军等,2015)。

(4)生活方式转变引起的环境问题

随着人们生活水平的大幅度提高、生活方式的迅速现代化、生活内容的多样化和消费周期的短期化,人们生活性污染对环境问题的加剧起着越来越重要的作用(洪大用,2001)。根据《全国环境统计公报》历年来对废水排放的数据统计,我国生活污水所占总的废水排放比例高速增长,到 1998 年左右就达到 50%,2014 年已经达到 70%以上(表 5-3)。

表 5-3 历年来废水排放中工业废水与生活污水的比例

指标	1980 年	1985 年	1990 年	1995 年	2000 年	2005 年	2010 年	2012 年	2014 年
废水排放总量(亿吨)	315	342	354	373	415	524	617	685	716
工业废水所占比例(%)	74	75	70	60	47	46	38	32	29
生活污水所占比例(%)	26	25	30	40	53	54	62	68	71

资料来源:《中国环境年鉴》(1990~1995 年);《全国环境统计公报》(1995~2014 年)

(5)消费结构转变所引起的环境问题

随着经济快速发展,我国城乡居民的消费水平显著提高,消费结构也有较大的改变。衣、食和家用设备与服务等基本生活用品在总的消费结构中所占比例在逐年下降,而交通和通讯、居住、文娱、医疗保健支出占总生活消费支出比例呈上升趋势。随着消费水平的提高和消费结构的重大变化,相应引起的环境问题的结构性特征包括:

1)对奢侈品的追求和过度消费成为消费时尚。消费需求的提高必然刺激进一步的生产,由此造成了生产过程对自然资源的盲目开发和浪费,以及各种废弃物的超标排放；与此同时，消费过程必然伴随着废弃物的排放，因此而产生大量的生活环境污染。

2）在社会消费转型当中，新的消费结构引发了新的环境问题，电子废弃物、机动车尾气、有害建筑材料和室内装饰不当等各类新的污染呈迅速上升的趋势。

（6）人口结构加重环境问题的严重性

巨大的人口数量及其过快的增长速度，引发了一系列经济和社会问题，对环境产生了巨大的冲击和沉重的压力（曲格平和毕斯瓦斯，1992）。环境问题与人口问题交织在一起是一个重要特征，主要表现为：一方面，我国的农村人口占据总人口的45%（见2015年《中国统计年鉴》），为了提高收入，对资源需求的大幅增长，人们不断提高资源利用强度、扩大资源利用范围，从而导致滥垦、滥伐、过牧等现象，使环境因不断超载而遭到破坏，出现水土流失和土地沙化。另一方面，大量的农村人口涌向城市或乡镇企业，大量的流动人口通常对所在城市或乡镇的基础设施和环境管理增加压力。

5.1.3.3　中国环境问题的不平等性特征例证

（1）环境差理论借鉴和概念界定

环境资源分配结构在水平方向上的分化会引起在垂直方向的分配差异性，比较典型的例证便是产业结构的区域分化所导致的夕阳产业从发达地区向落后地区的梯度转移，以及经济水平的区域差异所导致的环境标准制定的区域差异。

一方面，根据产业生命周期规律和区域经济发展梯度理论，每个国家或地区都处在一定的经济发展梯度上，每出现一种新行业、新产品、新技术，都会随时间推移由发达地区向欠发达地区传递（郝寿义和安虎森，1999；戴伯勋和沈宏达，2001）。

另一方面，产业结构优化程度与经济发展水平的区域差异在很大程度上决定着环境保护综合能力的相对差异（中国科学院国情分析研究小组，1996），表现为环境管理的标准设定不同，为降低环境破坏所必须支付的成本不同，一般情况下发达地区的环境标准要严格于落后地区。

环境资源配置的结构性差异，意味着环境破坏者把环境成本转嫁给社会，以较小的代价获得高额赢利；公众环境权益被侵害，所付环境成本高于其所得的利益。乐小芳和栾胜基（2003）根据我国城乡二元结构分化所产生的环境资源利益分配城乡差别而提出城乡环境差的概念，即将农村的环境支出大于其所得到的环境收益，而城市的环境支出远小于其得到的环境收益的这种社会现象，称为城乡环境差。城乡环境差源自于城乡在经济结构、生活水平、消费结构、人口结构和环境问题的控制体系等各方面的二元化，表现为城市向农村的污染产业转移、污染物转移和由农村向城市的自然资源转移。

本书借鉴城乡环境差的定义，把大多因环境资源分配结构垂直分化而导致的环境支出与收益的结构性不平衡现象称为环境差。在社会结构分化形成的过程中，新的环境资源分配格局使同一个体或群体在环境支出与环境收益上的不平衡性，这种不平衡性与其他结构参量，如收入、受教育程度、可获得的社会医疗保障等的垂直结构分化相辅相成，从而形成了社会利益分配不平等性的社会问题。环境资源配置呈不平等性（垂直）结构分化主要表现为：区域之间（国际之间、城乡之间、东西部之间、流域的上下游之间等）、代与代之间、贫富阶层之间等。由于环境资源配置的结构分化而表现出梯度性差异的现象主要有：国际环境差、城乡环境差、东西部环境差和流域环境差，以及代际环境差等。

1）国际环境差。国际环境差主要是指我国与发达国家之间的环境资源收支不平衡，主要表现为发达国家利用自身的资金和技术优势，两国环境标准、环境意识的差异，利用我国廉价环境成本，从我国开发自然资源以及向我国转移污染的现象。

经济全球化和国际贸易为国际污染转移提供了有利的外在环境。另外，对发达国家来说，公民环境意识很强，环境标准越来越严格，无论是自然资源开发还是污染物的处理，其环境成本都很高，而发展中国家相对较低的环境标准，廉价的自然资源和环境容量无疑对他们具备很大的诱惑力。对我国来说，中国是一个相对贫穷落后的发展中国家，工业化程度较低，急需引进国家资金和技术来帮助经济发展，往往对外资有过度优惠的引资政策。因此，在一个开放的国际环境中，中国很容易成为发达国家转移污染等环境问题的重要场所。

发达国家转移污染通常采取以下几种形式：①污染产业转移；②将发达国家禁止销售和使用的产品出口；③废弃物放置或扔在发展中国家，即洋垃圾出口；④大量进口别国的资源；⑤以提供援助为名，行污染转移之实。在我国，发达国家廉价利用我国环境成本、社会成本为自己谋取高昂利润，形成国际环境差现象主要表现为3个方面：①外商把污染密集型和劳动密集型产业向我国转移；②低技术附加值的淘汰产品与设备向我国转移；③向我国大量出口和倾倒洋垃圾。

例如，张燕文（2006）从外商投资结构分析发现，我国自20世纪80年代初至今，外商直接投资中一直侧重于生产型投资，主要集中在第二产业，在制造业中也是投向技术含量不高的劳动密集型行业，而高科技行业吸纳的外资偏少。外商投资的重点产业主要有化工中间体产业和精细化工产业、印染和电镀业、废物回收利用业，如拆船和电子废弃物回用等对能源、原材料的消耗大，对环境的破坏严重的产业。

2）城乡环境差。由于经济技术水平和环境标准的严格程度，以及环境管理水平的差异而引起的环境成本转嫁和环境收支不平衡现象同样发生在地区之间。

在城乡二元结构下，随着以"剪刀差"和"存贷差"形式存在的农村向城市的显性资本要素（指直接以货币形式表现的要素）转移的过程，农村还存在一种非常重要的隐性资本要素（指不能直接以货币形式计量的一类要素）向城市转移的现象，即城乡环境差。乐小芳和栾胜基（2003）认为，城乡环境差有两种作用形式，其一就是城市向农村的污染转移：城市生活垃圾和生产垃圾向农村的人为转移和通过自然环境向农村的迁移；重污染企业迁往郊区；通过联营、委托加工、技术转让等方式将污染转嫁给农村。其二就是农村向城市提供的环境服务。例如，通过开发等活动，矿产资源及自然资源从农村向城市的转移；农民对自己享有的环境资源和环境容量部分的使用权的让渡；等等。

在这两种方式的资本转移过程中，农村并没有因为提供了环境服务而得到收益和补偿，而城市也没有因为其污染转移行为付出相应代价或受到管制惩罚。两种主要的资源分配方式——市场和政府管制，在这个过程中都没有起到有效的作用，内化环境资源的外部性。公平性问题就浮现出来：农村提供了资源和环境服务，却必须自行消化由此而产生的环境污染和生态破坏，其付出远大于资源分配过程中的收益；而城市廉价获取了资源和环境服务，却不用面对所产生的环境问题，其支出远小于所获得的收益。

城乡环境差所引发的后果是直接加重了现有农村环境恶化局势，使城乡环境问题也显示出显著的区域分化，表现为以下几方面。

第一，城市环境问题逐步有所改善。20 世纪 80 年代以来，我国政府针对城市环境问题，制定和实施了一系列相关政策和措施，包括制定环境规划，开展了环境综合整治工作，开展资源、能源的综合利用，优化产业结构，对重污染企业实行关、停、并、转、迁等；同时，大力加强城市基础设施建设，实行集中处理，控制污染排放，并不断完善城市环境管理法规（洪大用，2001），等等。在相关措施得以实施和加强的过程中，城市环境污染排放问题日益得到控制，见表 5-4 和表 5-5。

进入 21 世纪以来，局部城市环境质量问题进一步得到改善。以城市的空气质量为例，从国家环境保护总局监测的全国城市空气总体质量达标数据来看，无论是从城市达标个数还是所占所监测城市数目的相对比例上看，城市空气质量都获得很大水平的提高，见表 5-6。

表 5-4　1990～2000 年县以上工业企业"三废"处理情况　（单位：%）

指标	1990 年	1991 年	1993 年	1995 年	1996 年	1997 年	1998 年	1999 年	2000 年
废水处理率	32.2	63.5	72	76.8	81.6	84.7	88.2	91.1	95.0
废水排放达标率	50.1	50.2	54.9	55.5	59.1	61.8	67.0	72.1	82.1
废气消烟除尘率	73.8	85.3	86.2	88.2	90.0	90.4	91.5	90.4	92.9
固体废物综合利用率	29.3	36.6	38.7	43.0	43.0	45.2	48.3	51.7	51.8

资料来源：（洪大用，2001）转引自《中国环境年鉴》（1991～1998 年）；《中国环境状况公报》（1997～2000 年）、《全国环境统计公报》（1999～2000 年）

表 5-5　2001～2010 年工业企业"三废"处理情况　（单位：%）

指标	2001 年	2002 年	2003 年	2004 年	2005 年	2006 年	2007 年	2008 年	2009 年	2010 年
工业废水排放达标率	85.6	88.3	89.2	90.7	91.2	92.1	91.7	92.4	94.2	95.3
工业燃料燃烧 SO_2 排放达标率	62.8	72.9	75.4	78.6	80.9	82.3	87.4	89.3	91.2	93.1
工业燃料燃烧 SO_2 排放达标率	51.0	55.1	59.3	59.4	71.0	81.0	81.8	86.5	89	89.9
工业固体废物综合利用率	52.1	52.0	54.8	55.7	56.1	59.6	62.1	64.3	67	66.7
城市生活污水处理率	18.5	22.3	25.8	32.3	37.4	43.8	49.1	57.4	63.3	72.9

资料来源：《全国环境统计公报》（2001～2010 年）

表 5-6　2000～2012 年我国城市空气总体质量达标情况

年份	监测的城市总个数（个）	一级		二级		三级		劣三级	
		城市个数（个）	所占比例（%）	城市个数（个）	所占比例（%）	城市个数（个）	所占比例（%）	城市个数（个）	所占比例（%）
2000	338			123	36.5	103	30.4	112	33.1
2001	341			114	33.4	114	33.4	113	33.2
2002	343			117	34.1	119	34.7	107	31.2
2003	340			142	41.7	107	31.5	91	26.8
2004	342			132	38.6	141	41.2	69	20.2
2005	522	22	4.2	293	51.9	152	37.5	55	10.6

年份	监测的城市总个数(个)	一级		二级		三级		劣三级	
		城市个数(个)	所占比例(%)	城市个数(个)	所占比例(%)	城市个数(个)	所占比例(%)	城市个数(个)	所占比例(%)
2006	559	24	4.3	325	58.1	159	28.5	51	9.1
2007			2.4		58.1		36.1		3.4
2008			2.2		69.4		26.9		1.5
2009			3.7		75.9		18.8		1.6
2010			3.3		78.4		16.5		1.8
2011	325		3.1		85.9		9.8		1.2
2012	325		3.4		88.0		7.1		1.5

资料来源：《中国环境状况公报》（2000～2012 年）

注：2007 年及以后，采用地级及以上城市（含部分地、州、盟所在地和省辖市）数据；2007 年以前，采用地级以上城市和县级城市的数据

第二，农村环境问题加速恶化。农村的环境污染和生态破坏日趋严重，极大地冲击了作为弱势产业的农业和弱势群体的农民。其中，由于城市环境污染转移而造成的环境恶化主要包括以下两个方面：

一方面，随着城市产业结构的调整，污染控制力度加大，一些耗能高、污染重，难以治理的企业，在城镇中已经或即将被强行淘汰，便打着加快农村城镇化进程的旗号将污染向农村转移，一些未经严格审批的落后工艺项目落户农村，导致污染行业的工艺和产品从城市转移到农村（王军等，2015）。

这类企业多为电镀、印染、造纸、化工、炼焦、炼磺和制苯等重污染行业，往往技术落后、设备陈旧，并没有将污染治理技术设备同时转移，且没有形成规模经济无力承担污染治理费用。城市的落后工艺及设备转战农村带来"污染转移"。

另一方面，城市工业的"三废"和市民生活产生的废物直接转移到农村，造成污染。城市污水直接排入水体，造成河段受到污染进而引起农灌水水质恶化。

我国的污灌面积持续增加。1963 年为 4.2 万公顷，1976 年为 18 万公顷，1980年为 133.3 万公顷，1991 年为 306.7 万公顷，1998 年达到了 361.8 万公顷，占全国灌溉总面积的 7.3%，其中大部分是将没有得到处理的污水直接灌溉于农田（王浩等，2007）。调查表明常年不合理的污灌引起严重的土壤有机污染、酸碱盐污染和

重金属污染，2006 年因污灌污染耕地达 216.7 万公顷，约占污灌总面积的 54.94%[①]。

我国城市垃圾 90% 以上是在郊外填埋或堆放，这些城市垃圾不仅占用了宝贵的土地资源，又污染了周围的水质和大气。21 世纪初的调查显示，我国因固体废物堆存而被占用和毁损的农田面积已达 13.3 万公顷以上（张雪绸，2004）。

总之，中国的环境治理呈现出比较明显的重城市、轻农村倾向，城市污染向农村转移有加速趋势。换言之，虽然整体上的环境压力数据可能确实下降，但是环境压力的地区分布和影响人群却更加广泛，越来越多的地区遭受环境破坏，越来越多的居民直接感知到环境质量下降（洪大用，2013）。

3）东西部环境差。按照我国国土区域范围，大致以东经 110° 为界，并考虑到我国目前的行政区划，西部地区包括陕西、甘肃、宁夏、青海、新疆、内蒙古、重庆、四川、云南、贵州、西藏、广西 12 个省（自治区、直辖市）。西部区域面积占全国国土面积的 56.25%，人口占全国人口的 23%。我国中西部地区无论是自然生态条件、社会经济发展水平、可持续发展的能力和潜力等各方面都处在全国平均水平之下，是落后的欠发达地区，与东部地区相比有着显著的差距。落后的中西部地区作为东部地区的原材料和能源基地，尽管有所发展，也是依附型的，其自身获利甚微。因而在造成环境污染和生态破坏的同时，却无力投入必要的资金进行环境保护。如果走自主发展之路，势必又会造成不合理的社会分工和产业结构的低水平重复，同样会造成环境污染与生态破坏。也就是说，在不合理的环境资源分配格局之下，环境问题以及与此相伴的社会问题是必然的结果。

第一，资源工业西迁。我国西部地区矿产资源蕴藏量极其丰富，受资源禀赋条件的影响，我国与矿产资源相关的高耗能重工业，如煤炭、石油、化工及电力等重工业，大都布局于广大西部地区，而且仍有向西部转移的趋势。

第二，低级产业的西移。目前，我国沿海发达地区已进入工业化后期，而中西部地区仍处在工业化初期或中期。沿海城市迫于土地、劳动力等要素成本上升和严格的环境管理压力，纷纷把工业尤其是工业的加工环节向内地扩散；中西部地区迫于经济发展的压力，急需承接东部转移的低级产业。于是，一条高污染、高能耗、高物耗的传统行业由东向西的转移梯度形成，形成了"工业产值东迁，污染西移"的局面。

按照《中国统计年鉴》（2004～2014 年）发布的数据，2004～2014 年，全国二氧化硫排放量先增后降，在 2006 年达到 2588.8 万吨后呈稳定下降趋势。但从

---

① 我国土壤污染形势相当严峻[EB/OL]. http://news.sina.com.cn/c/2006-07-18/16289494632s.shtml。

各地区看，北京 2004 年二氧化硫排放量为 19.2 万吨，2014 年降到 7.9 万吨；而同期内蒙古则从 73.1 万吨增加到 2014 年 131.2 万吨（图 5-5）。

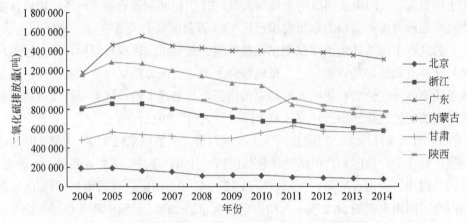

图 5-5　2004～2014 年 6 个省（自治区、直辖市）二氧化硫排放量趋势对比图

资料来源：国家统计局数据中心省市年度数据 http://data.stats.gov.cn/easyquery.htm?cn=E0103

　　其他指标，如工业废水排放达标率、工业烟尘排放达标率、工业氮氧化物排放达标率、工业固体废物综合利用率等，位居前列的也主要是东部发达省（自治区、直辖市）。

　　第三，资源东送。在计划经济体制下，国家把东部列为工业品生产和加工区，而把西部列为原料供应区。当前，西部地区仍然是承受着作为资源供应地的劣势地位。首先，自然资源本身的价值要高于资源的价格本身，在这个差额中，环境资源的外部性成本是由贫困的西部地区来支付的。即使今天国家向西部地区支付的生态建设费用也只是对过去无偿或今天低价获取的部分返还。其次，天然气和煤炭资源开发对西部地区脆弱的生态环境造成很大破坏。最后，在资源的运输过程，在早期需要修筑公路和铁路，在如今的"西电东送""西气东送"工程中仍需要铺设管道，而铁路的修筑和管道的铺设，同样会对生态环境造成破坏，而这些破坏花费的环境成本也都是由西部地区来承担的。

　　第四，西部地区生物多样性保护和生态保护工程的承担。西部地区丰富和独特的生物多样性地位举足轻重，另外，我国几条主要的河流，如长江、黄河等都发源于西部地区。为了保护生物多样性和几条河流，国家制定了上游地区退耕还林的生态保护政策。然而，目前上下游生态补偿机制与市场经济相适应的生态环境保护资金投入机制并不健全，西部地区不得不为退耕还林、退耕还草等生态工程而牺牲自身的经济利益。还有其他，如重要水源涵养区、水土保持的重点预防保护区及重点监督区、江河洪水调蓄区、防风固沙区和重要渔业水域等生态工程也是如此。

5.2 当前 EIA 针对环境问题的客体定位缺失

针对 5.1 节论述的结构性环境问题，能否反映在 EIA 的框架内并得到解决或规避呢？这并不是一个能够简单回答的问题。

《规划环境影响评价条例》于 2009 年颁布实施，项目 EIA 升级到规划 EIA 后，一些行业性、布局性风险（异质性环境问题）能够通过对产业结构、生产力布局、能源结构、承载力阈值控制、环境容量的配置等宏观结构性的把控来预防。例如，产能过剩在区域层面的避免，环境容量在工业园区合理配置，产业布局对环境承载力的压力，流域/区域内资源分配的合理性的保证等，通过对结构性环境风险的消减和规避，从而减少群体性的社会冲突和矛盾的发生。但是并不是所有结构性环境风险（尤其是不平等性环境风险）都能够通过规划 EIA 来规避，至少有一个例外就是当前此起彼伏的邻避运动。

案例五：厦门 PX 项目事件

厦门 PX 项目是由化工行业 EIA 的权威单位组织编制环评影响报告书，经过化工权威专家历时多年反复论证认可，国家有关部门依法严格审批，手续合法、严谨、符合先进环境保护标准的在建项目，但却与同时在规划建设以居住为主要功能的海沧新城存在明显的布局冲突。由此，在厦门民众眼中成为高风险的项目，并由此引起强烈的反对呼声，成为"单个看符合先进环境保护标准却存在高风险的项目"困境的典型案例（表 5-7）。

表 5-7 厦门 PX 项目事件大事记

时间	事件
1989 年	国务院批准在厦门海沧设立国家级经济技术开发区——台商投资区
20 世纪 90 年代	有一个大型石化基地拟在海沧建设，后因种种原因搁置。但经过多年发展，其中规划的石化产业渐成规模，目前海沧已形成化工石化工业项目集中的工业区
2004 年 2 月	厦门 PX 项目经国家发改委批准立项
2004 年 7 月	国务院出台关于投资体制改革的决定。根据这一规定，对于企业不使用政府投资建设的项目，一律不再实行审批制，区别不同情况实行核准制和备案制
2005 年 7 月	国家环境保护总局批复了厦门 PX 项目的环境影响报告书，原则同意该项目建设

时间	事件
2006 年上半年	2005 年 11 月松花江水污染事件发生后，国家环境保护总局开展了包括厦门 PX 项目在内的化工石化项目风险排查。之后，针对厦门海沧区工业发展与海沧新城建设之间存在的问题，国家环境保护总局要求地方政府对海沧新市区规划与南部工业区的功能协调性开展规划 EIA，对规划做出必要的调整，以利于区域经济、社会、环境的协调发展。这一要求并未得到当地政府的及时响应，国家环境保护总局因此暂缓审批该区域内所有化工石化建设项目
2006 年 11 月	项目正式开工，原计划于 2008 年投入生产，从而支持厦门翔鹭石化股份有限公司年产量为 270 万吨的 PTA（精对苯二甲酸），以及厦门翔鹭化纤股份有限公司年产 80 万吨的聚酯化纤，每年工业产值可望达到 800 亿元，占厦门去年本地生产总值近 7 成
2007 年 3 月	在两会期间，中科院赵玉芬院士等 105 名全国政协委员联名签署了"关于厦门海沧 PX 项目迁址建议的提案"，迅即成为两会热点，而且引发媒体和民众的强烈关注
2007 年 3～5 月	厦门 PX 项目引发了媒体和网络的热烈讨论，并于 5 月下旬公众舆论达到高潮。厦门市民互相转发一条题为"反污染"的短信，转发据说累积百万
2007 年 5 月 30 日	厦门市人民政府召开新闻发布会，决定缓建 PX 项目，并表示要在原有 PX 单个项目 EIA 的基础上扩大 EIA 范围，并于 3 月厦门海沧投资区管委会委托中国寰球工程公司编制《海沧南部石化区总体规划（含产业规划）》及《海沧南部石化区规划环境影响评价》，但并没有得到实质性进展
2007 年 6 月 1～2 日	超过 5000 名厦门市民以"散步"的形式，集体在厦门市人民政府门前表达反对诉求，抗议海沧 PX 化工项目建设可能带给厦门的高环境风险，被称为"黄丝带"事件
2007 年 6 月 7 日	国家环境保护总局宣布，要求厦门进行全区域规划 EIA，包括 PX 项目在内的重化工项目都将根据规划 EIA 的结果予以重新考量
2007 年 7 月	中国环境科学研究院受厦门市人民政府委托，承担"厦门市城市总体规划环境影响评价"
2007 年 12 月 5 日	厦门市人民政府举行新闻发布会，宣布已经完成对海沧南部地区功能定位与空间布局的 EIA。环境影响报告书结论为海沧南部空间狭小，区域空间布局存在冲突，厦门在海沧南部的规划应该在"石化工业区"和"城市次中心"之间确定一个首要的发展方向
2007 年 12 月 13 日	厦门市人民政府召开了有 99 名市民代表参加的座谈会，结果只有 6 人支持 PX 项目继续兴建，85%以上的代表均表示反对
2007 年 12 月 16 日	福建省人民政府和厦门市人民政府决定顺从民意，停止在厦门海沧区兴建台资翔鹭腾龙集团 PX 工厂，将该项目迁往漳州古雷半岛兴建。厦门将赔偿翔鹭腾龙集团，并在国家发改委批准后进行
2008 年 5 月	漳州市与翔鹭腾龙集团旗下的腾龙芳烃（厦门）有限公司正式签订投资协议书，总投资 137.8 亿元、年产 80 万吨
2013 年 7 月	古雷 PX 项目已完成投资 133 亿元，项目施工进度达 78%，已于 6 月试投产
2013 年 7 月 30 日	凌晨 4 时 35 分，福建漳州古雷港经济开发区的古雷石化（PX 项目）厂区发生爆炸
2015 年 4 月 6 日	18 时 56 分许，漳州古雷的 PX 石化项目工厂腾龙芳烃二甲苯装置发生漏油起火事故，目前有 19 人受伤就医

资料来源：桓二心，2005；毕诗成，2007；李丽，2007；宗建树，2007

案例六：广州番禺垃圾焚烧项目事件[①]

番禺区位于广州的东南部，随着广州南拓战略的实施，番禺区城市规划不断扩大，生活垃圾的处置已经成为主要的环境问题之一。番禺区现有的生活垃圾都是采用填埋方式处理，最大的填埋场火烧岗承担着全区三分之二的垃圾量。在城市土地越来越稀缺的情况下，垃圾焚烧就成为替代传统填埋方式的首选。按照规划，番禺区将投资兴建一座日处理 2000 吨生活垃圾的焚烧厂。2006 年 8 月 25 日，广州市规划局下发了番禺区生活垃圾综合处理厂的选址意见书，按照规定，建设单位必须在一年有效期内领取建设项目用地预审报告。而番禺区市政园林管理局直到两年半后也就是 2009 年 4 月 1 日才获得国土部门批准的土地预审报告。

2009 年 2 月 4 日，广州市人民政府在 2009 年第 9 号通告中宣布，番禺区生活垃圾焚烧发电厂是广州重点建设项目。10 月，广州媒体开始对垃圾发电厂连篇累牍地报道。10 月 30 日，番禺区市政园林管理局召开了媒体通报会，表示如果 EIA 通不过，绝不开工。但是，番禺区市政园林管理局的表态并没有让居民安心，他们还是向多个部门递交了反对意见书。11 月 5 日，广州的许多报纸刊登了广东省省情调查研究中心关于垃圾焚烧厂规划地周边居民有 97.1%人反对建设垃圾焚烧厂的调查报告，而反对的主要原因就是担心焚烧垃圾过程中会产生有毒物质二噁英，对垃圾焚烧过程不能实现有效监督和检测。

广州番禺华南板块是伴随广州城市南扩而发展起来的新兴板块一，被称为广州人的后花园。尤其是广州华南快速干线的开通，使番禺区与广州市区相连，吸引了一大批广州人到此置业，成就了锦绣香江、祁福新村、星河湾、丽江花园、碧桂园等一大批新老楼盘。为数众多的媒体从业者都居住于此，其中不乏媒体的高层管理者。

2002 年广州市人民政府和番禺区人民政府制定了《城市生活垃圾处理系统规划》，将投资兴建一座日处理 2000 吨生活垃圾的焚烧厂。初定会江村、西坑等 11 个地点，作为番禺区未来生活垃圾处理设施可能的选址地点。

2004 年 8 月，番禺区沙湾河道以北的垃圾焚烧项目获广州市发展和改革委员会批准立项。

《南方日报》在 2006 年 3 月披露番禺区将规划建设一个垃圾焚烧发电厂，已经立项等待审批。

---

① 喻湘存和熊曙初，2006；李立志和赖伟行，2009；李立志，2009；杜悦英，2009；中央电视台新闻调查栏目，2009；杜悦英，2009；新闻 1+1，2009；广州市城市管理委员会，2009；网易房产，2009.

2006 年 8 月，广州市规划局将番禺区园林管理局申报的垃圾焚烧项目的正式规划工作列入议事日程；之后下发了番禺区生活垃圾综合处理厂的选址意见书，批准了番禺区生活垃圾综合处理厂选址为番禺大石会江村与钟村镇谢村。

2009 年 1 月 1 日，"江外江论坛"上有业主发帖转发了 2008 年 10 月 24 日《南方都市报》对番禺区垃圾焚烧电厂的一则报道，报道表示电厂已经确定选址大石镇会江村，刚进入征地阶段的新闻，对垃圾焚烧电厂表示了担忧。但帖子当天并未引起业主关注。直到 2009 年 9 月 24 日新快报道对事件报道被业主纷纷转载在各小区业主论坛上，事件才引起业主的热烈讨论。

2009 年 2 月 4 日，广州市人民政府发布《关于番禺区生活垃圾焚烧发电厂项目工程建设的通告》(第 9 号通告)，宣布番禺区生活垃圾焚烧发电厂是广州重点建设项目，建设开始动工，计划于 2010 年建成并投入使用。要求工程建设范围内的单位和个人，不得阻挠建设工程的测量、钻探、施工以及征地拆迁工作，否则将受到相应法律法规的处罚。

2009 年 4 月 1 日获得广东省国土资源厅批复的用地预审意见，项目的土地审批预审报告通过。9 月，该项目的工程监理招标公告发布。

2009 年 9 月 24 日新快报用整版篇幅报道了番禺区垃圾焚烧厂项目即将开工的消息，报道中称项目目前尚未通过 EIA，但相关官员却表示希望征地工作一完成，国庆节一过就动工。

2009 年 10 月 27 日新快报报道了番禺区市政园林管理局将于周五月日对垃圾焚烧厂进行 EIA 公示的消息。

2009 年 10 月 30 日，番禺区市政园林管理局召开了媒体通报会，表示正在委托环保部华南环境科学研究所进行 EIA，并且承诺：如果 EIA 通不过，绝不开工；同时保证做到公正、科学、严谨和全面地对本项目进行 EIA。

2009 年 11 月 3 日，新快报以《万人签名反对建垃圾焚烧厂》为题对活动进行了报道。

2009 年 11 月 5 日，广东省省情调查研究中心对规划地周边居民开展的快速抽样问卷调查显示，97.1%的受访居民不赞成大石垃圾焚烧厂项目。同日的《番禺日报》却在头版头条发表文章称"番禺垃圾焚烧厂是民心工程"。

2009 年 11 月 7 日，广州市城市管理委员会下达了通稿，通稿从广州市垃圾处理的现实困境、垃圾焚烧技术的安全性以及国家相关政策方面对番禺区垃圾焚烧厂项目进行了解释，并对已有的李坑垃圾焚烧厂的运转情况作了说明，称该厂各项运行指标符合规范要求，二噁英等主要污染物指标达到欧盟相关标准，且先后被评为国家重点环境保护使用技术示范工程和广东省市政优良样板工程。

2009 年 11 月 23 日番禺区居民到广州市城市管理委员会上访，随后又"散步"至广州市人民政府门前，高喊"尊重宪法""要求对话"等口号。事件现场通过 Twitter 及时传播到了网上，广州电视台、路透社、香港大公报、香港有线电视台等各大媒体亦对事件进行了报道。

2009 年 11 月 23 日广州市人民政府再次就该项目所引起的广泛争议召开新闻通报会，会上，广州市人民政府副秘书长吕志毅则强调推行垃圾焚烧发电"坚定不移"，而且不仅番禺区要建，从化区、增城区、一花区都也都要建。当天，广州市人民政府常务副市长苏泽群再度对媒体公开表态，若 EIA 不过关，大多数市民反对，该项目不会动工。

2009 年 12 月 10 日，番禺区人民政府发布《创建番禺垃圾处理文明区工作方案（讨论意见稿）》，方案提出将分大讨论大宣传、垃圾分类减排、选址及建设和科学监管 4 个阶段突进垃圾处理工作，每个阶段都将开展代表座谈会或新闻通报，向社会通报。

2009 年 12 月 20 日，番禺区区委书记谭应华在座谈会上表示，政府对番禺区垃圾焚烧厂项目做出了明确表态，称项目已经停止，此前系列招标中标也全部作废，且要敏感范围内以上群众同意才能使 EIA 通过。

近年来邻避运动在我国频发（表 5-8），尤其是结合建设 EIA 制度而突出表现为——"设施建设—邻避运动—设施停建（迁址）"的"中国式邻避困境"。 哪里有邻避项目，哪里就发生邻避运动。例如，北京六里屯垃圾焚烧发电厂项目事件和广州番禺垃圾焚烧项目事件为代表的垃圾焚烧设施邻避运动，和以厦门沧海 PX 项目事件为代表的石化项目邻避运动。一个地区的民众在邻避运动中的胜利，往往会鼓励另一个地区的民众在邻避运动中的策略选择和行为方式。照此模式发展下去，有人预见，任何具有高风险的设施和项目都将无落脚之处。

表 5-8　近年来邻避运动事件列表

序号	事件名称	年份
1	厦门 PX 项目	2007
2	成都彭州石化项目	2008
3	南京金陵石化项目	2008
4	广州南沙石化项目	2008

序号	事件名称	年份
5	大连福佳 PX 项目	2011
6	四川什邡钼铜项目	2012
7	浙江宁波镇海 PX 项目	2012
8	昆明 PX 项目	2013
9	广州茂名 PX 项目	2014
10	山东龙口裕龙石化产业基地项目	2016
11	北京六里屯垃圾焚烧发电厂项目	2007
12	北京阿苏卫垃圾焚烧发电厂	2009
13	广州番禺垃圾焚烧项目	2009
14	广州花都垃圾焚烧项目选址	2009
15	南京天井洼垃圾焚烧项目	2009
16	无锡锡东垃圾焚烧厂	2011
17	上海松江垃圾场焚烧项目	2012
18	湖北仙桃垃圾焚烧项目	2016
19	广州肇庆垃圾焚烧项目	2016
20	北京"西-上-六"输电线路工程	2004
21	南京"常府街变电站"	2006
22	上海春申高压线	2007
23	沪杭磁悬浮列车	2008
24	广州 110kV 骏景变电站建设	2008
25	江苏启东王子造纸污水排放	2012
26	深港西部通道侧接线工程	2003

最近有关邻避运动的研究涌现，分别从公民社会（张熙炜，2014）和私民社会（郎友兴和薛晓婧，2015），政府治理和公众参与（王奎明等，2013；谢红娟，2015；彭小兵，2016），利益相关者（鄢德奎和陈德敏，2016），大众传播（李怡霖，2013；孙壮珍和史海霞，2016）、风险社会（丁靖靖，2013；田鹏和陈绍军，2015）等视角开展。本书笔者从邻避现象的本质——环境资源的维护义务与权益分配结构的均衡着手。

邻避现象之所以产生的起因，是邻避设施都有高环境风险（且不论这风险能否得到专家的认可），垃圾焚烧的恶臭和二噁英污染风险，PX 项目的二甲苯污染和爆炸风险，钼铜项目的重金属危害，磁悬浮的电磁辐射风险，等等。这些风险一旦突发，无疑该类项目的"邻居"将是最大的受害群体。同时，该类项目也将会给当地带来巨大的经济和社会效益，尤其是垃圾焚烧这样的公益性基础设施，即收益的将是大众，风险承担者却是小群体，这是一种不平等的义务与收益的分配关系。

这类结构性环境风险事件对 EIA 的考验也是空前的。有没有通过 EIA 成了价值冲突双方最方便的借口，同时 EIA 的结论也往往成了首先被绑架的对象。北京六里屯垃圾焚烧发电厂项目和厦门沧海 PX 项目都是提前通过了 EIA 审批的合法项目，尤其是厦门沧海 PX 项目，应该是符合环境保护先进标准的。然而，符合环境保护标准并不能确保项目本身不存在高环境风险。

这类符合环境保护先进标准的高环境风险项目，EIA 并没有起到应有的市场准入"门槛"作用。这不单单反映着"规划 EIA"的重要性，同时也反映出对 EIA 理论体系的进一步完备需求。

5.2.1　EIA 方法体系的功能性特征

EIA 方法体系即使增加了规划 EIA，总的来说，EIA 方法体系仍然是以"功能性"为主导特征的。所谓"功能性"，就是说 EIA 是以环境要素功能性状作为主要评价内容，在整个评价过程都以对环境要素功能的维护和修复作为主导性的环境保护理念。

EIA 方法体系主要的功能性特征包括：首先，在本体论上把环境问题简化为物理层面的环境要素的功能的损伤；其次，在认识论上一方面把环境资源价值直接等同于理性个体对环境要素功能的需求，另一方面体现出还原论的思想，假设环境系统的整体性功能可以通过对系统的分解而还原到环境要素。通过对环境要素的性质和功能的加合，我们便可以把握自然系统的整体功能和性状；最后，在方法论方面体现出机械决定论的特点，即采用的多是线性模型，寻找社会经济行为与环境要素功能性状损伤之间的直接因果关系；并且，建议的环境保护对策也只局限于技术上如何保证环境要素功能因子的达标，典型的便是"稀释"污染物浓度的做法。例如，设计高烟囱以减轻对近地面的大气污染，设计净水流量以冲释污水等。可以看出，在我国现有的 EIA 方法体系内，功能性占主导地位。

总的来说，EIA 的功能性方法特征是依赖"技术路径"来解决环境问题的思维方式的表现，把环境问题限定于自然科学领域。在这个基础上，EIA 倾向于从微观层面，如项目行为，从"点"出发来解决环境问题，采用"点"（项目等微观行为）对"点"（环境要素功能）的评价模式，和线性因果模型。所以，针对项目行为，EIA 的目标被定位为——为项目决策提供技术咨询，就项目可能产生的环境要素的功能性损伤而评价项目。依据这样的目标定位，在厦门 PX 项目事件中，EIA 起到了应有的作用——就项目可能对周围环境要素产生的功能性损伤的严格把关。

如果从单个项目来看，厦门 PX 项目的确属于"符合环境标准"的，那么为什么厦门民众仍然会认为此项目存在高环境风险而群起抗议呢？

5.2.2 EIA 方法体系针对结构性环境风险的不足

假设社会系统中环境资源配置结构是理想状态，环境问题仅仅停留在物理层面，表征为环境要素的功能性损伤，这种情况下，"技术路径"是最为高效的解决措施，能够帮助我们认清对微观社会经济行为，特别是项目行为，已经、正在或可能造成的对自然环境要素的性状特征的直接影响。例如，厦门 PX 项目的运行可能会造成多少 PX 污染物排入到水体或土壤，是否会超过规定的环境标准？

然而，现实中对理想社会系统的假设通常不成立，环境问题常常带有显著的社会结构烙印，环境问题还存在着另外一个类型：与社会发展空间布局、经济结构、义务与权益分配等社会结构相关的环境风险。

规划 EIA 是针对空间布局和产业结构不合理等结构性问题的，目前我国不少重大环境争议事件都是因为在城市规划中根本没有做 EIA 或只作了形式上的 EIA，还有些城市的城市规划经常变动，把工业污染项目和居民生活小区混杂在一起，使当时审批合格的项目，一段时间之后常常因为城市规划的变化（如在附近突然兴建生活区）而变成高风险项目，又因为在建成本高昂而难以搬迁或改造，给群众带来环境安全隐患（陈仪，2008）。

实践中，没有对规划 EIA 给予应有的重视，致使空间布局混乱、产业结构不合理等问题积重难返（陈仪，2008）。假设厦门 PX 项目如果及早从规划 EIA 入手，评价单位认真研究一下厦门城市发展规划，能够准确地预料到项目所在的海沧一嵩屿地区在形成石化化工工业项目集中的大型工业区的同时，还同时将开发以居住为主要功能的海沧新城时，或许还可以前瞻性地从生产力布局的合理性上滤掉这样有结构性风险的石化项目。

然而,番禺区垃圾焚烧项目风险和其他垃圾焚烧项目风险恐怕就不是规划 EIA 所能规避的。邻避运动往往基于这样的事实:邻避设施对周边地区存在负外部性影响甚至危害公民身体健康与生命安全(陈宝胜,2013)。在产生环境负外部性效应时,必然存在着受益者,也存在一部分受害者,不同利益群体在环境决策的制定和执行过程中所掌握的资源与分配权不同。邻避设施公共效用为一定区域范围整体乃至全社会共享,但负外部性影响却由设施周边居民承担,这是导致邻避冲突发生的直接原因(陈宝胜,2013)。

在垃圾产生量日趋增加,而垃圾填埋的土地资源有限的前提下,能够大量节约土地的垃圾焚烧技术成为当地政府解决垃圾处理问题的唯一选择,而垃圾焚烧设施具备效益分散成本集中的外部性特征,那应该由谁来承担这些外部性呢?EIA 无法回答这个问题,这样有着高度价值冲突性的结构性环境风险项目的公众决策不可能仅仅通过专家论证来决定。

即便是厦门 PX 项目事件,恐怕也不是单单从规划可能产生的环境风险的合理性评价就能规避掉的。该项目计划投资 108 亿元,已经被国家发改委纳入"十一五"PX 产业规划,并列为 7 个大型 PX 项目之一,投产后每年可为厦门市贡献 800 亿元的工业产值,是厦门市人民政府 2006 年通过诸多努力争取来的,可预见该项目能够为带动当地经济发展提供多强劲的动力,以及厦门市人民政府对该项目的重视程度。

同时,PX 项目也符合国家产业发展需要,我国是世界化纤品生产第一大国和出口大国,合成纤维生产需要大量的 PX。每年都需要大量的进口。仅 2012 年就进口了将近 700 万吨,而主要进口国家是日本和韩国。有专家预测,如果我们国家不增加 PX 产量的话,到 2015 年,我们 PX 进口量将达到 1300 万吨。所以 PX 缺乏已经成为制约我国聚酯工业发展的瓶颈[①]。

对投资方厦门翔鹭石化股份有限公司来说,PX 项目是企业战略中不可或缺的一环。聚酯化纤产品基本生产流程是:原油—PX—PTA/EG—聚酯切片—涤纶长丝/短纤—纺织面料—服装。目前国内石油化工产业中,PX、PTA、MEG 这 3 种原料生产能力不强,而聚酯产能发展相对其上游产品供应却要"快半拍",聚酯生产经常处于"等米下锅"状态(中国聚酯网,2009)。按照当时组织的战略构想,总投资 14.2 亿美元的 PX 项目,将形成 80 万吨的 PX 原料支持年产 270 万吨的 PTA

---

① 专家释疑 PX[N/OL]. http://news.163.com/13/0522/04/8VF1EF7A00014AED.html。

生产线，270 万吨的 PTA 支持 80 万吨的聚酯化纤生产，从而实现翔鹭集团从上游至中游再至下游的化纤产业链垂直整合，实现原料自给自足，从而完成轻油裂解—石化原料—化纤垂直整合的石化集团目标。

首先是国家支持、地方政府大力推进，企业战略构建，这样的项目在事件发生前，恐怕即便是在城市规划 EIA 中也无法说"不"的。最根本的问题是人地矛盾，人地矛盾和此类项目的负外部性共同决定了成本与收益的不平衡分配结构，这种建立在不公平前提下的分配格局决定了社会不同利益群体之间的价值冲突，这就是为什么邻避运动此起彼伏，此消彼长，没有颓靡趋势的主要原因。

其次才是公民意识的觉醒，公众参与渠道的提供，媒介的推波助澜等。EIA 及 EIA 公众参与为邻避冲突提供了政治环境，同时也为环境权益意识的彰显和环境问题的构建提供了舞台。

在此类结构性价值冲突过程中，如番禺区垃圾焚烧项目事件，EIA 能够起到的作用是：①根据目前对该类项目的规划方案和投资力度，臭气和二噁英等污染达到显著水平发生的可能性有多大；②按照一般情况推断，该选址是否合理，空间布局是否符合中长期发展规划，项目是否会导致区域达到环境承载力阈值，是否会对周边居民健康或生活造成不可接受的影响；③预防或减轻不良环境影响的对策和措施；④EIA 提供一个信息提供和沟通渠道，通过专家、环境保护人士或感兴趣团体的知识普及和传播，由利益相关者、传播媒介和知识传播者共同建构环境价值，由 EIA 提供一个平台；⑤周边居民和地方政府、投资商，大家一起来探讨和商量看看有没有一个各方都能够接受的方案，既能进行项目建设，又可以缓解利益冲突。

5.2.3 EIA 与结构性环境风险：纠偏误区

在环境要素"功能"上合格的项目未必在社会"结构"方面是可接受的。所以，就环境问题新的发展趋势来说，以"功能性"为主导特征的 EIA 方法体系存在着不足，需要有具备社会结构把握力的 EIA 来完善现有方法体系。

这有两个方向：①拓展项目 EIA 到规划 EIA，进而 SEA，从空间布局，生产力布局，战略制定源头系统评判环境资源配置的合理性和可能会产生的环境风险以及社会矛盾。②完善公众参与机制，从参与机制、参与方式，参与意见的处理态度，决策信息公开透明程度，公益诉讼、行政救济等方面进行制度和方法完善。

5.2.3.1 评价方法的完善

当对环境问题的认识深化到社会结构程度的时候，作为环境问题识别和环境资源价值建构的重要手段和平台，EIA 发展出针对环境资源配置结构合理和优化程度的评判方法也就成为理所当然的了。理由如下：首先，在本体论上环境问题提升到社会关系层次已经初步取得共识。其次，在认识论上一方面认识到环境问题的价值建构的主观性。另一方面认识到还原论的不足，即整体往往大于部分之和，环境系统的部分功能是无法通过对系统的分解加和而得到，环境系统的整体功能具备着不可替代性和不可还原性。最后，在方法论方面开始转向系统论，对于重大的项目或战略决策，即开始放弃寻找社会经济行为与环境要素功能性状损伤之间的直接因果关系的思维，开始选择复杂系统的整体性研究方法作为方法基础；并且，建议的环境保护对策也开始逐渐从因子达标转移到对环境资源配置的决策根源处山发进行管理和调控。

需要强调的是，笔者认为，针对环境资源配置结构的 EIA 并不直接等同于实践中的规划 EIA 或 SEA。这里更类似于方法论的定位，而不是特指某个评价方法或类型。何况，当前的实践中的战略环境影响评价还涵盖不了由于环境资源配置结构不合理性而导致所有环境问题类型。同样，针对环境要素功能的 EIA 也不能完全等同于建设项目 EIA，某些建设项目 EIA 也有可能涉及环境资源配置合理性的价值评判。我们可以根据经验假设当前的 EIA 方法是针对环境要素功能性状，但不能否认在面向环境资源分配的结构性价值冲突出时，项目 EIA 也有可能会以配置结构合理性标准对环境资源的价值进行判断和评价。如果规划 EIA 并没有能够站在环境资源在社会结构上的时空的配置合理性的高度对规划做出有效的价值判定，并提出建设性的建议，而只是一个遵从还原论，从环境要素功能性状到决策行为影响之间进行多层线性叠加，我们就不认为规划 EIA 是结构性的。

为了促进决策方案中环境资源配置结构的合理性，如下几方面是朝向结构性环境风险的 EIA 方法研究的现实积累。

第一，对社会系统的整体性把握。评价对象不再局限于单个的经济建设项目，而是应该向决定资源配置结构的战略决策的扩展。例如，对重大决策行为的评价，如部门产业规划的 EIA，贸易政策的环境评估；对产业之间环境资源利用协调性的评价，如循环经济的评价；对区域和城市发展的 EIA。

评价过程中除了衡量经济效益和环境影响，社会效益和文化因素等也应该被包括在评价的考虑范围之内。还有对一些社会经济因素和环境因素之间的协调性的综合考虑，表现在指标体系的构建上。例如，一些反映社会环境复合系统整体健康稳定程度的可持续发展指标体系的建立，如可持续经济福利指数（ISEW）、持续收入（SI）、国民经济调整模型（ANP）指标——绿色 GDP、持续性指数（S-index）、联合国人类发展指数（HDI）、联合国经济及社会理事会提出的可持续发展指标体系、国际科学联合会环境问题科学委员会（SCOPE）的可持续发展指标体系、能值度量体系（energy system），还有美国总统可持续发展委员会的可持续发展指标体系、ABC 指标模型、赫德逊指标体系、埃塞拉菲指标体系、生态足迹体系（ecological footprint）等（吴志强和蔚芳，2004）。

第二，对自然系统功能的整体性把握。社会经济行为影响到的不仅仅是环境要素的功能，单个行为或多个行为的累加影响到的可能是自然环境的系统稳定性，从而影响到生态系统的整体功能，而生态系统整体功能与环境要素功能之间同样并不是简单的线性累加关系。因此，对自然系统内部结构，以及自然系统之间关系的整体性把握也是一种现实的研究趋势。例如，把累积性、间接和协同的影响纳入 EIA 常规内容。

第三，行为与影响关系的整合性研究方法的应用。加强不确定性的复杂系统的非线性方法，如综合集成方法、灰色系统理论和模糊系统理论、系统动力学等，应用于 EIA 的改进工作。

另外，还有一些具备对不同评价背景的灵活适应性的评价框架的本土化研究，如整合 EIA 的压力-状态-反应，就具备从宏观高度把握扰动所带来的系统性的结构变化的方法优势。

5.2.3.2 如何担负邻避之重

在邻避事件中，尽管角度不同，但学术界谈的较多的还是公众参与。普遍共识是：从法律、体制和渠道上为公众参与铺平道路，疏导矛盾于沟通、交流、协调之中，促进共识达成。

笔者认同这样的思路，无论对 EIA 的方法论完善，还是社会矛盾的最终化解，这都是一个最优解。然而强调公众参与的根本原因恐怕是需要强调的邻避项目成本收益分配不均衡：成本集中而效用分散，即成本由部分人群承担，效用为大众共享。

深究这个原因的目的是回答这样一个问题：在我国现有的体制以及社会发展背景下，EIA 及 EIA 过程的公众参与是否是一把化解邻避冲突的金钥匙？

首先，我国现有的体制和社会发展阶段是否为公民社会，公民从最开始参与决策做好了准备?

我国是否要走从项目审批制到项目备案制的跨越,社会的诚信体系重构是否做好充足的酝酿?

其次,环境问题的累积性、复合性和集中爆发特征所带来的社会负面影响是否是一两次公众听证会、座谈会所能够消除的?例如,PX 本身是一种低毒易燃的危险化学品,危害远没有像厦门 PX 事件和宁波 PX 事件中民间流传的那样强致癌性,但 2005 年 11 月吉林双苯厂爆炸,引发黑龙江严重水污水事件,大大提高了厦门公众对 PX 可能引发的风险的警惕性;而不断爆发的环境污染事件,恐怕风声鹤唳的不仅仅是宁波、番禺区这类邻避冲突的主角。

最为关键的,邻避设施公共效用为一定区域范围整体乃至全社会共享,但负外部性影响却由设施周边居民承担(陈宝胜,2013),这样的社会矛盾,能否仅靠政府放低姿态,专家放下身架,投资商放平心态,与居民商谈就能够达成共识?对邻避设施周边的居民来说,一边是对房产市值和自己与家人的生命健康的担忧,一边是牺牲小我成全大我的政治施压。EIA 过程是否能够对天平两端的平衡起到关键作用?

因此笔者认为从多角度探讨 EIA 是必要的,但把 EIA 的基本功能和我国项目审批的制度背景抛却单纯去谈公民社会和共识构建就有失偏颇。

首先,制度层面上 EIA 需要与其他环境管理制度,如排污许可、总量控制、"三同时"、环境监理、环境监察、环境保护验收等协同作用才能有效起到环境风险的预防作用。

其次,方法上 EIA 本身是对影响的预测和评价为核心的,只有做到对环境和社会影响要素、结构的全面调查、环境风险准确预测、对影响的可接受性的科学评判,才有可能对决策者进行项目或规划的合理性决策起到辅助作用。而环境问题的价值建构,促成利益相关者共识的达成等其他衍生功能都是以此为基础的。

所以,针对结构性环境问题的方法发展并不意味当前的 EIA 方法体系需要被替代,相反,这是对现有评价体系的补充和完善过程。当前的环境问题表征出,环境系统要素功能性损伤是和环境资源配置结构的不合理性并存的,EIA 的功能性仍然具备着适时性,结构合理性评判方法的出现只是对当前 EIA 方法体系的补充和完善。

针对环境要素功能的 EIA 方法适时性的主要理由包括:首先,从环境要素功能损伤出发追查出微观经济行为的因果联系是必需的问题认识途径;其次,对微观的社会经济行为而言,所涉及的是简单的社会行为与环境系统,假设行为与环境要素的组分性状之间存在线性关系的模型与现实中的误差并不显著。也就是说，对微观的社会经济行为，如建设项目这样的微观行为来说，它所能影响到的只是自然环境的子系统（要素）功能，对具备自我修复和自组织能力的自然环境的整体状态来说，扰动是可接受的。我们可以识别出相互独立且能够代表系统功能的主要影响因子，并采用线性的因果模型来模拟影响过程；还有，对环境要素的功能损伤，采用技术手段进行修复是必要的，而且是相对高效的。

5.3 本章小结

"善张网者引其纲，不一一摄万目而后得。一一摄万目而后得，则是劳而难，引其纲而鱼己囊矣"——引自《韩非子·外储说右下》。

什么是 EIA 的"纲"呢？通过宏观分析，如果把环境问题的产生聚焦于两个主要因素：环境资源稀缺性和环境资源分配，由此引发的环境问题可分为两类，一类是与社会结构不直接相关，表现为环境要素的功能性损伤；另外一类是与社会结构紧密相关，表现为资源配置结构的不合理性。对结构性环境风险而言，理顺了环境资源在社会结构上配置的价值合理性，也就引对了 EIA 的"纲"。

厦门 PX 项目事件中，则恰恰是放弃了问题的"纲"，以"一一摄万目而后得，则是劳而难"的窘迫反映了当前 EIA 的客体定位缺乏——如果问题出在生产力布局，我们从单个项目的达标程度入手根本不可能触动问题的本质。当前中国结构性环境风险严峻，各类累积、潜在的环境风险相继突发，加剧了结构性评判方法研究的迫切性。

总结第 4 章和第 5 章，环境价值冲突在主体方面表现为环境影响行为主体之间基于环境资源配置的利益之争，在客体方面表现为由环境资源配置结构的不合理性引发的社会矛盾。相应地，对 EIA 来说，从主体角度，EIA 过程就能够被看作各社会主体依据自身所掌握的主体资源禀赋，借用这个信息交流和价值建构平台把背后的主体多元化需要和利益冲突显化，争取影响环境资源配置决策话语权的过程。从客体角度，EIA 过程可以被看作是从环境问题发生的根源处对宏观环境资源配置结构进行合理性衡量的过程。那么，要想解决环境问题，从主体方面，可以通过对主体之间关系和行为规律的研究来寻求协调主体之间社会关系，实现社会公正的价值建构模式，合理化环境资源配置。从客体方面，要通过对环境资源配置结构的合理性把握出发，进行环境资源价值的合理重构。那么，衡量环境资源价值或环境资源配置结构的尺度是什么，又如何确定呢？

第6章　基于EIA标准选择的环境价值冲突分析

根据第 5 章可知，只有认识了 EIA 的价值判断本质和社会活动特征，才能更好地把握环境问题在主体方面表现出的社会关系的价值冲突性和主体行为的复杂性，在客体主要表现出由宏观环境资源配置结构不合理引起的社会矛盾。如果要解决环境问题，就要在 EIA 过程中考量环境资源配置合理性，重建环境价值，那么，衡量环境价值的标准是什么？标准确立的原则又是什么？或更进一步，在价值竞争和价值冲突存在的前提下，前两个问题的回答会给我们什么样的启示？

用以衡量环境价值的标准即是 EIA 标准，包括指标和标准值两个部分。EIA 标准值的制定属于自然科学范畴，是物理学、化学、生态学等科学任务，是先于 EIA 过程的。在 EIA 过程中，标准的工作限于对指标体系的构建和对标准等级的选择过程。通常被关注的是指标的代表性和指标体系的涵盖力，至于指标和标准等级的选择背后的价值选择和价值衡量内涵却没有得到应有的关注。

被忽略并不意味着不重要，作为"评价理论的核心问题"，评价标准是指"评价主体据以衡量价值客体有无价值及价值大小的尺度或依据"（秦越存，2002）。EIA 标准等级和指标选择很大程度上直接决定着评价结论本身。例如，近十年来太湖水的整体评价维持在III类水质左右，2007 年 3 月水利部太湖流域管理局认为太湖水污染恶化的趋势基本得以遏制①。然而，2007 年太湖以大规模的蓝藻暴发否定了这个评价结论。事实上"1997～2005 年太湖水质质量为III类，分湖区达标面积在90%以上"的评价结论建立在没有加上富营养化指标的基础上，如果总磷、总氮的指标计入评价体系，太湖总体上就难以达到III类水质。对 EIA 标准来说，表面上只是一个指标的选择问题，但背后却是价值冲突过程中的价值权衡、取舍与选择。因此，EIA 标准的确立与确立原则提供给我们的是有关处理环境价值冲

---

① 太湖十年治理水污染恶化基本遏制[N/OL]. http://www.envir.gov.cn/info/2007/3/329006.htm。

突过程价值选择问题时应对的策略。

本章是在认可 EIA 标准值制定和指标选择的科学性基础上，讨论 EIA 标准作为价值衡量尺度的内涵，在标准确立过程中进行价值选择和取舍应遵循的原则。借以分析在环境价值冲突现象下价值选择的合理性、合理性保障的困境和可能的应对策略。

6.1 EIA 标准的确立与价值选择

案例七：太湖污染事件

2007 年 5 月 29 日上午，在高温条件下，太湖无锡流域突然大面积蓝藻暴发，供给全市市民的饮水源也迅速被蓝藻污染。市民抢购纯净水，各商场超市纯净水纷纷断货，全市陷入水危机。

中科院南京地理与湖泊研究所研究员秦伯强在接受《瞭望》记者采访时说，太湖水质不断恶化的趋势虽然和近年来异常的高温、少雨天气，以及太湖水位的降低有关，但最根本的原因还是排入太湖的污染物远远大于太湖的环境容量。

中科院南京地理与湖泊研究所的研究表明，按照污染物来源，目前太湖的外部污染源主要有工业污染、农业面源污染和城市生活污染三大类。其中，工业污染主要集中在纺织印染业、化工原料及化学制品制造业、食品制造业等领域。虽然近年来太湖流域实施达标排放，但由于经济高速发展，污染排放量迅速增加。随着产业转移加快，一些技术含量低、污染严重的工业企业转移到了监管相对薄弱的农村，大量工业污染沿着河网进入太湖，使太湖工业污染控制更加困难。现有农业生产方式也加重了农业面源污染。据统计，太湖流域每年每公顷耕地平均化肥施用量（折纯量）从 1979 年的 24.4 千克增加到 2007 年的 66.7 千克。而一些发达国家规定每年每公顷耕地平均化肥施用量不得超过 22.5 千克。

太湖地区人口密度已达每平方千米 1000 人左右，是世界上人口高密度地区之一。城市化进程加快、外来人口增多使城市生活污水排入量迅速增大。随着城市化率的提高，很多农村地区改旱厕为水厕，这些分散排放的生活污染源，成为太湖河网地区总氮指标的重要来源。虽然近年来有关部门加大了城市污水处理厂的建设步伐，但由于投资大、运行费用高，总体建设相对滞后。

同时，过度围网养殖使太湖走向沼泽化。中科院南京地理与湖泊研究所的专家通过卫星遥测图测算，东太湖总面积为 131 平方千米，围网养殖面积达 54 平方千米，约占东太湖总面积的 41%。据测算，2007 年东太湖湖底平均沉积速率为每年 1.24 厘米左右，照此发展，50 年后湖底沉积将达 3 米，东太湖将因严重沼泽化而逐渐消亡。

近年来，在太湖总氮和总磷的来源中，工业污染比例显著下降，而农业面源污染和城市生活污染比例显著增加。现在太湖控源截污以防控工业污染为主，主要依据的还是 20 世纪 80 年代调查所得出的数据。因此，就目前而言，以工业污染控制排放为主要对象的治理措施，对太湖目前最突出的富营养化问题，已很难起到预期效果[①]（顾瑞珍和艾福梅，2007）。

在 EIA 中，评价标准包括指标体系和标准值两个部分。最常采用的评价标准是环境质量标准和污染物排放标准。这类标准共同的特征是技术性和规范化，即它们通过一些数字、指标来表示行为规则的界限，以规范人们的行为（彭本利和蓝威，2006）。那么，具备技术规范特征的 EIA 标准在 EIA 中起到的作用是什么？

国际标准化组织（International Organization for Standardization，ISO）定义"标准"为，"经公认的权威机关批准的一项特定标准化工作的成果，可采用以下表现形式，①一项文件，规定一整套必须满足的条件；②一个基本单位或物理常数，如安培、绝对零度；③可用作实体比较的物体等"。我国国家标准化管理委员会将"标准"定义为，"对经济、技术、科学及其管理中需要协调统一的事物和概念所做的统一技术规定、共同遵守的准则"（柴立元和何德文，2006）。

因此，标准是一个拿来用作比较的尺度。

那么，在 EIA 过程，这个衡量尺度要衡量的是什么？在具体的 EIA 实践中，根据 EIA 标准的不同要衡量的内容也是不同的，污染物排放标准要衡量的是实际的某污染物排放浓度是否高于（或低于）某级的最高（最低）排放限量，环境质量标准要比较的是当前某地区的水（气、土壤）中某污染物的含量是否高于（或低于）某类功能区所允许的最高（最低）含量。显然，这个衡量污染因子高低大小的差别过程，蕴含的却是同一个目的：通过某指标值高于或低于某标准告诉我们该现象是"好的"或是"坏的"。例如，没有计入总磷、总氮等富营养化指标的太湖水质评价告诉我们太湖的水质达到了III类水质功能，这意味着太湖水质能够满足"适用于集中式生活饮用水地表水源地二级保护区、鱼虾类越冬场、洄游通

---

① 太湖"蓝藻之祸"追踪"就水论水"治不好太湖[N/OL]. http://www.zjol.com.cn/05delta/system/2007/06/03/008492063.shtml。

道、水产养殖区等渔业水域及游泳区"的价值需要,即以Ⅲ类水质标准来看,太湖水质是"好的"评价。相反,如果评价指标体系计入总磷、总氮等富营养化指标,太湖总体上就难以达到Ⅲ类水质标准,这意味着太湖水质难以满足人们对Ⅲ类地表水的需要,这是一个"坏的"结论。作为衡量尺度,EIA指标的标准值是指向价值判断的,是告诉我们基于某指标高(低)于或大(小)于标准值的真假判断,意味相对于人们对某自然环境功能的价值需要来说,是"好的"还是"坏的"。

因此,标准在EIA中的作用是用来衡量价值的正负大小的尺度。本质是评价主体所意识到的价值主体对价值客体(自然环境)的需要。那么,在EIA领域,这个评价标准是如何得来的呢?

6.1.1 价值主体的需要体系

6.1.1.1 主体的需要

价值关系的确立是生成价值的前提,因而也是理解评价标准的依据。现实价值关系的形成,一方面离不开价值客体及其属性;另一方面也离不开价值主体,尤其是离不开价值主体生存和发展的需要。两者在价值关系的形成中是缺一不可的,不过主体需要处于主导方面,它对价值关系的形成起决定作用。当客体属性可能满足主体的需要时,两者就形成现实的价值关系;当客体属性不可能满足主体需要时,两者就不能形成价值关系;同一客体属性可能满足不同主体需要,或同一主体需要可能从不同客体属性得到满足,都会形成不同的价值关系,等等。这些都说明价值主体需要是否能够得到满足是生成价值关系的标志和内在根据。因此,只有价值主体需要才是衡量客体价值的标准,即评价标准。

需要作为一般范畴,表明了有生命的东西的一种摄取状态。对社会性的人来说,需要作为主体对其存在和发展的客观条件的依赖和要求,表现了主体在现实生活中的一定匮乏状态(陈新汉,1995)。也就是说,主体需要有生理和社会性的客观基础,是客观存在的。

欲求的满足是一切评价和其他社会活动的出发点和内驱力。人的欲求多种多样,"民之性,饥而求食,劳而求佚,苦而索乐,辱而求荣"(《商君书·算地》),食、佚、乐、荣便是中国文化对欲求的抽象化理解。

西方影响较为显著的需要结构理论是美国心理学家马斯洛(1987)的"需要层次论"。马斯洛把人的需要分为5个逐次升高的层次:生理需要、安全需要、归属和爱的需要、自尊的需要和自我实现的需要,其中生理需要是最基本的需要,而自我实现是最高级别的需要。同时,马斯洛还提出了"优势需要"概念,所谓优势需要是指尚未得到满足的要求,或者,在诸多尚未得到满足的要求中更迫切需要得到满足的要求。马斯洛认为,在人的需要体系中,能够与行为联系起来的就是优势需要,只有优势需要才能促成人行动起来,为之努力奋斗(马斯洛,1987)。

6.1.1.2　主体需要的无限性和多元化

欲望是无穷尽的,按照马斯洛的"需要层次论",温饱之后,人们就开始担忧持久的温饱能否得到保证,再之后,自己在人群中的位置、角色,受他人关注的程度,自身存在于社会的意义的追求等,在上一个欲求得到满足之后,下一个会及时地跃升为主体的优势需要。如果可以认为生理层面的需要较容易得到满足的话,那么精神境界的,对爱的追求,对美的追求,对荣耀的追求,对自我的追求等,是难言止境的,任何一种,尤其是对自我实现的需要,都可以穷尽一个人的毕生心血与精力。

对同一个体来说,每个人都共同具有食、佚、乐、荣,或生理、安全、归属、爱、自尊和自我实现的需要,个体的需要是体系化的,虽然在不同时期会有突出的一个优势需要,但其他需要是同样并存的。这些需要体系对应于同一生态环境的产出和服务功能,产生一系列的价值关系。

对不同个体来说,在同一时期同一地域范围内的优势需要未必是相同的。个体之间生理、心理、身份、社会地位、生活境遇等的不同,使不同个体有不同的优先次序排列的需要体系。所以面对相同的环境资源,不同的个体会有多元化的期望。例如,西南水电开发过程中,当地居民担心的可能是要面临离家弃所的生活风险,开发商更为关注的是大坝建成后能带来的经济效益,环境保护组织则更为关心的是怒江独一无二的生态价值。

6.1.1.3　主体需要间的冲突性

对同一片风景优美的土地,农民会想用来作为耕地,市民会想用来作为休憩和游玩的公园或旅游区,开发商会想用来建造工厂或楼房,还有环境保护团体可能会以后代人代理的身份要求政府将其划为自然保护区以保护生态环境的完整性,地方政府会想用来作为经济或科技开发区。

如果说,这块土地很广阔,可以同时满足不同的需要,可以在居民区旁边建公园,可以在耕种不了的土地旁边建造工厂,之后,其余的土地还足以供野生动物的栖息，并保持动植物生境、动植物种类和遗传基因的多样性。或者说，在西南，要开发的水电项目对江河的正常水文特征、生态功能不会造成什么影响，那么不会有太过激烈的矛盾或问题产生。

可是，通常的情况是这块土地不够宽阔，我们不得不在是用作耕地还是建造工厂，是建居民区还是用作公园，是划为自然保护区还是作为经济或科技开发区而选择。"跑马圈水"式的大坝建设是对河流的层层"腰斩"（薛野和江永晨，2006），直接导致数量众多的移民问题，以及永久性的生态环境的改变。在抉择的过程中，任何一个替代方案的选择都意味着其中一方的利益得不到满足，期望落空，于是在农民与开发商、市民与开发商、环境保护团体与地方决策者，以及当代人与后代人之间就产生了时间与空间两重维度上的矛盾冲突，由此环境问题产生。

放诸环境领域，无论是"搭便车"的贪图小利，还是"不在我的后院"的自私，以及"公地悲剧"的稀缺资源的竞争性使用，其背后都有客观的利益动机。例如，在哥斯达黎加的森林管理者把大片森林砍伐改种植咖啡和糖料出口美国（Nygren，2000），对热带雨林的有着风餐露宿之忧的人居民来说，温饱是更为亟待满足的优势需要。对建垃圾焚烧厂这样的公益设施，邻近居民要面临的就是房产市值的跳水和对未来健康生活质量的担心。

因此，环境问题是在环境资源有限的前提下，由于主体欲求的无限性而产生的，实质上是价值主体之间的需要冲突。要想解决问题，必须先为同一主体的不同需要，以及不同主体的不同优势需要进行排序，找出个体，群体以及社会主体的优势需要。发展的目的不是发展物质而应是发展人类。人类的基本需要有：衣、食、住、健康、教育。如果一个增长过程没有能够导致人类基本需要的满足，相反却恶化和降低了他们的需要，那么，这个增长是对发展观点的歪曲（Conyers and Hills，1984）。

6.1.2 EIA 标准的确立与价值选择

EIA 标准值的制定是一个严格遵循科学性原则的科学认知过程，需要病理学、生态学和化学等科学家付出艰辛的努力，对污染机理和生态过程做出"真""假"判断。但 EIA 标准的确立过程不仅仅包括标准值的制定，对 EIA 来说，标准值制定是先于 EIA 的科学环节，EIA 过程中更为强调的是评价指标体系的建构和标准类型的选择。当然，指标体系的建构和标准类型、级别的选择也是同样离不开客观基础和科学性原则，但也不仅仅止于科学性，而是基于科学性的价值比较与权衡过程。

相对于个体需要的多样性、发展性和复杂性，EIA 标准具有稳定性，即在一定时期一定的政策背景之下，面对类似的社会经济活动，和相同自然环境背景，EIA 标准是确定性的。这意味着，在相同时期相同条件下，面对类同的价值客体时，群体主体的需要也是确定的、同一的。

6.1.2.1 标准值的确定

EIA 标准是一种形式上被过度抽象化的评价标准，通常包括两部分：评价指标和标准值。另外，EIA 标准不仅仅包括环境质量标准、污染物排放标准等环境标准，还包括社会标准和经济标准。

EIA 标准的确立工作是被分化成相互独立的两部分的工作，前一部分即是环境标准值的确定环节，这是一个科学过程，且与具体的 EIA 过程是相互脱节的，是先于 EIA 过程的。

附 1：环境标准与环境标准的构建

环境标准是衡量生态环境质量对人类社会生存发展需要的满足程度的指标体系和指标限制值，环境标准的建立依据主要有：环境基准和环境容量。

环境基准（environmental criteria）的建立。在一定环境中，污染物对特定对象（人、生物、建筑物等）不会产生不良或有害影响的最大剂量或浓度。环境基准建立在科学实验和社会调查研究结果之上，没有考虑政治、经济、文化等人为因素，是一个"纯自然科学"的概念（刘天齐，2000）。它是由污染物与特定对象之间剂量-反应关系确定的。不考虑人为、社会经济因素，不具有法律效力。例如，通过大气中二氧化硫与人体之间剂量-反应关系的分析可以确定，当大气中二氧化硫平均浓度超过 0.115 毫克/立方米时，对人体会产生不良影响，这个浓度就称为大气中的二氧化硫基准。再如，六价铬对 27 个属淡水生物的急性毒性值范围是从角枝类甲壳动物的 23.07 微克/升到石蝇的 1870 微克/升，硬头鳟鱼的慢性毒性值为 264.6 微克/升（柴立元和何德文，2006）。环境基准在上升为环境标准之前，不具备法律效力。

环境基准属自然科学认知的范畴，因此相关的工作应最大限度地减少或排除非科学因素特别是环境保护管理机构的影响和干扰（Russo，2002）。为保证获得的环境基准值不附带任何社会、经济和政治因素，指派的任务应该尽量避免环境保护管理机构下属研究机构来承担（Environmental Quality Standards，2005）。

环境基准研究一般耗资大、费时长，尤其是准确的环境基准资料的获得需要较长的时间，因此，国家在资助这类研究项目或课题时，必须有连续的高投入来维持（US Environmental Protection Agency，1998；CCREM，1995）。

虽然环境基准研究结果也需要经过一整套严格的科学实验程序方法获得，但研究的介质和对象的自然可变性，再加上研究方法和手段以及技术的不规范，都可能导致不一致的结果，甚至不能以确定的数值来表示。因此，这一方向同一内容的研究至少由两家相对独立且各具特色的单位分别承担或主持，以便于所获取数据进行比较并校正（周启星等，2007）。

建立环境基准需要综合卫生基准、生物基准和物理基准方面的资料。获取这些基准资料的途径是实验室研究、现场调查和收集有关文献资料（柴立元和何德文，2006）。

例如，环境污染物的卫生基准是建立在污染物对人群的毒理学和流行病学调查基础之上的。污染物的毒理学通常分为两大类：急性或慢性毒性；致癌性（包括致畸性和致变性）。非致癌性污染导致的急性或慢性毒性存在阈值，超过某一浓度即导致急性或慢性中毒，低于该浓度则无毒性表现，而致癌物（或诱变剂、致畸剂）不存在阈值，非零剂量水平就会有诱发癌变的可能性。因此，制订致癌物的浓度基准是以每百万（或十万）接触人口在生存期的发病率来表示其效应。

在确定污染的卫生基准时，首先要弄清污染物来源、接触途径和剂量水平。例如，制订空气污染物基准，要研究其暴露途径，从空气中摄入量、皮肤接触时间等；在实验室研究该污染物在动物或人体内的迁移和转化的动力学，明确其主动代谢和体内分布及其在靶器官的组织浓度。同时，要进行流行病学调查，了解该污染物在农村、城市的室外和室内的污染以及人群中发病情况。

生物基准建立时关键是生态受体的选取。

环境容量的确定。环境容量是指环境对外来扰动的吸纳能力。自然环境是一个开放系统，具有有限的抗干扰能力，人类从环境中取出或输入一定的物质与能量不会影响它的正常循环，不会使其丧失作为生命支持系统的功能。环境容量本身就构成一种环境资源形态，可以提供给人们利用。然而，这种环境资源的利用限度的研究便成为科学认知的主要任务。科学工作者通过人类对环境带来的扰动的长期观察、监测、分析，建立起数据模型，确定环境容量的最大值。

环境标准的设定。环境标准是以环境基准或（和）环境容量为依据，考虑社会、经济、技术等因素后所制定的限制值，它具有法律强制性，且可以根据实际情况进行不断的修改和补充（柴立元和何德文，2006）。

《中华人民共和国环境保护标准管理办法》（1983 年 10 月 11 日城乡建设环境

保护部颁布）中定义环境标准为：环境标准是为保护人群健康、社会物质财富和维持生态平衡，对大气、水、土壤等环境质量，对污染源的监测方法以及其他需要所制定的标准的总称。

环境标准是国家为维护环境质量，控制污染，从而保护人群健康、社会财富和生态平衡，按照法定程度制定的各种技术规范的总称（金瑞林，1999）。

一般情况下，通常要求环境标准值的水平高于基准值水平，在这种情况下，即使污染物超标，也可能不超过基准值，不会给特定对象带来危害，安全系数较高。例如，我国《环境空气质量标准》（GB 3095—1996）规定，空气中二氧化硫日平均浓度一级标准为 0.05 毫克/立方米，低于该污染物的环境基准值。

附 2：我国的环境标准体系

按照环境标准的性质、功能和内在联系进行分类、分级，构成一个统一的有机整体，称为环境标准体系。我国的环境标准体系可以概括为"6 类""二级""两种执行规定""两种控制方式"，如图 6-1 所示。

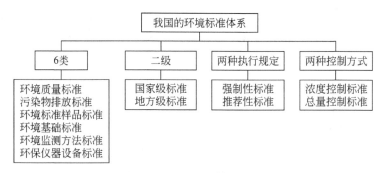

图 6-1　我国的环境标准体系

根据国家环境保护总局颁布的《环境标准管理办法》（1999 年），我国的环境标准体系除包括国家标准和地方标准，还包括国家环境保护总局级别的标准。同时，也存在着把环境标准分为国家标准、地方标准和行业标准的三级分类方法。近年来，随着环境风险事故的频发，环境风险预警系统的建立，污染报警标准也成为我国环境标准体系的类型之一（柴立元和何德文，2006）。

6.1.2.2　指标体系的构建与标准级别的选择

EIA 过程中的标准工作限于 EIA 指标体系的建构和标准类型、级别的选择。在环境影响报告书中，我们可以看出，EIA 标准体系主要是依据周围生态状况，拟议行为类型而选择的。因为大多数 EIA 过程都有技术导则可以遵循，同时也有成套的国内或国际标准体系可以参照，所以 EIA 标准的确立往往仅仅需要调研一下当地的自然环境背景状态和拟建工程的工艺类型，选择出一些敏感的重要影响因子组成指标体系，再根据评价工作级别从可参照的标准体系中选择出符合要求的相关标准就完成了（表 6-1）。至于复杂一些的区域 EIA 和战略环境影响评价，无非是加大了类似客观信息收集和数据分析的难度，工作性质依然是类似的。

表 6-1　EIA 标准的确立过程中两个工作环节的比较

项目	工作内容	主体	与 EIA 的关系	主要变量
环境标准值的确立	实验、调查、现场观察、监测，数据处理、分析，模型模拟，验证	化学家、医学家、生态学家、生物学家等自然科学工作者	先于 EIA 过程	科学（包括自然科学与人文科学）发展水平、实验与研究条件、国际化程度、研究团队的综合水平
EIA 指标体系构建与标准级别和类型的选择	确定评价工作等级、标准的类型与级别，构建指标体系，确定因子权重	专业的 EIA 技术人员	发生于 EIA 过程	环境背景 拟议行为（工程）的性质

这个过程的技术性并不能够否定其过程的价值选择内涵和重要性：对多重价值主体的需要的认识和优劣排序。

评价标准作为价值观念具体化、条理化、规范化的形式，是评价活动的先在性尺度，是评价活动赖以进行的逻辑前提。然而，评价标准的确立、选择、现实化是一个复杂的矛盾过程（刘秀芬，2000）。

陈新汉（1995）认为，评价主体确立评价标准需要两个环节：第一，群体主体的需要能正确地反映到评价主体的意识中来；第二，评价主体对各种群体利益进行比较，权衡得失，从而正确地选择评价标准。同样，EIA 标准的确立也是评价主体对价值主体的需要的认识与优先排序，并根据不同的 EIA 目标而设定标准体系的观念性活动。

相比于价值主体需要的客观性，评价标准是评价主体所意识到的价值主体需要，是主观的。因此，评价主体既可能正确地反映价值主体需要，也可能意识不到或歪曲地反映主体需要。所以，评价标准就有"真""假"的区别；同时，评价主体如果正确地认识到主体需要，但仍然有可能在多重需要排序过程中，进行不恰当的优先排序。这个过程就会产生"好"或"不好"的评价标准。

需要的优势程度差异表现在主体观念之中，以及社会规范之中，无论是环境影响报告文本编制过程还是相伴的个体态度、意见和社会舆论形成过程，都是在某种社会决策背景之下基于一定的价值观念和规范，对多重主体需要的认识和优先排序过程。因此 EIA 标准体系构建与选择过程要涉及的环节就不仅仅是评价技术人员按调查所确定的重要影响因子和评价工作的分级选定指标体系，在已有的国内或国际标准体系中进行选择那么简单。其本质是基于对各价值主体的需要进行正确的认识，同时在把握对环境资源的不同需要间的冲突时，判断出哪个才是更为合理、优势的需要，进行需要的优先排序。这个过程需要两个方面的同时进行，其一，评价技术主体根据对相关影响信息的调查和分析而对价值需要的认识过程；其二，价值主体自身争取的价值偏好、利益诉求的表达过程。这两个环节是相互影响的，评价主体只有倾听了各价值主体的利益诉求才能够掌握更为全面和准确的价值信息，而受影响者的态度和意见只有反映到 EIA 的科学过程才能够确保被重视。

简言之，EIA 标准是用来衡量拟议行为方案中环境资源配置合理性和环境资源价值的尺度，其本质基于环境资源配置过程，评价主体所意识到的价值主体对环境资源的需要。评价标准体系的确立分两个步骤：第一个步骤是根据对价值主体需要的认识和反映过程；第二个步骤是根据一定的评价目标对认识到的主体需要加以排序、选择，进行标准体系的组建过程。EIA 标准体系的确立是建立在科学基础之上的价值选择过程。第二个步骤体现出在相冲突的环境利益下评价主体的选择自由。

6.2 EIA 标准确立与选择的原则

EIA 的标准确立过程包括两个环节：第一，认识反映过程，这是个科学认知过程，需要遵循的是科学性原则，也称合规律性原则；第二，选择取舍过程，这是个价值判断过程，需要遵循的是价值最大化原则，也称合目的性原则。

科学性和价值最大化是合理性的两个向度（晏辉，2001；杨耀坤，1999）。因此，要判断 EIA 标准体系是否合理，实现 EIA 过程对不同利益主体的公正对待，以及环境资源配置结构的合理性，至少在 EIA 标准方面需要从两个方面进行辨别：EIA 标准体系是否符合科学性原则；EIA 标准体系是否能够符合价值最大化原则。

6.2.1 EIA 标准体系确立的科学性原则

在杨耀坤（1999）看来，合理性是人的活动的特征，它具有浓厚的价值性，所以，合目的性（价值最大化）是首要的，重要于合规律性（科学性）。不过，这并不否定科学性的重要性，科学性是合理性的根本，因为如果主体目的是不符合客观规律或不具有现实的客观必然性，那么它便在原则上是不合理的。

6.2.1.1 客观认识自然环境功能

EIA 标准一方面反映了人（包括个体、群体和社会）生存与发展的欲求；另一方面反映了自然环境对人类欲求的满足功能。因此，EIA 标准是基于自然环境功能性状的。

人的社会经济行为对自然环境造成的影响是 3 方面的，其一是环境污染，即增加环境要素内的异物质，引起生态环境功能的改变；其二是开采自然资源，输出生态系统内的营养物质，同样引起生态环境功能的改变；其三是通过土地利用方式等的改变而部分或完全改变生态系统的结构，形成新的生态系统。

我们要想判断前两方面的影响大小，可以通过对生态系统内输入的异物质和输出的营养物质的量化来判断。水、大气和土壤等环境要素内污染物的含量，以及自然资源存储量直接影响着我们最基本生存需要的满足，所以，环境要素内组分的质和量的变化表征自然环境的功能变化。

然而，生态系统的结构变化是难以定量说明的，但是，任何一个生态系统的结构方式都会具有生态系统的生产功能、调节功能和环境服务功能，如生产生物资源的功能、储蓄水的功能、改善气候的功能和社会文化功能的状态与之相对应，这些功能是可以用参数或指标值来表征的，因此，我们可以通过功能参数的变化来表示社会经济行为对生态系统的结构造成的影响。

因为环境的各种功能恰是人类对自然环境的基本需求和关注点，因此，我们可以通过行为前后自然环境功能变化来判断自然环境受到的影响，而自然环境的原有和应有的各种功能，如污染物净化、自然资源提供和各种生态服务等的性质和状态也就构成了 EIA 标准。EIA 则会以还原功能性状的参数指标和量化了的标准值作为间接的判断标准。

根据毛文永（2003）的研究，EIA 标准主要来源包括以下几方面：①国际、国家、地方和行业规定的环境标准，国家发布的 EIA 技术导则，行业发布的 EIA 规范、规定、设定要求等，环境和生态功能区的保护要求等；②生态环境的背景和本底值，如污染物本底值、土壤背景值、植被覆盖率、生物量、生物种丰度和生物多样性，以及区域水土流失本底值、生态系统蓄水功能、防风固沙能力等；③科学研究已经判断的生态效应，如保障生态安全的最低绿化率、污染物在生物体内的最高允许量、特别敏感生物的环境质量要求等。

在我国，EIA 政策和环境功能分区政策息息相关，标准值与环境的使用功能紧密联系，分类保护，不同功能区执行不同的标准。例如，在《环境空气质量标准》中，就规定自然保护区、风景名胜区和其他需要特殊保护的地区为一类空气质量功能区执行一级标准；而一般城镇居住区、商业交通居民工业区为二类空气质量功能区执行二级标准。体现了"高功能区高保护，低功能区低保护"的标准制定原则。

值得注意的是，功能之间存在着可替代性与不可替代性的差别。例如，陈阿江（2007）在谈到太湖流域水环境恶化的原因时认为，我们对水资源根据人的需要进行了饮用、渔业、灌溉、纳污等的功能层次区分，功能层次有高级和低级的区别，如地表水的饮用功能是高级功能，而渔业养殖、浇灌农田和纳污功能就是较低级的功能，实现高级功能的地表水可以同时实现低级功能，但地表水低级功能就不能替代高级功能，如饮用水显然是可以作灌溉养殖和纳污之用，但仅仅符合纳污功能的水则不可用作饮用水。随着科学技术发展到可以人为的根据人的需要层次，进行水资源配置时的功能分割，如建造自来水厂，把河流湖泊的清洁水源与污水分割开来，于是有自来水可依赖的当地居民就失去了保护江河湖泊的动力，无意识地加入对河流湖泊的污染者队伍。于是，问题就转到生活方式和价值观念的改变对环境问题的影响上来了。显然，EIA 标准体系确立是以价值观念的建构为先在性条件的，科学性原则并不能确保 EIA 标准的合理性。

6.2.1.2　主体需要信息的收集与分析

EIA 标准体系的确立过程中，最为首要的几个问题是：哪些人会受到影响？受到什么影响？影响程度如何？我们拿什么来判断哪个（类）主体的哪个需要更为优势？

这些问题的回答我们必须借助科学。在评价标准体系构建的第一步，即根据所掌握的信息对价值主体需要的认识和排序过程是要依据科学性原则的。

评价标准有真假之分，评价标准是否为真，即评价标准是否正确地反映价值主体的利益需要取决于两个因素：第一，价值主体的需要有没有被评价主体意识到；第二，价值主体的需要是否正确地被评价主体所把握？

这个过程依赖于评价主体所掌握的环境影响信息的完备程度，以及收集和分析信息的技术成熟程度。所谓环境影响信息，不仅仅包括有关价值客体的功能、结构、规律、状态等的客观知识，还包括价值主体的需要信息，即什么样的社会成员会受到影响，受到哪方面的影响，影响程度如何，等等。

信息收集技术主要包括文献调研、实地监测和社会调查 3 个种类。而信息分析技术则主要是从所收集的不衔接的、不完全的、不精确的、连续性差的信息中运行现有的信息技术进行归一化、标准化和模拟处理，提炼出符合一定精确度需要的回顾性的、现状的和预测性的信息。

信息的完备程度决定评价主体能否意识到所有价值主体的所有相关需要，即哪些主体会受到（正在受到或已经受到）影响，受到哪些影响；信息的分析精度决定评价主体能否正确地认识到价值主体的需要，即受到影响的程度。

因此对主体需要的反映是对客观事实的求知过程，属于科学认知领域，需要科学理性的保障。

评价标准是评价主体所"意识"到的价值标准，然而"意识"有着自觉意识和非自觉意识的区分。在 EIA 中，所依据的环境标准即是基于对价值标准的自觉意识，并以数字、法律条文的形式把这种意识固定下来，使之带有"规范性"和"程序性"（廖建凯和黄琼，2005）。例如，我国地面水质标准 II 类水质是以人类健康基准值为依据的，III 类水质是以保护水生生物推荐基准值为依据并参考了世界各国水源地水质标准制订的。有明显的有害与无害的界限（吴邦灿，1999）。

吴邦灿（1999）认为，环境标准的制订是以科学认知结合实践为依据，具有科学性和先进性。制订标准比较注重的是先进实用处理技术与标准值的匹配，能够判断污染防治技术、生产工艺与设备是否先进可行。同时制定过程注重的是标准的标准化，如方法标准、标准物质标准、基础标准等，往往是要统一采样、分析、测试、统计、计算等技术方法，规范环境保护有关技术名词、术语等，保证了环境监测数据的准确性，以及环境信息的可比性，使环境科学各学科之间、环境监督管理各部门之间及环境科研和环境管理部门之间能够进行有效的信息交流。

6.2.2 EIA 标准确立的价值最大化原则

叶文虎和栾胜基（1994）所著的《环境质量评价学》中认为，EIA 标准必须从能否衡量人类社会生存发展的需要满足程度的角度去研究和建立。

不同的主体利益存在冲突性，同一主体的利益需要也存在冲突的可能；在相冲突的利益面前如何选择，如何协调？这是评价标准体系确立的另一个要点：如何确定主体需要的优势程度。

科学性原则仅仅能够保证对价值主体需要的正确和全面地反映，但要想从相冲突的需要之间选择出较为优势的需要，进行合理的优劣排序，还需要合目的性原则的指导。郑文先（1995）认为，合规律性是指符合客观规律性，往往是指达到目的的工具手段的有效性；而合目的性，注重对目的本身进行反思，从人的价值、利益、手段及边际条件等考察目的合理与否。

合目的性原则具体到以个体为价值主体的评价来说，便是个人需要的最大化满足；对以群体为价值主体的评价来说，便是群体需要的最大化实现；对以社会为价值主体的评价来说，是社会整体的可持续存续与发展。因此，我们所说的合理性是指对需要进行反映的过程中是否满足合规律性原则，在对需要进行排序和选择的过程中是否满足个体、群体或社会的需要（包括功利和非功利需要）最大化原则，而不是针对需要本身的合理与否。

其实，主体的需要本身是客观的，没有合理与不合理的区别，无论是衣食之忧，还是安逸生活的向往，或个人地位和名望的追逐，以及为荣耀和正义的奋斗，需要都是一种客观存在的人类欲求，由人的生理特性和社会本质所决定。需要作为主体在现实生活中表现出的一定匮乏状态（陈新汉，1995），使人对环境资源能够满足这种匮乏状态的一些功能特征表现出一种特殊的兴趣。如果一项开发行为可能会造成重大的环境影响，那么所涉及的利益关系中，开发行为提议者希望这次开发行为能够获得及时批准，抓紧市场供求契机，以较低的成本，尽快获得投资回报；当地公众希望自己的生活或工作环境不被扰动或改变的更加舒适；评价咨询机构希望能够在招标过程具有自己的技术和价格优势，在咨询行业中具备较强的行业竞争力；决策者希望能够通过鼓励投资，提高地区经济水平，增加地方财政税收，或者希望通过整体的资源配置调控，进行产业结构升级，增强经济的可持续发展能力，或者希望通过微观经济行为监管，约束环境污染与生态破坏行为，改善当地生态环境质量，等等。上述主体行为期望之中，都包含个体的生理必需和社会生存必需性，有着客观的存在依据，单独看都是被社会所认可的。

然而，如果开发行为对周围环境造成了重大影响，那么，我们常常会指责开发行为主体利欲熏心，即判定他想以低成本获得高市场利润的欲望是不合理的。因为开发行为把开发行为主体与当地公众联系在一起，而他们的欲望的满足有了冲突。在这种情况下，两种主体需要就有了优先排序：公众对健康生存环境的需要是优于开发行为主体的市场赢利需要的。如果决策的过程颠倒这个顺序，开发行为主体的赢利需要占据公众生存需要的上风，那么，开发行为的赢利需要就成了不合理的需要。

同样，广受苛责却引领消费风尚的奢侈消费行为，其受到社会富裕阶层的推崇是因为奢侈品能够满足他们的个人成就感，是身份地位的象征，对并不担忧衣食住行的富裕者来说成为他们的优势需要，所以奢侈消费有着社会性的客观存在理由。但因为个体身份的炫耀而占据的资源却使更多的社会成员处在温饱的生存线上，使我们有限的环境资源更加岌岌可危，于是，在正义者的眼里对奢侈消费的需要比起国计民生，又远远够不上优势地位。

所以，我们论述的需要的合理性，是指在价值主体多元的情况下，是否能够按照主体整体利益最大化原则对多重主体需要进行完整、正确地反映，并能否在各种相冲突的需要之中选择出更为基础性和急迫性的需要作为优势需要。所谓扭曲的需要、过量的需要（陈新汉，1995）等不合理需要，在笔者看来都是从多重主体需要进行整体化把握排序的过程中，不应该占据优势地位却在实际现象中占据优势的主体需要。

因此，评价主体对价值主体的需要的认识过程采用真假标准，而接下来，对评价标准从各种主体需要中加以选择组成评价标准体系的过程应当采用价值合理性标准。当然，评价标准的合理性是建立于评价标准的真假之上的，评价标准为真，并不意味评价标准合理。例如，在太湖污染事件中（见案例六），存在着两方面的标准问题：首先，在评价太湖水环境质量时总磷、总氮指标的缺失；其次，水污染排放标准中，总磷、总氮标准过低[①]（顾瑞珍和艾福梅，2007）。前者属于评价标准构建中的价值合理性问题，而后者则属于标准的真假问题。

再如，《生活垃圾填埋场污染控制标准》（GB 168889—1997）（国家环境保护局，1997）中，对生活垃圾填埋场选址的环境保护要求为：生活垃圾填埋场应设在当地夏季主导风向的下风向，在人畜居栖点 500 米以外。这显然把问题过度简单化了。

EIA 标准确立的是环境资源在不同主体和主体的不同需要之间进行功能分配的尺码。如果利益主体是多元的，而且存在着彼此间的利益冲突，那么，环境资源在不同主体间分配的尺码的定位就意味着一个利益分配格局的形成。一个 EIA 的评价指标体系和标准值的选择和层次划分也相当于一个环境资源配置结构的预设过程。例如，当选择饮用水的标准来评价一个水库所在地的社会经济活动，相当于把当地居民的饮用等日常用水需要看得高于其他相冲突的需要，如化工企业

[①] 太湖"蓝藻之祸"追踪"就水论水"治不好太湖[N/OL]. http://www.zjol.com.cn/05delta/system/2007/06/03/008492063.shtml。

的低成本排污需要。该水库是作为饮用水资源在整个供水区域内分配给居民的,而不是作为环境容量资源分配给化工企业的。由此,一项重大的开发项目活动,或者一个国家或区域的发展政策的 EIA,其指标体系的选取和层组安排,以及标准值的选取本身就可以看作一种环境资源配置结局的预设,对项目或政策的实施效果起着关键的决定作用。

其中,以环境容量作为评价标准建立依据的 EIA 标准具有比较直观的环境资源空间配置结构预设性质。环境容量作为一种生态环境纳污自净功能,在满足不同区域不同群体的排污需要的时候是有阈限值的,其阈限值作为一种衡量尺度,要求区域内的排污总量不得超出该标准,然而,这个总量如何在不同地区和不同的社会群体间分配。例如,一个流域内某水功能区有可能跨过若干个行政区,这几个行政区共享水功能区内的水环境容量,如何将水功能区内纳污总量进行行政区划分?这时仍然要分出各区域和各群体的需求的轻重缓急,所以,EIA 标准仍然是一个对不同主体需要的优先度进行排序的过程。

总结一下,被创建的评价标准体系是否合理涉及 3 个方面的因素:其一,价值主体的需要是否被意识到;其二,价值主体需要是否被正确地意识到;其三,评价主体能否对各价值主体需要进行合理的比较和选择,实现项目或战略行为的价值最大化目的。扩展开了,对环境资源配置的价值冲突现象中的价值选择问题来说,如何保证价值选择本身是合理的,那么,科学性原则和价值最大化原则是前提条件。

6.3 本章小结

EIA 标准是用来衡量环境资源配置合理性和环境资源价值的尺度,其本质内涵是评价主体所意识到的价值主体需要。因为 EIA 过程中价值主体是多元的,价值主体的需要也是多样的,在环境资源的稀缺性和公共物品属性下,这样多元多样的需要之间很可能存在着相互的冲突与竞争。这种情况下,就必须选择哪种需要是要被优先满足的。因此,环境价值冲突现象在 EIA 标准确立过程中的表现为:在指标体系建构和评价标准级别选择时,在相冲突的环境需要之间的权衡、取舍。评价主体在这里拥有选择的自由。

为了保证相冲突的环境价值选择的合理性,EIA 标准确立过程要遵循两个原则:科学性原则和价值最大化原则。这给予我们的启示是,当处理环境资源配置决策过程的利益矛盾时,要想保证价值选择过程合理,同样要遵循这两个原则。然而，如何约束有选择自由的主体能够同时遵循科学性原则和价值最大化原则呢？这涉及相应的主体责任机制的完善问题。这时的主体不仅仅是评价主体，可能还要包括决策者、公众等其他社会主体。因此，对环境价值冲突过程时的价值选择而言，对合理性维度的把握，以及保证合理性原则的责任机制无疑是关键的。

第7章 | 理论研究与制度改进建议

综上所述，EIA 并非不能够把握环境价值冲突特征，而是我们对 EIA 的价值评价本质和社会活动特征没有足够清晰的认识。环境价值冲突的特征和规律可以从以下 3 个方面进行把握：①EIA 各介入主体的社会关系和行为互动过程；②由各重大建设项目和战略行为决策方案决定的不合理性的环境资源配置结构；③在相冲突的环境价值中进行权衡取舍的标准选择过程。

但是同时，EIA 的根本目的是为项目或战略决策者提供决策咨询服务，任何其他的衍生功能都要以保障这个根本目标为前提。这意味着：首先，我国的 EIA 制度是项目审批制度，有其必然的体制背景和社会发展阶段约束，这要跟其他体制下的 EIA 制度有所区别；其次，科学性原则是评价合理性的根本保障；最后，要认识到 EIA 针对价值冲突问题的局限性，在 EIA 平台上，并非所有的冲突都能够通过形成共识而化解。

因此，要想在 EIA 平台上解决环境问题和环境问题引发的环境价值冲突，更好地发挥 EIA 制度的功能，需要从 EIA 的价值评价本质和社会活动规律出发，进行 EIA 的理论完善和制度改进。笔者认为，可以从以下 3 个方面进行。

7.1 朝向多元目标的 EIA 模式设计研究

我国当前的 EIA 模式①和组织形式过于单一，与决策背景的千变万化很难相适应，也就更难以与决策过程的环境价值冲突特征相整合。因此，无论是理论研究还是制度设计方面，以增进决策质量为目的的针对不同决策背景的模式的探索都是有必要的。

---

① 本书的"模式"类似于库恩在《科学革命的结构》中提出"范式"的概念。库恩对科学发展持历史阶段论，认为每一个科学发展阶段都有特殊的内在结构，而体现这种结构的模型即"范式"（paradigm）。它的内涵有两层意思：科学共同体的共同承诺集合；科学共同体共有的范例。本书借用对"范式"的通俗的理解，把 EIA 的模式看作研究问题、观察问题、分析问题、解决问题所使用的一套概念、方法及原则的总称。

7.1.1 EIA 的技术模式特征

EIA 行业的技术方法涉及多类别、多领域、多层次，兼具范围广、内容多、专业性强的特点。之前的 EIA 技术领域涉及广泛，但不精深，EIA 更需要科学性，以科学、严谨的技术力量作为强有力武器，坚守环境保护第一道门槛（中国环境保护产业协会环境影响评价分会，2016）。

通常情况下，在 EIA 过程中，往往有这样一个被广泛认同的假设——EIA 向决策过程提供的有关决策方案可能产生的环境影响信息愈是科学精确，采纳 EIA 建议的最终决策便愈是合理 （Krønøv and Thissen，2000；Benson，2003）。我国当前的 EIA 便是构筑在这个前提之下的，表现出技术模式的特征。

1）被定位于决策辅助工具。

2）侧重于对物理环境层面，注重 EIA 对环境要素的功能性特征。

3）以影响预测与损益评价为工作核心，侧重数据的收集和信息的分析，工作内容以环境影响报告文本的编写和评审为主。

4）依赖传统的技术方法，环境影响报告文本以技术环节为重，强调预测结论的可靠程度。

5）公众参与在时机和规模上都有限定。

6）具备效率上的优势。

经验证明，EIA 技术模式在效率上的优势是毋庸置疑的。从我国实施 EIA 制度三四十年来，EIA 为环境风险的预防和生态环境的保护起到了巨大的作用。

然而，不管 EIA 提供的信息的精确程度如何，真正的理性决策在实践中很少存在（Nilsson and Dalkmann，2001）。这意味着，提高 EIA 所提供影响信息的精确性，提高决策过程中科学性，并不一定就能够提高决策质量（Wood，2003）。因此，这种模式在不存在激烈的价值冲突的情况下是适用的。然而，随着从经济到政治制度的改革推进，社会价值需要多样化的发展趋势下，针对环境价值冲突特征，EIA 技术模式逐渐显露出了不足，并受到质疑，具体如下。

1）忽视决策的政治特征（Dalkmann et al.，2004）。EIA 的目的是对经济发展、社会进步的整体效益的关注，应立足于综合的环境资源支撑能力与利益分配合理性的分析，而介入决策的环境资源配置过程的 EIA 在一定程度上成为政治内容的部分。然而保持价值无涉，侧重于技术模式的 EIA 比较难以融入这样的决策背景，难以与决策过程有效整合。

2）太过强调物理环境。环境资源是具有稀缺性的公共物品，因此环境资源分配过程中必然涉及公平与效率问题。建设单位、决策者和影响受众等不同主体对环境资源的需要层次和程度也各有差异，对决策方案中的环境资源配置会抱有不同的期望，如何协调不同的期望于环境资源配置方案之中也是 EIA 应该的工作内容，而技术模式的 EIA 对驾驭此类问题显得有些力不从心。

3）数据可靠性的强调并不能保证决策质量，反而提高了评价成本。决策过程是建立在完备、可靠信息基础之上的权、责、利分配方案的形成过程，不仅要依赖信息的客观性和可靠性，还要保证决策方案的可接受性和可行性。何况，如第 3 章，EIA 过程包括主客体两重不确定性，受各方面复杂因素的干扰，其过程的不确定性特征决定了 EIA 的评价结果的精确性和可靠程度是受限的。

4）灵活性不足。不同的决策背景和决策层级决定了 EIA 的方法、程序、目标等不能僵化，而应该具备与不同决策相适应的灵活性，而追求形式标准化的 EIA 技术模式显然与此要求相冲突。

5）公众参与不足。信息公开不够，当影响信息被通告的时候，公众的意见已经失去了影响战略制定的机会；对所公布的评价信息解释不足，文本太过专业化，引不起公众的兴趣；公众的环境意识不足，等等，此类问题使 EIA 更弱于与决策的整合。

6）环境影响报告书（表）的可读性差，长篇累牍的技术报告是以诉讼律师和评审专家为主要读者，并没有真正面向公众和决策者（Alton and Underwood，2003）。由于比较强的专业性，环境影响报告书（表）对大众的可读性比较差，因此，在 EIA 和公众之间就有了一道知识鸿沟。

不可否认的一点是，尽管受到诟病，技术模式到目前为止仍然因为高效和科学可靠的优势，仍然是占据 EIA 的主流。毕竟，科学性才是行政决策向 EIA 救助的主要原因。

7.1.2　EIA 的价值建构模式的补充

有学者（Fischer，2003；Alton and Underwood，2003）指出，环境问题的根源在于战略方案中的利益的选择与环境资源的分配结构，为有效把握环境问题，EIA 应该具备与决策的价值冲突和价值建构过程高度整合。合理的决策方案并非来自于评审专家对费效分析或多目标决策分析模型的技术认可，而是源于不同的主体（影响受众、提议者、政府、咨询专家等）关于战略方案中承载的环境资源价值分配达成共识的过程。因此，EIA 没有必要遵循预设的程序和采用固定的评价标准和方法，其职责应该是为各介入主体设计信息交流和意见交换、沟通和协商，达成共识的理想的言辞情境和氛围。

Dalkmann 等（2004）认为，鉴于环境影响的评价技术方法已经相当成熟，环境影响的科学性本身应该处于次要地位，而与决策的整合程度和对决策质量的影响力才应该是首要。事实上，决策者对 EIA 的期待除影响信息的描述之外，还有价值信息的解释，以及影响受众对拟订方案的反应和看法。因此，如果在决策方案形成的价值建构过程，EIA 能够成为一个信息交换的平台，保证决策者、投资者和公众之间信息反馈的连续性，会有助于提高决策方案的可行性。为快速响应决策过程的各种瞬时变量，EIA 需要依据具体战略背景而具备程序、方法、标准和功能上的自适应性。

也就是说，价值构建模式下的 EIA 有如下特征。

1）重视决策目标的可达性和决策方案的可操作性。

2）同时面向公众和决策者等多主体。

3）重视 EIA 的社会活动特征，以及环境问题的价值冲突特征。

4）具备程序和方法的灵活性和可适应性，适用于不同决策背景。

5）具备与决策过程整合的优势。

总之，具备此类特性的 EIA 长于与决策过程的整合，通过对决策过程中环境资源配置冲突的把握而进行环境资源价值建构。

不过，EIA 的价值建构模式并不能够替代的技术模式，只是对技术模式的补充。价值建构模式下的 EIA 使价值建构成为核心（Cashmore，2004），因而不得不面对如下疑问：

1）为决策提供技术支持是 EIA 的基本功能，如果无法保证对环境问题的识别的针对性和全面性，以及对替代方案的评价的可信程度，那么 EIA 对环境资源的价值关注也只能是建立在没有根基的大厦之上。

2）各介入主体利益协调，彼此磋商的过程可能会延长 EIA 工作时限从而贻误项目实施和战略执行的最佳契机，因而降低效率。

3）经过与公众充分协商和交流的决策方案也未必是最佳决策方案，如果影响受众的集体忽视环境资源的生态价值、文化意义而偏重功利，或舆论失去合法性前提，都可能造成决策失误。而且，如果不能掌控好主体行为变量，参与者的兴趣、价值偏好以及其所拥有的权力及所享有的声望和地位等，这些主体因素很可能会是造成决策偏误的诱因。

4）对 EIA 的组织技巧和组织条件要求过高。首先，对主体行为规范、社会民主程度，以及介入主体的受教育程度、权益意识等有着比较苛刻的要求。价值建构模式下的 EIA 是各利益主体积极主动参与、并且理性选择行为方案的利益博弈过程，对信息公开程度、公众环境意识和参与意识都有着较高的要求。同时，要求决策者及技术人员对 EIA 过程的组织技巧有娴熟的掌握，这对我国的实际状态显然是个挑战。

7.1.3 各模式的特征与适用背景简介

根据 7.1.2 节，完全符合技术模式特征的 EIA 与完全符合价值建构模式的 EIA 是截然不同的两种类型，且两种类型的 EIA 设计是相互冲突的。然而事实上，环境问题的物理性和社会性特征是共同存在的，EIA 过程往往被赋予了技术咨询和价值建构两种目标。EIA 的价值建构模式必须是在实现了提供环境影响信息的可靠性基础上才有开展的必要和可能。

Cashmore（2004）曾经根据 EIA 包含的技术咨询目标和价值建构目标之间的比例进一步细分出 5 类 EIA 模式，如图 7-1 所示。

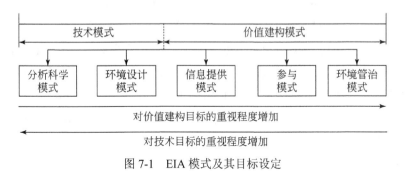

图 7-1 EIA 模式及其目标设定

资料来源：Cashmore，2004

本书借鉴 Cashmore（2004）的分类方法，根据各国发表的 EIA 文献中讨论过的 EIA 实际操作模式，分析这几种模式的差别和所针对的环境问题特征与所适合的制度背景，帮助实践过程中评价模式的选择和设计。

（1）技术模式

EIA 被设定为信息提供的决策辅助工具，与决策过程整合程度不高，强调认知科学，或者说自然科学，重视专家建议，适用于价值冲突特征不显著的环境问题。

分析科学模式：这是一种适合于对环境问题的物理、化学、生物和生态特征、机理并不明确的环境影响进行末端控制的 EIA 模式。

EIA 的分析科学模式基于实证主义科学精神。为了保证评价结论的可信度，评价过程要最大程度遵守科学原则和行为规范。以科学认知的定位来设计 EIA 过程：设立科学目标，信息收集，进行模拟和实验，简洁明确的建议，跟踪监测（Rosenberg et al.，1981）。最为重要的是，影响预测要以量化模型的构建为前提，预测模拟过程是可重复的（Underwood，1990；Smith，1991；Morrisey，1993）。正如 Duinker（1985）说的，对科学研究来说，任何时候，有相当程度误差的量化总是要优于定性分析的。影响模拟和因子监测构成这种模式下 EIA 工作的重心（Lawrence，1994）。

我们知道，严格遵循科学原则，就意味着对时间、决策方案可操作性等其他限制因素的忽略（Dickerson and Montgomery，1993）：首先，要严格区分事实描述（科学目标）与价值判断（决策目标），避免决策过程对科学目标的干扰（Beanlands and Duinker，1983；Royal Commission on Environmental Pollution，1998）；其次，时间、资金和人力集中于采样、监测、统计分析和模型参数的调配工作上（Beanlands and Duinker，1983，1984；Underwood，1990）；最后，评价报告文本主要面向的是专家审核，因此，要符合科研论文的要求。

分析科学模式自 EIA 概念产生以来至今都有大批的支持者（Morgan，1998）。例如，Rosenberg 等（1981）就曾指出，EIA 是一个应用生态学的扩展。再如，NEPA 被看作一种运用科学去影响和引导决策的方式（Caldwell，1993）。NEPA 的制定者本身就受科学观念尤其是生态学影响颇为深刻（Bartlett，1986；Malik and Bartlett，1993）。

此模式不足之处在于，对 EIA 来说，时间约束和决策目标可操作性是必须要加以考虑的；还有，按照科学认知的要求，预测模型必须经得起可重复性检验（假设检验），可是，我们都知道，在决策方案实施之前，人类行为所可能造成的影响的结果往往是无法被真正检验的（Epp，1995）。

环境设计模式：适用于政治性和环境价值冲突性特征不明显，环境影响机理比较容易掌握的环境问题。

在各国的 EIA 实践中，对环境影响文本（报告书）的重视和与决策过程的脱节，使 EIA 常常沦为为通过开发方案审批的一个象征性的政治手段（Brown and Hill，1995）：重要的是执行 EIA 程序，而不是借助 EIA 实现了什么目的（McDonald and Brown，1995）。基于此，有学者认为 EIA 应该完全整合成为项目设计或战略制定的组成部分。

这种模式也重于对科学原则的遵循。尤其在行为方案设计周期的早期阶段，EIA 必须提供能够优化方案设计的及时实用的建议，因此，工作重点在于提供技术性的意见与建议之上，典型如 LCA（life cycle assessment，生命周期评估）。McDonald 和 Brown（1995） 建议，EIA 工作者应该具备工程学知识，研究出工程设计师能够在设计周期的早期采用的方法学，这样，EIA 就可能会变成项目规划过程的一部分，而不是一个外在的目标。

环境设计模式的缺点在于立法上的困难，在制度层面上难以有效规范。

（2）共识构建模式

EIA 被看作一个决策优化平台（Weinberg，1972；O'Riordan，2001），重视人文社会科学，即 transscience or civic science（Weinberg，1972；O'Riordan，2001），被誉为集科学与艺术为 一体（Kennedy，1988），具备灵活性和针对性（Sadler，1996），重视环境问题的价值冲突特征和社会人文背景。

信息提供模式：适用于具备一定环境价值冲突特征但要求保证影响预测可靠性的项目行为，是当前我国常见的项目 EIA 的操作模式。

信息提供模式带着目的性和针对性——必须在有限的时间内、利用有限的资金和人力预测出影响结果，评比出决策方案的优劣。在信息提供模式下，EIA 通常被认为是一个受时间和资源限制，常处于一种政治的有公众争议的氛围中的决策工具（Dickerson and Montgomery，1993；Caldwell，1991；Walters，1993）。

信息提供模式下 EIA 过程仍然是以科学分析为主导的：确定和评估可行的替代方案；量化影响因子和建立影响模型；对影响因子权重的赋予，专家判断技术的运用；后续跟踪评估；等等。不过，EIA 并不被寄望能够产生与自然科学研究等同的可靠性成果，这样的期望被 Beattie（1995）认为既是不合理的，也是不现实的。EIA 过程强调的是要采用最具可操作性的技术方法，对替代方案作以综合评估，而选择技术方法的标准是能否提高决策质量的关键（Malik and Bartlett，1993）。在 Sadler（1996）看来，评价活动中决策者与评价者之间要形成互动式咨询和相互监督的责任机制。

信息提供模式允许影响受众的意见表达，同时在影响因素分析和价值判断之间作严格划分。对评价结论的争议不再是仅仅因为科学性问题，还有围绕意识形态、价值观和经济发展与环境保护优先权而展开的意见冲突。EIA 设有公众参与环节，以便对公众参与有很多限定，公众并没有实质上的决策参与权。

参与模式：适合于环境价值冲突特征显著，环境问题的产生与决策方案中的资源配置结构有很大相关性的重大项目或战略行为。

参与模式 EIA 的主要目标是有效的环境考虑，而不是评价结论的精确性。科学原则仍然起着作用，主要运用于分析各替代方案可能产生的环境影响，不过，往往以可操作性和实用性作为评价方法的选择标准。这样一来，定性模型就具备了更大的优势：有效的定性影响预测优于错误的量化研究（Bailey and Hobbs，1990）。

参与模式为公众提供了更实质性、更具开放性和互动性的参与机会。对"公众"这个术语有着更广义的解释，专家、志愿者团体、直接的影响受众和感兴趣的个人等都可以介入。"参与"是指有计划地组织项目提议者与公众之间进行商讨的过程，并且保证项目提议者有根据这个商讨过程去修正初始开发方案的意愿（Petts，1999b）。大量的利益协调方法被应用于此模式之中（Sadler，1999；Petts，1999b），如参与公众，专家咨询，听证会等。为保证公众对决策的影响力通常会建立起对公众建议的反馈机制。公众参与不再仅是一个程序上的环节，而是被实质性地组织进评价活动中。

公众参与模式的 EIA 对社会背景比较苛求，公众参与模式能否实现需要满足两个必要条件：第一，社会民主化，包括制度完善到文化认同，社会各阶层有参与的主动性和参与能力，同时也有合法方便的参与渠道；第二，社会需求和价值观念的多元化，参与过程是不同意见、看法之间的交流和认同过程。

环境管治模式：适合于环境价值冲突现象异常激烈的战略决策过程。

环境管治模式是分析科学模式的反面，它走向的是另外一个极端，即科学性原则被忽略，单独由价值最大化原则作用下的一个多主体的价值建构过程，目标是促进社会正义和公平。这个社会活动模式下，EIA 被设定为信息提供和交流，谈判和协商的平台，公众被赋予实质性决策权，实现公民自治，具备着广泛性、协商性和参与性（O'Riordan，2001；Wynne and Mayer，1993）。

环境管治模式思想来源于建构主义，科学的价值中立原则是被排斥的，即使一些科学家所标榜的客观事实，也被看作一种人为建构——自然和社会现象。因此，环境问题，首先是一个社会建构的过程，资源环境的价值和意义都是先被地域性地和历史性地赋予；其次，才具备被人为定义的空间特征和时间特征（Bryman，2001；Tarnas，1991）。基于资源环境被公众建构的价值多元性，在 EIA 过程中，科学的掌握者并非技术精英或政治精英，而是公众全体。因此，EIA 必须保障公众应得的参与协商过程的权力（O'Riordan，2001）。

这种模式的缺点在于对民主化进程的要求过高。

7.1.4 模式的选择建议

7.1.4.1 决策的正当性与科学性

行政决策需要同时保证正当性和科学性。在行政决策过程中，正当性是建立在理性的前提之上。

在一个民主社会，行政管制的正当性，在价值取向上首先就不能与公共常识偏离太远（王锡锌和章永乐，2003）。公众参与为获知大部分社会成员的价值取向（公共常识）提供了最为直接的途径。开展公众参与程序，允许公民表达价值倾向，并在必要的时候在参与者内部展开协商和讨论，以达成某些基本的共识，无疑将构成行政立法正当性的坚实基础。从这个层面来讲，公众参与作为一项原则，是必要且恰当的（迟文卉，2016）。

然而，公众参与程序是否也能保障行政决策的科学性？王锡锌和章永乐（2003）认为，公众参与模式尽管在正当性方面有杰出的表现，但并不一定能够促进行政规则的理性。由于知识门槛的存在，公众专业知识的缺乏和公众建议理性成分的不足决定了公众参与在某种程度上增加了决策的成本并降低了决策效率。

7.1.4.2 不适合公众参与的情况

因此，公众参与并非万金油。在美国《联邦行政程序法》（*Administrative Procedure Act*）中，规定了公众参与的"例外"情况（迟文卉，2016）是值得参考的。

第一，如果涉及美国行使军事或外交事务的职能，则不需要经过通知和评论程序（notice-and-comment procedure），即公众参与。

第二，如果涉及行政内部管理或行政人员或公共财产、贷款、补助、福利或政府合同，则不需要经过公众参与。

第三，如果一项行政法规是对其他法规的解释性规定（interpretative rules），一般政策说明（general statement of policy），或者关于行政机关、行政程序或行政实务的规定，则不适用通知和评论程序。

第四，如果行政机关出于正当原因，发现面向公众的通知和评论程序是不切实际的（impracticable），不必要的（unnecessary），或与公共利益相悖（contrary to the public interest），则不适用该通知和评论程序。

其中，关于第四点正当原因的例外，又可以分为以下 3 种具体情形。①公众参与是不必要的。决策的性质和影响是微不足道的，且对公众及相关行业而言是无关紧要的。②公众参与是不切实际的。当行政机关遇到紧急情况，需要立即颁布一项法规以应对时，通知和评论程序（公众参与程序）所带来的时间耽搁将严重拖延该法规的实施，此时公众参与会被认为是不切实际的。③公众参与与公共利益相悖。如果提前公开法规草案会引发相关群体做出不可取的预期行为，则此时公众参与程序所导致的行为后果将被认为是与公共利益相悖，因而可以作为例外被免除。

参考美国《联邦行政程序法》公众参与程序可以得以免除的法理，在 EIA 过程中，要采用技术模式，可以简化甚至取消公众参与环节的情况有以下几种。

第一，涉及国家机密或军事情报的项目或战略决策过程。

第二，项目或规划价值影响一致，不涉及不同利益主体的价值冲突时。

第三，决策的性质和影响对公众及相关行业而言是无关紧要的。

第四，遇到紧急情况，需要立即做出决策，公众参与程序所带来的时间耽搁将严重拖延该法规的实施。

第五，公众参与程序所导致的行为后果将被认为是与公共利益相悖时。

7.1.4.3 模式选择的原则

而且作为决策辅助，科学性保障是 EIA 之本，在此基础之上才可以考虑其他的衍生目标。

当然实践过程遇到情况会更复杂。例如，深港西部通道侧接线工程 EIA 事件中，两位业主代表跨越了公众与 EIA 存在的"知识鸿沟"，使 EIA 专家更加认真地对待自己的专业工作。而在番禺区垃圾焚烧项目选址事件中，当针对垃圾焚烧项目是否可行这一议题，科学界开始争执不休，把科学问题抛给行政人员去决策时，无疑进一步增加了决策过程的复杂性。

总之，实践过程中采纳哪种模式要根据实际情况和各种模式的适用范围；更重要的是，如果在时间、资金有限的情况下，优先科学性。

7.2 针对环境资源配置结构的 EIA 研究建议

7.2.1 EIA "功能-结构" 完善的必要性

相对应于我们对环境问题的认识深化阶段，EIA 也有一个方法完善过程。在环境要素的功能性损伤与环境资源配置结构不合理并存的前提下，除针对环境要求功能性损伤的 EIA，我们尚需要一种针对环境问题与社会结构相关性的评价方法来补充现有的评价理论。

当对环境问题的认识深化到社会结构水平的时候，EIA 发展出针对环境资源配置结构合理和优化程度的评判方法也就成为理所当然。理由如下。

首先，人们的关注焦点从物理层次的环境要素的功能损伤转移到社会层面环境问题所引发的贫困、两极分化和利益冲突等问题上来，为 EIA 从功能到结构的对象转移提供前提。

其次，因为在环境与社会复合系统中，环境系统的整体性功能作为环境资源的主要部分，与环境资源配置结构直接密切相关。而环境系统的整体性功能是无法通过环境要素功能的线性组合而实现的，这时，可以把整体还原到部分的还原论假设不再成立，必须实现从简单的确定性系统的线性方法到复杂系统下非线性方法的转换。

最后，仅仅依靠污染治理和生态修复技术已经远远不足以缓解越来越严峻的环境问题发展形势，而与决策过程相整合，从社会宏观结构调整和空间布局优化，以及对社会主体利益冲突的协调机制出发的问题解决思路越来越受到注意。

总之，当社会成员围绕环境资源分配的利益冲突成为环境问题的主要表征的时候，EIA 需要借鉴复杂性科学提供的系统性研究视角，以及人文社会科学有关社会结构的研究成果，走出机械还原论的束缚和点对点的治理模式，把人与自然之间价值关系的评断放置于复杂的社会系统中来，从把握环境问题的结构性特征着手进行 EIA。

需要强调的是，针对结构合理性的方法发展并不意味当前的 EIA 方法需要被替代，相反，这是对现有评价体系的补充和完善过程。当前的环境问题表征出，环境系统要素功能性损伤和环境资源配置结构的不合理性并存的，EIA 的功能性仍然具备着适时性，结构合理性评判方法的出现只是对当前 EIA 方法体系的补充和完善。

针对环境要素功能的 EIA 方法适时性的主要理由包括：首先，从环境要素功能损伤出发追查出微观经济行为的因果联系是必须的问题认识途径；其次，对微观的社会经济行为而言，所涉及的是简单的社会行为与环境系统，假设行为与环境要素的组分性状之间存在着线性关系的模型与现实中的误差并不显著。也就是说，对微观的社会经济行为，如建设项目这样的微观行为来说，它所能影响到的只是自然环境的子系统（要素）功能，对具备自我修复和自组织能力的自然环境的整体状态来说，扰动是可接受的。我们可以识别出相互独立且能够代表系统功能的主要影响因子，并采用线性的因果模型来模拟影响过程；还有，对环境要素的功能损伤采用技术手段进行修复是必要的，而且相对高效的。

7.2.2 针对结构合理性的 EIA 研究建议

还需要强调的是，针对环境资源配置结构合理性的 EIA 并不直接等同于规划 EIA，或者 SEA。前者更类似于方法论的定位，而不是特指某个评价类型。同样，针对环境要素功能的 EIA 也不能完全等同于建设项目 EIA。

为了促进决策方案中环境资源配置结构的合理性，如下 EIA 相关研究是仍然需要加强的。

第一，除产业结构 EIA 研究的加强，应该有朝向消费结构、能源结构和土地利用结构等更多社会结构形态的理论与实践探析和法制上的保证，侧重于把判断环境资源在社会结构上的时空配置和数量比例关系的价值合理性作为 EIA 的出发点。

第二，综合评价指标的构建。社会经济行为影响到的不仅仅是环境要素的功能，单个行为或多个行为的累加影响到的可能是自然环境的系统稳定性，从而影响到生态系统整体功能，而生态系统整体功能与环境要素功能之间同样并不是简单的线性累加关系。因此，要促进对自然系统内部结构，以及自然系统之间关系的整体性把握，以及针对生态整体性功能的评价方法，如生态足迹等。

第三，整合性评价框架的分析。应该加强对一些整合性评价方法与框架的研究，如整合环境评价（integrated environmental assessment，IEA），就具备着从宏观高度把握扰动所带来的系统性结构变化的方法优势。因此，应该加强整合性评价框架，如 IEA，SOE（state of environment）等框架的引进和本土化研究。

第四，还要加强规划空间分析等技术的借鉴，以及影响机理的复杂系统的非线性方法的应用研究，对协调环境资源配置方案形成过程利益冲突的组织技巧的学习等。

7.3 责任机制和行为规范的设立与改进研究建议

笔者认为，要实现价值建构目标，解决环境问题，协调环境价值冲突，还需要 3 方面的文化与制度背景保证：尊重自然的社会主流价值观念和文化体系的形成，社会问责机制的构筑和对社会主体的行为规范。社会价值和文化体系是一个涉及广泛的领域，本节重在讨论后两方面。

7.3.1 EIA 主体的自由与责任之间的矛盾

无论是 EIA 的技术过程，还是介入主体的意见和态度的形成过程，行为主体都具备着对相竞争或相冲突的价值进行选择和取舍的自由。例如，地方政府常常会面临用纳税贡献还是用所占据的环境容量作为决定企业是否应该投资建设的标准，就是说地方政府的官员有选择以政绩考核和当地财政收入作为优势需要来判定某经济开发项目可行的自由。同样，评价工程师也拥有在相冲突的公众利益与"雇主"利益之间倾向于"雇主"利益，提高自身市场竞争力的自由。

当然，自由是相对的。选择的自由相对应于对选择后果应负的责任。自由度越大，责任也会越大。价值选择自由决定了主体应该对自己所做出的评价结论，以及由此评价结论所引起的后果负责，这构成了价值选择的前提。地方政府官员越权审批环保部明令禁止的项目的建设，必然要以承担的行政责任为前提，环境影响报告书为环境风险企业擅自提供"通行证"的行为是以环境影响报告书编制单位的职业责任为前提。

然而，现实中常常会出现这样的情况：行使"长官意志"的地方官员或因为其政绩显著而得到擢升，或者私囊中饱，而遗留下的环境问题要么因为时滞性、累积效应等特征难以界定，要么因为影响受众求告无门而不得忍气吞声，或者是地方官员以"地方保护主义"的形式把产生的环境问题转移到其他区域；置职业道德于不顾的评价咨询机构，以低成本获得经济收益，在同行竞争中把自身放在有利地位；然而，没有选择权的公众蒙受着财产和健康损失，以及必须要承担起相应的环境修复与保护责任。这种情况，就是主体选择的自由度并不等同于为评价后果所要负担的责任，矛盾产生了。

　　自由与责任的矛盾是基于两个方面的，首先，如果主体在进行价值认识和价值判断与评价的过程，没有遵从科学性原则和价值最大化原则，使用以进行价值判断的标准是扭曲了主体的利益或不合理的利益体系；其次，由于不合理的评价标准而形成的评价结论产生的后果并不由评价主体所完全负责。

7.3.2　矛盾的表现——主体行为的失范

　　EIA 的自由与责任的矛盾突出地表现在具有选择自由（权利）的主体基于其的选择优势——把自己需要作为优势需要，做出以个体或自己所在群体的利益为优先的评价判断，把个人利益凌驾于他人和社会整体利益之上，并把判断付诸行为，造成基于环境资源配置的利益冲突。

　　由于具有能够满足人类各种需要功能的环境资源是有限的，主体的各种功利性和非功利性追求需要被安置在一定的资源配置结构安排之下，受到相应的责任机制约束。如果具备相应的地位和资源（权力、威望、信息、社会网络），以此能够获得决策话语权的社会主体没有受到有力的社会制约，容易导致自由与责任的不相符，主体行为失范。

　　例如，地方保护主义问题，有地方政府用环境保护优惠作为招商引资的招牌，工业园区成为污染企业的保护区，污染大户受到当地政府的"挂牌保护"等；地方环境保护主管单位没有行政独立性，不得不遵循地方其他行政主管领导的"长官意志"；受委托的技术咨询单位为了经济利益为"雇主"服务等。在这样的层层保护之下，在决策过程中拥有话语权的人都在为污染行为"保驾护航"，而受到影响的普遍民众却往往上诉无门，有口难开。此类现象很是普遍，我们常常可以看到，某地区一方面招商引资成绩显著，一方面工业园区"藏污纳垢"。2007 年 1 月和 7 月国家环境保护局分别吹起的"区域限批"和"流域限批"EIA 风暴，不得已最大化动用行政强制，暗示当前的 EIA 在这类问题面前的局限性。

　　没有建立完备的责任机制的 EIA 很容易陷入主体行为失范和价值冲突的困境之中。因此，责任机制的完善是主体行为规范的保证。

7.3.3　责任机制的完善

　　责任机制的设立针对的是具备决策影响力的行为主体而言。例如，第 4 章，能否具备决策影响力在一定程度上依赖于主体所拥有的权威性资源和资本情况，所以，通常情况下，不具备环境权益意识和参与能力，而且没有经过组织化过程形成舆论力量的普通影响受众都会被排斥在决策过程之外。常见的具备决策话语权的主体包括：评价技术主体、决策者和建设单位，他们拥有信息、权力和经济资本等资源优势，能够为他们换取在决策过程的相应影响力。如果把评审专家和 NGO 看成特殊的公众成员，那么，他们的知识权威地位和舆论影响力也相应地可以换得决策话语权。如果普遍公众具备一定的参与能力和权益意识，并且懂得运用舆论的力量放大自己的利益呼声，使之传达至决策者，那么他们也能够具备影响环境资源配置格局形成的能力。

因此，决策者、评价技术主体、提议者、评审专家、NGO 和普遍影响受众在条件适宜的前提下，都具备决策影响力，要受到相应责任机制的约束。根据每种角色主体的决策影响能力和渠道的差异，责任机制的设立也应该根据主体角色的不同而相区别。

责任机制包括责任意识和行为规范两个方面。责任意识是主体对要承担责任的自觉认同和接受。行为规范是社会风俗、伦理道德、行为守则和法律法规等对人应该做什么，怎么做的外在设定。

当前我国 EIA 的责任机制已经初步设立，但尚不算完善，需要加以重视和改进。主要表现为。

第一，只重视行为规范的设定，忽略责任意识的培养。相比于行为规范设定的快捷，责任意识的培养是一个长期却也长效的方法，重点是社会成员对环境资源的生态、文化等非功利性价值的认同，正确认识自然环境可持续支撑社会系统的意义，并树立其在社会主流价值观中的地位。有了主体的行为自觉，那么针对环境保护的管理措施将会收到事半功倍的效果。例如，第 4 章，如果有一个被激发的归属意识作为公众行为变量，公众的行为选择可能会产生很大变化。

第二，在行为规范的设立中，只重视法制法规的强制力量，但针对各角色行为的道德约束尚远远达不到要求。道德约束与责任意识一样，是不能小觑的行为变量。

第三，在角色成员中，对 EIA 工程师的职业行为规范和提议者的行为规范已经初步设立，但针对决策者、评审专家等尚没有设立行之有效的责任机制。就连同 EIA 工程师的职业行为规范来说，仍然存在着不完善的地方。

2014 年 11 月 26 日～12 月 26 日，中央第三巡视组对环保部进行了专项巡视。2015 年 2 月 9 日，巡视意见提出了目前在建设项目 EIA 方面存在的问题：①未批先建、擅自变更等 EIA 违法违规现象大量存在，背后隐藏监管失职和腐败问题；

②有的领导干部及其亲属违规插手 EIA 审批，或者开办公司承揽 EIA 项目牟利；③EIA 技术服务市场 "红顶中介" 现象突出，容易产生利益冲突和不当利益输送；④EIA 机构资质审批存在 "花钱办证" 现象，后续监管不到位；⑤把关不严、批而不管、越权审批不仅导致污染隐患，而且加大权力寻租空间；⑥地方环境保护部门 EIA 审批中腐败问题易发(中国环境保护产业协会环境影响评价分会,2016)。

环保部 2011 年统计，全国 EIA 机构共 1162 家，包括事业单位 EIA 机构 576 家，其中挂靠在各级环境保护系统的有 333 家(周珂和汪小娟,2015)。2010 年 6 月 23 日，环保部发布了《关于 2009 年度环境影响评价机构抽查情况的通报》，在被抽查的 EIA 机构中，40%的 EIA 机构存在质量或管理问题，在相关技术人员的抽查中有 40 名因违规受到点名批评，环境影响报告书中 "质量较差" 的比例达到17%。大量 EIA 机构都存在或多或少的问题，具体表现为：资质管理方面，档案管理中重要文件缺失严重，资质证书、用章使用不规范；人员管理方面，专职人员水平较低，队伍建设不合理；质量控制方面，缺乏总体负责人，相关技术缺乏分享交流(招文灿,2015)。

EIA 行业是政策驱动的行业，也是半公益性质的行业，是环境保护的第一道门槛，是生态文明建设的保障措施之一。近几年，各类事件使 EIA 饱受诟病，EIA 的效力和公信力受到质疑。出现此类问题，除机制体制尚需完善外，很大原因出于某些不良 EIA 机构或个人的价值取向，存在 "挂靠""借证""公参作假" 等现象，使某些环境影响报告不严谨、不真实(中国环境保护产业协会环境影响评价分会，2016)。

2015 年 3 月 25 日，环保部发布《全国环保系统环评机构脱钩工作方案》，要求全国环境保护系统 EIA 机构分三批，在 2016 年底前彻底脱钩。2015 年 10 月，环保部修订颁布《建设项目环境影响评价资质管理办法》，并于 11 月 1 日起施行。此次修订以推动 EIA 技术服务行业专业化、规模化、市场化发展为导向，以强化环境保护部门上下联动监管为手段，努力营造更加公平公正开放的 EIA 市场，提高行业整体能力水平，保证 EIA 制度的有效实施(中国环境保护产业协会环境影响评价分会，2016)。

2004 年 2 月 16 日国家环境保护总局发布了关于印发《环境影响评价工程师职业资格制度暂行规定》《环境影响评价工程师职业资格考试实施办法》《环境影响评价工程师职业资格考核认定办法》的通知，我国 EIA 领域开始施行职业资格证书制度。然而，EIA 从业人员的培养与管理问题仍然存在诸多不足，表现为：EIA 市场的需求增加，而专业技术人员在数量总体上供不应求；专业技术人员素质和能力个体差异很大，直接导致我国环境影响报告书质量水平参差不齐。个别人员缺乏科学态度和职业道德，弄虚作假；现行的个人持证上岗资格实行"一刀切"标准，资格获取的培训方式单一，考试形式单一，考核标准单一，且人员持证"终身制"，管理机制不科学规范；政府部门过多于干预EIA市场行为，EIA单位和专业技术人员自身的职业意识还没有完全树立，EIA单位对政府依赖性过强，专业技术人员对EIA单位依赖性过强；政府部门偏重于对EIA单位的管理，而对专业技术人员个人管理力度不足，没有实现"个人责任追究制"，工作报告的审查过程也缺乏相应的质量信息反馈机制，整个管理过程激励机制不足，缺乏自我完善的动力（姜斌彤，2004）。

现行体制下，政府、环保部门、EIA机构与项目建设单位之间存在着一条共生共荣、错综复杂的"利益食物链"。地方政府因增加税收和官员利益控制着环境保护部门，而环境保护部门与EIA机构之间具有千丝万缕的联系，EIA机构互相之间存在竞争，要依赖于项目建设单位给的环评费，往往会顺从项目建设单位的意志。于是，这种在权力与利益双重操控下的环境影响报告，缺乏公信力成了一种必然结果（周珂和汪小娟，2015）。

决策者是监督提议者的经济行为，评审专家审察EIA工程师的技术成果，那么，谁来监督具备最大决策话语权的决策者？谁来监督具有最高知识权威的评审专家？事实证明，我们不能完全依赖决策者和评审专家的责任自觉，必须有行之有效的行为规范的设立。

第四，公众的责任机制也同样是被忽略的一个方面。通常，公众在决策过程中处于被动，会被认为不存在责任问题。然而，国家环境保护总局于2006年2月颁布、3月18日实施的《环境影响评价公众参与暂行办法》成为我国第一个有关公众参与的法规。我国的EIA制度为公众提供了便捷的公众参与机制。然而，迄今为止，EIA仍然存在着普遍的公众参与不足的现象，公众参与停留在形式参与，公众实质性的参与积极性并没有被激发出来。所以说，如果存在决策信息获得和参与渠道，公众就拥有参与和不参与的行为选择，这时候，公众就承担着能否为自身的利益负责的义务。根据第4章，公众的责任意识的激发依赖公众个体的素养、舆论情景和信息公开制度等多方面的保证。

而且，厦门PX项目事件和西部通道侧接线工程事件则告诉我们，逐渐意识到自身权益和舆论威慑力的公众是不可忽略的社会活动成员及价值建构主体，以及对决策者的监督主体。让舆论主体具备内在的自觉和理性，在自身权益之外，还能意识到社会整体利益，那么普遍民众将是针对政府行为、专家言论和项目建设理想的监督力量，成本低廉而又行为高效。

总之，责任机制和行为规范的设立及完善需要从知识普及、宣传和教育，EIA 的情景设置和法制完善 3 方面展开。

7.4　EIA 制度设计建议

7.4.1　EIA 制度背景

一项制度能否发挥作用与整个政治体系和经济体制是不可分割的（Easton，1965；李莹，2015）。我国的 EIA 制度是审批制（李莹，2015），即由环境保护部门要求拟建项目的主体出具环境影响报告，并对环境影响报告进行审核，由此推动 EIA 的实施。行政审批是我国计划经济时期最为显著特征之一。EIA 在内的环境管理"八项制度"（包括 EIA、"三同时"、排污收费、城市环境综合整治定量考核、环境保护目标责任、排污申报登记和排污许可证、限期治理、污染集中控制）的确立和发展贯穿于计划经济向市场经济转变的时期。EIA 建立在建设项目事前审批基础上，是我国计划经济的延续及其在环境保护领域的体现（包存宽，2015）。

过去，我国受苏联计划经济的影响实行高度集权的审批经济，对经济发展起主导作用的不是市场而是权力。虽然改革开放 30 年来我国取得了巨大成就，但不可否认，我国经济和政治体制仍显僵化。EIA 是舶来品，原根植于市场经济体制之下，生长在契约经济的环境中，并不依附于行政和权力。将 EIA 移植到这样一种僵化的经济体制上，就会水土不服。

原来的制度设计，是在 EIA 制度（多为报备制）（李莹，2015）之外，建立风险分担机制（胡璇等，2012）。首先，信誉是一种非常宝贵的社会资源，企业、EIA 机构一旦失信，就会直接影响其获得订单、银行贷款等，而无法立足。与此同时，也应该建立类似排污收费、排污权交易等污染追责制度（胡璇等，2012）。这样企业不会 EIA 造假，因为违法成本极高。有时甚至会身败名裂，倾家荡产。

在我国，诚信机制尚没有构建起来，排污收费等污染追责制度在执行过程中尚存在许多问题，致使违法成本低，守法成本高（Haakon，et al.，2009）。项目主体被赋予的环境保护责任不够，即使确立了 EIA 制度项目主体也没有足够的动力委托 EIA 机构开展 EIA，更没有动力落实环境影响报告书的改进建议，EIA 制度也就形同虚设。因此，在我国引入 EIA 管理之初，EIA 制度不具备发挥作用的前提（胡璇等，2012）。

7.4.2 我国 EIA 制度的独特性

项目审批制下，环境保护合法性成为一种新的资源，其具体含义包括两个方面：①某项目只有经过 EIA 机构的评价后，才被环境保护部门允许实施；②如果项目承担单位未经 EIA 擅自实施，将接受一定的处罚（胡璇等，2012）.

但是存在部门间权力边界的限制，当环境保护部门管理项目的环境保护合法性并不触犯其他部门的权力边界时，是可行的；但是项目主体违背规则后则触犯了权力边界，如关停某些项目主体或间接导致项目主体无法续存，使财税部门减少税收，使地方政府面临更大的就业压力，领导政绩受影响等，就可能会遭到反对（胡璇等，2012）。因此，对环境保护部门查出的违规企业，往往只能通过补办 EIA 手续，缴纳少量罚金等手段进行处罚。这种情况下，我国的 EIA 制度已经基本形成了脱离污染追责制度而单独发挥作用的独特运行机制，这也是我国 EIA 制度与发达国家 EIA 制度的最大差异（胡璇等，2012）（图 7-2）。

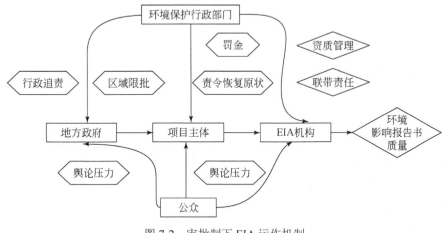

图 7-2　审批制下 EIA 运作机制

当然，随着环境意识的提高和环境保护部门地位及权力的提高，情况发生了如下变化。

第一，新修订的《中华人民共和国环境影响评价法（修订版）》（2016）提高了未批先建的违法成本，大幅度提高了惩罚的限额。《中华人民共和国环境影响评价法》(2012)第三十一条对未批先建项目由原来罚款 5 万元以上 20 万元以下，最高为 20 万元，改为总投资额的 1%～5%，项目如果是上亿元的话，罚款可以达100 万～500 万元。并可以责令恢复原状。

第二，环境权益意识的提高，频发的环境维权事件和公众舆论对 EIA 违法形成了新的威慑力，会波及企业融资及其销售业绩，间接地增加其违法成本。当然，公众舆论形成有相应的条件，对事件的敏感性和新闻性有要求。只有产生了恶劣影响，或者触碰了公众关注热点的事件才有可能形成大规模公众关注，如石化项目、垃圾焚烧、水电开发、核电、重金属污染等。

第三，2007 年初，环境保护部门对 EIA 违法违规现象突出的流域、区域和行业首次实行区域限批行业限批，即停止某行政区域或行业所有项目的 EIA 审批。2008 年修订的《中华人民共和国水污染防治法》使区域限批法制化，标志着部门权力边界发生新的变化（胡璇等，2012）。区域限批使地方政府与环境保护部门联合，增加企业违法成本。限批手段的局限性：①仅适用于违法情节恶劣、影响大的项目；②仅当被限批区域还有其他重大项目时，限批的震慑作用才足够大（胡璇等，2012）。

第四，完善污染物排污许可制，实施一体化环境管理模式，推进省级以下环境保护机构监测监察执法垂直管理，这些环境管理制度的完善，都将有利于 EIA 违法成本提高。

仍然存在的问题：

环境保护部门权与责过重；执行 EIA 制度成本过高；监管对象数量多，分布广；对环境影响报告书的技术审核需要专业技术能力；需要对项目全生命周期进行监管。

我国的项目审批制同时转移了项目行为责任，原本"谁污染谁负责"，责任主体为项目主体，但通过环境保护部门组织一系列专业技术力量对企业进行项目审查，如果政府没查出企业的违法行为就要担责。例如，安全生产事故引起的环境污染，应由真正的项目审批者和建设运营者承担主要责任，现在一出现安全生产事故，事故调查组往往就从 EIA 上找原因，追究环境保护部门的责任。这种责任的转移加大了政府的行政成本和监管难度（李莹，2015）（图 7-2）。

7.4.3　我国 EIA 制度的改进建议

EIA 的行政审批或审查应从偏重技术性审批或审查转向侧重在 EIA 的程序

性、合法性审批或审查上，包括建设单位或规划编制机关是否在决策初期及时启动 EIA 程序、EIA 机构是否依据资质管理的相关规定承担并完成 EIA 任务、有关 EIA 的信息公开和公众参与是否合法遵规等（包存宽，2015）。

从完善排污收费、排污权交易、总量控制等环境管理体系入手，强化污染追责制度与 EIA 制度的联动，间接提高 EIA 违法成本。

弱化事前 EIA 审批，强化建设项目和规划实施过程即事中的监管、造成损害后的责任追究和赔偿，直接提高违法成本。

从国家层面主动调整部门权力边界，加大对 EIA 违法的处罚权限，并通过立法予以明确。

从参与时机、参与方式、信息公开程度等入手，在社会矛盾深化、价值冲突激烈的情况下，大幅引入公众参与，采用共识构建模式，通过公众监督和参与决策，降低环境保护部门监管成本，将外部性环境影响内部化。

参 考 文 献

奥尔森.1995. 集体行动的逻辑［M］. 陈郁，郭宇峰，李崇新，译. 上海：上海人民出版社.

包存宽.2004. 规划环境影响评价方法及实例［M］. 北京：科学出版社.

包存宽.2015. 环境影响评价制度改革应着力回归环评本质［J］. 中国环境管理，（3）：33-39.

包存宽，尚金城.1999. 战略环境影响评价的工作程序［J］. 上海环境科学，18（05）：214-215.

包存宽，林健枝，陈永勤，等.2013. 可持续性导向的规划环境影响评价技术标准体系研究——
　　基于"规划环境影响评价技术导则"实施有效性的分析［J］. 城市规划学刊，（02）：23-31.

包存宽，刘利，陆雍森，等.2002. 战略环境影响识别研究［J］. 安全与环境学报，2（4）：42-45.

包存宽，尚金城，陆雍森.2001. 战略环境影响评价指标体系建立及实证研究［J］. 上海环境科
　　学，20（03）：113-115.

贝尔纳.1982. 科学的社会功能［M］. 陈体芳，译. 北京：商务印书馆.

毕诗成.2007. 从"短信反污染"看权力的任性［N/OL］. http：//www.douban. com/group/
　　topic/1658272/［2007-06-04］.

蔡守秋.2009. 论健全环境影响评价法律制度的几个问题［J］. 环境污染与防治，31（12）：12-17.

蔡贻谟，郭震远.1987. 环境影响评价手册［M］. 北京：中国环境科学出版社.

柴立元，何德文.2006. 环境影响评价学［M］. 长沙：中南大学出版社.

陈阿江.2007. 从外源污染到内生污染：太湖流域水环境恶化的社会文化逻辑［A］//洪大用. 中
　　国环境社会学. 北京：社会科学文献出版社：130-149.

陈宝胜.2013. 邻避冲突基本理论的反思与重构［J］. 西南民族大学学报（人文社会科学版），
　　（6）：81-88.

陈彬.2006. 关于理性选择理论的思考［J］. 东南学术，（1）：119-124.

陈德敏，李世龙，何凯.2005. 循环经济理念下的资源稀缺性探讨［J］. 生态经济，（07）：53-55.

陈柳钦，卢卉.2005. 农村城镇化进程中的环境保护问题探讨［J］. 当代经济管理，（3）：81-85.

陈树磊.2016. 关于环境影响评价审批制度改革的思考［A］//中国武汉决策信息研究开发中心、
　　决策与信息杂志社，北京大学管理学院."决策论坛——企业行政管理与创新学术研讨会"论
　　文集（下）［C］.

陈新凤.2005. 太原市能源结构调整的大气环境损益评价［J］. 经济师，（02）：255-256.

陈新汉.1995.评价论导论——认识论的一个新领域 [M].上海社会科学院出版社.

陈新汉.1997.社会评价论——社会群体为主体的评价活动思考 [M].上海：上海社会科学院
　　出版社.

陈仪.2008.对完善我国环境影响评价法律制度的思考——厦门 PX 项目和上海磁悬浮项目环评
　　风波的启示 [J].云南大学学报（法学版），（02）：83-87.

陈占江，包智明.2013.制度变迁、利益分化与农民环境抗争 [J].中央民族大学学报（哲学社
　　会科学版），（4）：50-61.

迟文卉.2016.行政决策制定过程中公众参与原则的例外 [D].北京：北京大学.

褚俊英，陈吉宁，邹骥.2002.我国城市水环境产业发展规模和市场容量的 SD 模型 [J].环境
　　科学，23（4）：1-7.

崔坚，毕欣然，邓珊珊，等.2016.公众参与环评权利的实现与救济——以焚烧型垃圾厂建设项
　　目环评为例 [J].法制博览，（13）：31-33.

戴伯勋，沈宏达.2001.现代产业经济学 [M].北京：经济管理出版社.

戴廉.2004.大坝之争争什么 [J/OL].http://business.sohu.com/20041206/n223346377.shtml
　　[2008-01-06].

丁靖靖.2013.环境群体性事件中风险沟通方式研究 [D].复旦大学硕士学位论文.

丁年龙.2010.南通市环评管理现状及对策研究 [J].中小企业管理与科技（下旬刊），（02）：103.

丁水木，张绪山.1992.社会角色论 [M].上海：上海社会科学院出版社.

杜齐才.价值与价值观念 [M].广州：广东人民出版社，1987.

杜悦英.2009.全国反对建设垃圾焚烧电厂事件蜂起前景难料 [EB/OL].http://new s.sohu.
　　com/20091126 /n268469070.shtml [2009-11-26].

樊宝平.2004.资源稀缺性是一条普遍法则——兼与周肇光同志商榷 [J].经济问题，（7）：8-10.

范晓静.2015.两岸环境影响评价制度中公众参与制度的比较研究 [D].山西财经大学硕士学
　　位论文.

方恺.2015.足迹家族研究综述 [J].生态学报，（24）：7974-7986.

冯波.2000.我国环境保护标准制定主体探究 [J].环境保护，（05）：7-9.

冯平.1995.评价论 [M].北京：东方出版社.

冯平，翟振明.2003.价值之思 [M].广州：中山大学出版社.

冯艳飞，贺丹.2006.基于熵值法的区域循环经济发展综合评价[J].环境科学与管理，31（06）：
　　177-179.

福柯.1997.权力的眼睛——福柯访谈录 [M].严锋，译.上海：上海人民出版社.

福柯.1999.疯癫与文明 [M].刘北成，杨远婴，译.北京：生活·读书·新知三联书店.

付颖. 2007. 我国环境影响评价公众参与法律制度研究 [D]. 中央民族大学硕士学位论文.

高晓露. 2004. 环境影响评价法律制度研究 [D]. 武汉大学硕士学位论文.

葛红兵. 1997. 话语权力分割与中国当代人文知识分子的分化 [J]. 海南师范学报, (4): 24-27.

龚耘. 1997. 论理论评价的主体相关性 [J]. 自然辩证法研究, 13 (9): 15-18.

顾瑞珍, 艾福梅. 2007. 中国将采取 5 项措施降低水环境中氨氮污染因子 [N/OL]. http: //www.
envir. gov. cn/info/2007/6/6632. htm [2007-06-08].

关卉, 王金生, 徐凌, 等. 2009. 战略环境评价技术方法与应用实践 [J]. 生态环境学报, (03):
1161-1168.

广州市城市管理委员会. 2009. 依法推进垃圾焚烧发电项目积极破解广州垃圾围城困境 [EB/OL].
http: //new s. 163. com/09/1107/04/5NG69IFI000120GR. html [2009-11-07].

郭庆光. 1999. 传播学教程 [M]. 北京: 中国人民大学出版社.

国家环境保护局, 农业部, 财政部, 等. 1997. 全国乡镇工业污染源调查公报 [R/OL]. http: //www.
zhb. gov. cn/lssj/qtgb/qgxgywr/200211/t20021114_83095. htm [2007-06-08].

国家环境保护局. 1997. 生活垃圾填埋场污染控制标准 (GB 16889—1997) (S). 北京: 中国环
境科学出版社. 国家环境保护局监督管理司. 1996. 世界银行贷款 C-3 项目: 环境影响评价培
训教材 (上、下册) [M]. 北京: 科学技术出版社.

国家环境保护局开发监督司. 1992. 环境影响评价技术原则与方法 [M]. 北京: 北京大学出
版社.

国家环境保护局自然保护司. 1995. 中国乡镇工业环境污染及其防治对策 [M]. 北京: 中国环
境科学出版社.

国家统计局农村社会经济调查司. 2006. 中国农业统计资料汇编 (1993~2006) [R]. 北京: 中
国统计出版社.

哈贝马斯. 1994a. 交往行动理论 (第一卷): 行动的合理性和社会合理化 [M]. 洪佩郁, 蔺青,
译. 重庆: 重庆出版社.

哈贝马斯. 1994b. 交往行动理论 (第二卷): 功能主义理性批判 [M]. 洪佩郁, 蔺青, 译. 重
庆: 重庆出版社.

哈贝马斯. 1999. 公共领域的结构转型 [M]. 曹卫东, 译. 上海: 上海学林出版社.

韩冰. 2007. 规划环境影响评价指标体系研究——以长春市二道工业集中区控制性详细规划为
例 [D]. 吉林大学硕士学位论文.

韩客松, 王永成. 2000. 一种用于主题提取的非线性加权方法 [J]. 情报学报, 19 (06): 650-653.

韩欣岐. 2014. 中美环境影响评价制度比较研究 [D]. 兰州大学硕士学位论文.

郝寿义, 安虎森. 1999. 区域经济学 [M]. 北京: 经济科学出版社.

何新春,徐福留.2007. 环境影响评价中部分标准存在的问题及对策[J]. 环境污染与防治,(06)：
　　472-474.

何羿,赵智杰.2013. 环境影响评价在规避邻避效应中的作用与问题［J］. 北京大学学报（自然
　　科学版）,（06）：1056-1064.

赫希曼.2001. 退出、呼吁与忠诚——对企业、组织和国家衰退的回应［M］. 卢昌崇,译. 北
　　京：经济科学出版社.

黑格尔.1961. 法哲学原理［M］. 范扬,张企泰,译. 北京：商务印书馆：331-334.

洪长安.2010. 环境问题的社会建构过程研究——以九曲河污染为例［D］. 上海大学博士学位
　　论文.

洪大用.2001. 社会变迁与环境问题——当代中国环境问题的社会学阐释［M］. 北京：首都师
　　范大学出版社.

洪大用.2007. 中国环境社会学：一门建构中的学科［M］. 北京：社会科学文献出版社.

洪大用.2008. 环境社会学：中国社会学30年（1978~2008）［M］//郑杭生. 中国社会学30
　　年（1978~2008）. 北京：中国社会科学出版社.

洪大用.2013. 关于中国环境问题和生态文明建设的新思考［J］. 探索与争鸣,（10）：4-10.

洪大用,肖晨阳.2012. 环境友好的社会基础：中国市民环境关心与行为的实证研究［M］. 北
　　京：中国人民大学出版社.

洪阳,栾胜基.1999. 中国环境影响评价（EIA）中的公众参与［J］. 重庆环境科学,21（01）：
　　28-30.

侯小阁,栾胜基,艾东.2008. 结构性环境问题——我国环境评价遭遇的"结构"困境［J］. 生
　　态环境,17（2）：879-884.

侯彦林,李红英,赵慧明.2009. 中国农田氮肥面源污染估算方法及其实证：Ⅳ各类型区污染程
　　度和趋势［J］. 农业环境科学学报,28（7）：1341-1345.

胡璇,李丽丽,栾胜基.2012. 中国环评制度的独特运行机制探讨［J］. 环境科学研究,（09）：
　　1065-1070.

胡钰.2001. 新闻与舆论［M］. 北京：中国广播电视出版社.

华智亚.2014. 风险沟通与风险型环境群体性事件的应对［J］. 人文杂志,（05）：97-108.

环保部,国土资源部.2014. 全国土壤污染状况调查公报［R/OL］. http://www.zhb.gov.cn/gkml
　　/hbb/qt/201404/t20140417_270670. html［2014-04-17］.

环境保护部环境工程评估中心.2015. 环境影响评价相关法律法规（第8版）［M］. 北京：中国
　　环境出版社.

桓二心.2005. 厦门PX事件中的讹传［N/OL］. http://news. qq. com/a/20070606/001738. htm

[2007-06-13].

黄翠，李琦，吴迪，等.2015.实施潮汐能、波浪能战略环境影响评价框架设计研究[J].海洋开发与管理，（9）：22-24.

黄河，刘琳琳.2014.论传统主流媒体对环境议题的建构[J].新闻与传播研究，（10）：53-65.

黄季焜，刘莹.2010.农村环境污染情况及影响因素分析——来自全国百村的实证分析[J].管理学报，07（11）：1725-1729.

黄一琨.2004.怒江工程"重审"[N/OL].http：//www.china5e.com/news/water/200507/200507050188.html[2008-01-06].

黄月琴.2010.反石化运动的话语政治——2007～2009年国内系列反PX事件的媒介建构[D].武汉大学博士学位论文.

霍克海默.2004.霍克海默集[M].曹卫东，译.上海：上海远东出版社.

吉登斯.1998.社会的构成[M].李康，李猛，译.北京：生活·读书·新知三联书店.

纪晓霞.2006.战略环境评价法律制度研究[D].重庆大学硕士学位论文.

江畅.1992.现代西方价值理论研究[M].西安：陕西师范大学出版社.

姜斌彤.2004.环境影响评价工程师职业资格制度执行的可行性研究与对策建议[D].北京：北京大学硕士学位论文.

姜斌彤，栾胜基.2004.环境影响评价工程师职业资格制度执行的可行性研究[J].环境保护，（07）：31-34.

蒋燕敏.2016.项目环评审批制度深化改革探讨[J].污染防治技术，（01）：49-51.

金瑞林.1999.环境与资源保护法学[M].北京：北京大学出版社：173.

金勇.2004.提高环境影响评价公众参与有效性的对策研究[D].吉林大学硕士学位论文.

鞠美庭，张裕芬，李洪远.2006.能源规划环境影响评价[M].北京：化学工业出版社.

康利君.2009.规划环境影响评价若干问题的探讨——以西堤头镇总体规划环境影响评价为例[D].天津大学硕士学位论文.

孔明.2015.农业部首次公布化肥、农药利用率数据让人欢喜让人忧[N/OL].央广网，http：//country.cnr.cn/gundong/20151221/t20151221_520868113.shtml[2015-12-21].

郎友兴，薛晓婧.2015."私民社会"：解释中国式"邻避"运动的新框架[J].探索与争鸣，（12）：37-42.

乐小芳，栾胜基.2003.农村问题研究的新视角——城乡环境差现象与理论初探[J].科技导报，（08）：14-17.

雷声.2009.水电规划环境影响评价指标体系研究[D].兰州大学硕士学位论文.

李彪.2015.环保部预警突发事件：超4000家企业"不安全"[N/OL].http：//www.nbd.com.

cn/articles/2015-05-05/913441. html［2015-05-05］.

李彬. 2006. 环评法实施中存在的问题及对策［N/OL］. http：//news. sina. com. cn/c/2006-07-21/ 10199528622s. shtml［2006-08-01］.

李斌，吴晶晶. 2005. 环保总局局长解振华：我国环境问题呈现新特点［N/OL］. http：//news. xinhuanet. com/newscenter/2005-05/02/content_2906355. htm［2005-05-02］.

李德顺. 1987. 价值论——一种主体性研究［M］. 北京：中国人民大学出版社.

李德顺. 1993. 价值新论［M］. 北京：中国青年出版社.

李德顺. 1995. 价值学大词典［M］. 北京：中国人民大学出版社.

李德顺，马俊峰. 2002. 价值论原理［M］. 西安：陕西人民出版社.

李芬，栾胜基，岳瑞生. 2007. 城市环境影响评价方法研究新进展：城市环境展望［J］. 世界环 境，（03）：78-81.

李怀. 2004. 捍卫现代性：哈贝马斯的策略［J］. 社会科学，（9）：89-95.

李菁，马蔚纯，余琦. 2003. 战略环境评价的方法体系探讨［J］. 上海环境科学，（S2）：114-123.

李克强. 2007. 论"人口、资源与环境经济学"的理论基础［J］. 中央财经大学学报. （4）：53-58.

李立志. 2009. 广州番禺垃圾焚烧项目因居民反对停建［EB/OL］. http：//news. 163. com/09/1221/ 13/5R2FCDGP000120GU. html［2009-12-21］.

李立志，赖伟行. 2009. 广州番禺垃圾发电厂：环评公示通不过不动工［EB/OL］. http：//new s. dayo o. com/ guang-zhou/200910 / 30 / 7343711158558. html［2009-10-30］.

李丽. 2007. 环保总局将立即对厦门全区域进行规划环评［N/OL］. 中国青年报，http：//www. ce. cn/cysc/hb/gdxw/200706/08/t20070608_11642523. shtml［2007-06-12］.

李连科. 1985. 世界的意义——价值论［M］. 北京：人民出版社.

李连科. 1991. 哲学价值论［M］. 北京：中国人民大学出版社.

李连科. 1999. 价值哲学引论［M］. 北京：商务印书馆.

李庆宗. 2004. 理性的僭越［J］. 科学技术与辩证法. （4）：4-6.

李淑文. 2007. 完善环境影响评价制度的立法思考［J］. 求索，（01）：109-110.

李天威，李新民，王暖春，等. 1999. 环境影响评价中公众参与机制和方法探讨［J］. 环境科学 研究，（2）：36-39.

李天威，于连生，等. 1996. 环境影响评价有效性及其影响行为要素初探［J］. 环境科学， 19（增刊）：74-77.

李巍，王华东，姜文来. 1996a. 政策评价研究［J］. 上海环境科学，15（11）：5-7.

李巍，王华东，王淑华. 1996b. 政策环境影响评价与公众参与——国家有毒化学品立法 EIA 中 的公众参与［J］. 环境导报，（04）：5-7.

李巍，杨志峰，刘东霞. 1998. 面向可持续发展的战略环境影响评价［J］. 中国环境科学，18（S1）：66-69.

李巍，王淑华，王华东. 1995. 累积环境影响评价研究［J］. 环境污染治理技术与设备，3（06）：71-76.

李为善，刘奔. 2002. 主体性和哲学基本问题［M］. 北京：中央文献出版社.

李伟民，戴健林. 2006. 应用社会心理学新论［M］. 北京：人民出版社：192.

李小冬，王帅，孔祥勤，等. 2011. 预拌混凝土生命周期环境影响评价［J］. 土木工程学报，44（01）：132-138.

李晓巍. 2007. 我国环境影响评价中公众参与有效性问题研究［D］. 吉林大学硕士学位论文.

李新民. 1998. 中国的环境影响评价体系及其发展中的国际合作：大气环境和环境影响评价［M］. 北京：气象出版社：13-18.

李新民，李天威. 1998. 中西方国家环境影响评价公众参与的对比［J］. 环境科学，19（S1）：57-60.

李彦武. 1996. 可持续原理和环境影响评价［J］. 环境科学，17（增刊）：1-5.

李艳芳. 2000. 关于环境影响评价制度建设的思考［J］. 南京社会科学，（07）：72-77.

李艳芳. 2004. 公众参与环境影响评价制度研究［M］. 北京：中国人民大学出版社.

李艳洁. 2015. 环评改革大幕拉起 环保部研究修改《环评法》［N/OL］. http://www.cb.com.cn/economy/2015_0303/1115391.html［2015-03-03］.

李怡霖. 2013. 从意见领袖到人人呼吁：新媒体时代下的邻避运动——基于昆明 PX 项目群体动员的个案研究［J］. 新媒体与社会，（3）：239-248.

李莹. 2015. 对话环境保护部环境影响评价司原巡视员牟广丰项目环评：为什么会水土不服？［J］. 环境经济，（34）：9.

李永友，沈荣坤. 2008. 我国污染控制政策的减排效果——基于省际工业污染数据的实证分析［J］. 管理世界，（7）：7-17.

李挚萍. 2005. 环境法的现代职能探析. 中山大学学报（社会科学版），45（5）：42-48.

李竺霖. 2013. 小城镇工业园区规划环境影响评价指标体系及案例研究［D］. 浙江大学硕士学位论文.

李自良. 2004. 怒江"争"坝［J/OL］. http://www.china5e.com/news/water/200412/200412060172.html［2008-01-06］.

郦桂芬. 1989. 环境质量评价［M］. 北京：中国环境科学出版社.

梁世民. 1998. 论人类认识活动中的模糊性［J］. 新疆大学学报（哲学社会科学版），26（2）：35-39.

梁颖. 2014. 房地产建设项目环境影响评价研究 [D]. 东华大学硕士学位论文.

廖建凯, 黄琼. 2005. 环境标准与环境法律责任之间的关系探析 [J]. 环境技术, (2): 37-39.

林驰. 2007. 桥梁生命周期环境影响评价理论及其应用研究 [D]. 武汉理工大学博士学位论文.

林逢春. 1998. 环境影响评价研究进展 [J]. 上海环境科学, (7): 7-9.

林逢春, 陆雍森. 1998. 海峡两岸环境影响评价体系比较研究 [J]. 世界环境, (01): 11-13.

林逢春, 陆雍森. 1999. 浅析区域环境影响评价与累积效应分析 [J]. 环境保护, (02): 22-24.

林孟清. 2008. 论后现代主义对理性的攻击及其困境 [J]. 江汉论坛, (8): 28-30.

林钰哲. 2013. 公众参与环境影响评价制度研究 [D]. 辽宁大学硕士学位论文.

刘畅. 2013. 从环评对象看我国《环境影响评价法》的完善 [D]. 中国海洋大学硕士学位论文.

刘东生. 2004. 农村可再生能源建设项目环境影响评价方法及案例研究 [D]. 中国农业大学硕士学位论文.

刘芙. 2007. 我国环境影响评价制度的不足与完善——以司法介入为救济途径的考察 [J]. 当代法学, (02): 134-137.

刘洪燕. 2013. 提高我国环境影响评价公众参与有效性的对策研究 [D]. 郑州大学硕士学位论文.

刘磊, 周大杰. 2009. 公众参与环境影响评价的模式与方法探讨 [J]. 上海环境科学, (05): 216-221.

刘鹏. 2009. 公众参与环境影响评价制度法律问题研究 [D]. 东北林业大学硕士学位论文.

刘秋妹, 朱坦. 2010. 欧盟环境影响评价法律体系初探——兼论我国环境影响评价法律体系的完善 [J]. 未来与发展, (03): 83-88.

刘润忠. 2005. 试析结构功能主义及其社会理论 [J]. 天津社会科学, (5): 52-56.

刘天齐. 2000. 环境保护 [M]. 北京: 化学工业出版社: 243.

刘伟, 杜培军, 李永峰. 2014. 基于 GIS 的山西省矿产资源规划环境影响评价 [J]. 生态学报, 34 (10): 2775-2786.

刘晓丽. 2007. 土地利用规划环境影响评价中不确定性分析 [J]. 山东国土资源, (9): 28-30.

刘秀芬. 2000. 评价标准的矛盾探析 [J]. 求实, (8): 6-8.

刘艳坡. 2005. 规划环境影响评价指标体系实例研究 [D]. 吉林大学硕士学位论文.

刘扬. 2015. 试析城市生态规划中环境影响的评价指标体系研究 [J]. 城市建筑, (9): 33.

刘毅, 陈吉宁, 杜鹏飞. 2002. 环境模型参数不确定性与灵敏度分析 [J]. 环境科学, 23 (6): 6-10.

刘毅, 陈吉宁, 何炜琪, 等. 2007. 基于不确定性分析的城市总体规划环评方法与案例研究 [J]. 中国环境科学, 27 (4): 566-571.

刘永，郭怀成，王丽婧，等.2005. 环境规划中情景分析方法及应用研究 [J]. 环境科学研究，18（03）：82-87.

柳雨青.2014. 公众参与环境影响评价法律制度研究 [D]. 江西师范大学硕士学位论文.

陆昌淼.1988. 我国水环境标准体系和特征 [J]. 环境科学，（04）：59-67.

陆书玉，栾胜基，朱坦.2001. 环境影响评价 [M]. 北京：高等教育出版社：8-10.

陆新元，熊跃辉，曹立平，等.2006. 对当前农村环境保护问题的研究 [J]. 环境科学研究，19（2）：115-119.

陆学艺.1996. 社会学 [M]. 北京：知识出版社.

陆雍森.1990. 环境影响评价 [M]. 上海：同济大学出版社.

吕昌河，贾克敬，冉圣宏，等.2007. 土地利用规划环境影响评价指标与案例 [J]. 地理研究，26（02）：249-257.

吕贵芬，杨涛，陈院华，等.2015. 环境影响评价导则、标准的变化对环评从业者要求的变化[J]. 能源研究与管理，（01）：30-32.

吕玉庭，王劲草.2005. 能源结构对大气环境的影响及预防措施 [J]. 选煤技术，（02）：52-54.

栾胜基，李彬.1994. 面向可持续发展的环境影响评价，可持续发展之路 [M]. 北京：北京大学出版社：81-85.

罗宏.2000. 环境影响评价的概念及演变 [J]. 重庆环境科学，（6）：12-13.

罗斯.1989. 社会控制 [M]. 秦志勇，毛永政，译. 北京：华夏出版社：68.

马建刚.2011. 公众参与建设项目环境影响评价法律制度研究 [D]. 江西理工大学硕士学位论文.

马斯洛.1987. 动机与人格 [M]. 许金声，译. 北京：华夏出版社.

马蔚纯，林健枝，陈立民，等.2000. 战略环境影响评价（SEA）及其研究进展 [J]. 环境科学，21（5）：107-112.

马蔚纯，林健枝，沈家，等.2002. 高密度城市道路交通噪声的典型分布及其在战略环境影响评价（SEA）中的应用 [J]. 环境科学学报，22（4）：514-518.

马先明，姜丽红.2006. 态度及其与行为模式述评 [J]. 社会心理科学，21（3）：7-10.

马小明，张立勋，戴大军.2003. 产业结构调整规划的环境影响评价方法及案例 [J]. 北京大学学报（自然科学版），39（4）：565-571.

马歇尔.1964. 经济学原理（上卷）[M]. 朱志泰，译. 北京：商务印书馆：81.

马中，蓝虹.2004. 约束条件、产权结构与环境资源优化配置 [J]. 浙江大学学报（人文社会科学版），34（6）：71-76.

毛文锋，Hills P. 2000. 环境影响评价，战略环境影响评价与可持续发展 [J]. 中国环境科学，20（增刊）：90-94.

毛文永.2003. 生态环境影响评价概念（修订版）［M］. 北京：中国环境科学出版社：176-177.

毛显强，李向前，涂莹燕，等.2005. 农业贸易政策环境影响评价的案例研究［J］. 中国人口·资源与环境，15（6）：40-45.

毛子涸，龙志和，王成璋.1990. 微观经济学导论［M］. 成都：西南交通大学出版社：20-23.

牟全君.2012. 我国环境影响评价审查的专家回避制度探讨［J］. 环境保护与循环经济，（02）：59-64.

欧庭高，陈多闻.2004. 现实世界不确定性的哲学意蕴［J］. 山西师大学报（社会科学版），31（3）：12-17.

欧阳康.1998. 社会认识方法论［M］. 武汉：武汉大学出版社.

欧祝平，肖建华，郭雄伟.2004. 环境行政管理学［M］. 北京：中国林业出版社：28-51.

潘广胜.2014. 公众参与环境影响评价法律问题研究［D］. 山东大学硕士学位论文.

潘尤虎.2005. 战略环境评价方法学体系研究［D］. 合肥工业大学硕士学位论文.

彭本利，蓝威.2006. 环境标准基础理论问题探析［J］. 玉林师范学院学报（哲学社会科学），27（1）：82-86.

彭小兵.2016. 环境群体性事件的治理——借力社会组织"诉求-承接"的视角［J］. 社会科学家，（04）：14-19.

彭应登，王华东.1995. 战略环境影响评价与项目环境影响评价［J］. 中国环境科学，15（06）：452-455.

彭应登，杨明珍.2001. 区域开发环境影响累积的特征与过程浅析［J］. 环境保护，（03）：22-23，32.

彭应登.1997. 区域环境影响评价研究［D］. 北京：北京师范大学.

彭应登.1999. 区域开发环境影响评价［M］. 北京：中国环境科学出版社.

皮亚杰.1980. 儿童心理学［M］. 北京：商务印书馆：5.

皮亚杰.1989. 结构主义［M］. 倪连生，王琳，译. 北京：商务印书馆：2.

秦静.2014. 邻避运动中媒体的功效研究——基于中层组织理论视角［D］. 郑州大学硕士学位论文.

秦鹏，唐道鸿.2016. 环境协商治理的理论逻辑与制度反思——以《环境保护公众参与办法》为例［J］. 深圳大学学报（人文社会科学版），（1）：107-112.

秦越存.2002. 价值评价的本质［J］. 学术交流，（2）：1-6.

丘海雄，张应祥.1998. 理性选择理论述评［J］. 中山大学学报（社会科学版），（1）：118-123.

曲格平，毕斯瓦斯 A K.1985. 发展中国家环境影响评价论文集［C］. 北京：中国环境科学出版社.

曲格平，李金昌. 1992. 中国人口与环境［M］. 北京：中国环境科学出版社.

屈广义. 2011. 铁路网规划环境影响评价方法研究及案例应用［D］. 哈尔滨工业大学博士学位论文.

冉庆凯. 2006. 基于状态-结构-绩效（SSP）范式的环境影响评价有效性研究［D］. 北京：北京大学环境学院.

冉庆凯，栾胜基. 2005. 环境影响评价有效性的制度特征分析［J］. 环境保护，（13）：17-19.

冉庆凯，栾胜基. 2013. 基于SSP范式的环境影响评价有效性研究[J]. 生态经济,（07）：163-166.

阮文刚，郭静翔，吴雯倩，等. 2016. 基于利益相关方的建设项目环评公众参与分析［J］. 环境与发展，28（2）：18-22.

萨义德. 1997. 知识分子论［M］. 单德兴，译. 台湾：麦田出版社.

赛佛林，坦卡特. 2000. 传播原理：起源、方法与应用［M］. 郭镇之，译. 北京：华夏出版社：274.

单丹，马依群. 2012. 余杭区环评市场质与价的博弈关系分析［J］. 北方环境，（01）：33-34.

尚金城，包存宽. 2000. 战略环境影响评价系统及工作程序［J］. 中国环境科学，20（S1）：47-50.

尚金城，包存宽. 2003. 战略环境影响评价学导论［M］. 北京：科学出版社.

尚金城，张妍，刘仁志. 2001. 战略环境影响评价的系统动力学方法研究[J]. 东北师大学报（自然科学版），33（01）：84-89.

沈费伟，刘祖云. 2016. 农村环境善治的逻辑重塑——基于利益相关者理论的分析［J］. 中国人口·资源与环境，26（05）：32-38.

沈清基. 2004. 规划环境影响评价及城市规划的应对［J］. 城市生态研究，28（2）：52-56.

史宝忠. 1993. 建设项目环境影响评价［M］. 北京：中国环境科学出版社.

四川省环境保护厅. 2014. 关于建设项目环境影响评价违法行为专项清理整顿情况的通报［N/OL］. http：//www. schj. gov. cn/cs/hjpj/zhxx/201412/t20141210_61971. html［2014-12-10］.

宋午子. 2011. 论我国环境影响评价法律制度的完善［J］. 法制与社会，（06）：65.

宋欣. 2011. 跨界环境影响评价制度研究［D］. 中国海洋大学博士学位论文.

宋子晴. 2007. 雪域架天路天堑变通途［N/OL］. http：//www. cps. com. cn/ebook/ly. asp?id=585［2008-01-11］.

孙淑冰. 2016. 环评公众参与在化解环境邻避冲突中的作用［J］. 广东化工，（06）：122.

孙伟平. 2000. 论价值评价的主体性与客观性［J］. 求索，（6）：53-57.

孙佑海. 2003. 中华人民共和国环境影响评价法释义［M］. 北京：中国法制出版社.

孙志超. 2005. 圆明园湖底防渗事件案例分析［N/OL］. http：//wenku. baidu. com/link?url=Q1YmdX_W6VAfuqHcNQqDtwjOUuUNpaMorrAoPWyYthHjCi4DF94rnUTJcn4lFv1YefPx2gY

TpbXAET8SIbLemcDgQ1oypTtbIjX17PuL1r3.

孙壮珍, 史海霞. 2016. 新媒体时代公众环境抗争及政府应对研究 [J]. 当代传播, (01): 78-81.

Senechal C. 2013. 关于环境影响评价系统法律和最佳实践的比较研究和综述 [D]. 北京: 清华大学博士学位论文.

覃哲. 2013. 邻避社会运动中都市媒介对集体认同的构建及其市场动因 [J]. 文化与传播, (6): 24-29.

谭柏平. 2015. 生态城镇建设中环境邻避冲突的源头控制——兼论环境影响评价法律制度的完善 [J]. 北京师范大学学报 (社会科学版), (02): 14-20.

谭先银. 2009. 我国环境影响评价制度完善研究 [D]. 西南政法大学硕士学位论文.

唐楠. 2010. 浅谈农村存在的主要环境污染问题及其防治对策 [J]. 科技资讯, (25): 139-140.

唐永銮. 1980. 环境质量及其评价和预测 [M]. 北京: 科学出版社.

唐永銮, 陈新庚. 1986. 环境质量评价 [M]. 广州: 中山大学出版社.

陶传进. 2005. 环境治理: 以社区为基础 [M]. 北京: 社会科学文献出版社: 48-58.

陶克菲. 2005. 亮剑——直面环评市场诚信危机 [J]. 环境保护, (11): 40-43.

特纳. 2001. 社会学理论的结构 (下) (第6版) [M]. 邱泽奇, 译. 北京: 华夏出版社: 176.

田华文, 魏淑艳. 2014. 中国政策网络适用性考量——基于怒江水电开发项目的案例 [J]. 甘肃行政学院学报, (2): 4-13, 125.

田建国. 2009. 建设项目环境影响评价中利益相关者博弈分析 [D]. 山东师范大学硕士学位论文.

田金双. 2006. 汉德殒落, 危险安在 [N/OL]. http: //www.globrand. com/2006/03/29/ 20060329-171126-1. shtml [2008-01-16].

田开友, 阮丽娟. 2015. 环境影响评价司法审查的正当性阐释[J]. 吉首大学学报 (社会科学版), (01): 118-123.

田良. 2004. 环境影响评价研究——从技术方法、管理到社会过程 [M]. 兰州: 兰州大学出版社.

田良. 2005. 论环境影响评价中公众参与的主体、内容和方法[J]. 兰州大学学报 (社会科学版), 33 (05): 131-135.

田鹏, 陈绍军. 2015. 邻避风险的运作机制研究 [J]. 河海大学学报 (哲学社会科学版), (6): 36-42.

汪劲. 1995. 对构筑我国环境法律体系框架若干问题的思考 [J]. 环境保护, (02): 26-28.

汪劲. 2003. 论我国《环境保护法》的现状和修改定位 [J]. 环境保护, (06): 8-10.

汪劲. 2004. 环境影响评价程序之公众参与问题研究——兼论我国《环境影响评价法》相关规定

的施行［J］．法学评论，（02）：107-118.

汪劲．2005．对提高环评有效性问题的法律思考——以环评报告书审批过程为中心［J］．环境保护，（03）：28-32.

汪劲．2006．中外环境影响评价制度比较研究——环境与开发决策的正当法律程序［M］．北京：北京大学出版社.

汪劲．2014．新《环保法》公众参与规定的理解与适用［J］．环境保护，42（23）：20-22.

汪培庄．2000．模糊性［A］//中国大百科全书（光盘1.1版）·自动控制与系统工程卷［M/CD］．北京：中国大百科全书出版社.

汪绪永．2004．社会结构理论及其方法论意义［J］．黄冈师范学院学报，24（5）：26-30.

王彬斌．2008．环境影响评价公众参与制度研究［D］．湖南大学硕士学位论文.

王超锋，朱谦．2015．重大环境决策社会风险及其评估制度构建［J］．哈尔滨工业大学学报（社会科学版），（6）：33-42.

王东生，曹磊．1995．混沌：分形及其应用［M］．合肥：中国科学技术大学出版社.

王芳．2013．环境与社会：跨学科视阈下的当代中国环境问题［M］．上海：华东理工大学出版社.

王根绪，程国栋．2002．干旱内陆流域生态需水量及其估算——以黑河流域为例［J］．中国沙漠，22（02）：129-134.

王函．环境影响评价制度中的法律责任研究［D］．华东政法学院硕士学位论文.

王浩，陈玉松，胡开林，等．2007．污水灌溉研究综述［J］．江苏环境科技，20（02）：73-76.

王华东，薛纪瑜．1989．环境影响评价［M］．北京：高等教育出版社.

王华东，张义生．1991．环境质量评价［M］．湖北：华中理工大学出版社. 王辉民，杜蕴慧．1998．国外环境影响评价制度的启示［J］．环境科学，19（S1）：69-73.

王建平，程声通，贾海峰．2006．基于MCMC法的水质模型参数不确定性研究［J］．环境科学，27（1）：24-30.

王金南，蒋洪强，曹东，等．2005．中国绿色国民经济核算体系的构建研究［J］．世界科技研究与发展，27（02）：83-88.

王军，何云，胡啸，等．2015．农村城镇化进程中的主要环境问题及其对策探讨［J］．中国人口·资源与环境，（S1）：184-186.

王俊．2007．全面认识自然资源的价值决定——从劳动价值论、稀缺性理论到可持续发展理论的融合与发展［J］．中国物价，（4）：40-42.

王恺．2012．中美环境影响评价法律制度比较研究［D］．山西大学硕士学位论文.

王奎明，于文广，谭新雨．2013．"中国式"邻避运动影响因素探析［J］．江淮论坛，（03）：35-43.

王奎明，钟杨．2014．"中国式"邻避运动核心议题探析——基于民意视角［J］．上海交通大学学报（哲学社会科学版），22（1）：23-33.

王奇，叶文虎.2002.可持续发展与产业结构创新［J］.中国人口·资源与环境，12（1）：9-12.

王全生，马广友.2002.水质污染指数综合评价的数理统计模式［J］.水利天地，（01）：34.

王权典，黄永强.2015.环境影响评价机制对邻避效应的导控作用与价值意义［A］//2014年《环
　　境保护法》的实施问题研究——2015年全国环境资源法学研讨会（年会）论文集［C］.

王寿兵.1999.生命周期评价及其在环境管理中的应用［J］.中国环境科学，19（1）：77-88.

王书明，贾茹.2011.我国生态社区研究进展［J］.河海大学学报（哲学社会科学版），（4）：
　　48-58.

王锡锌，章永乐.2003.专家、大众与知识的运用——行政规则制定过程的一个分析框架［J］.中
　　国社会科学，（03）：113-127.

王亚虹，宋文斌.2015.环境影响评价现状监测管理存在问题及对策研究［J］.环境科学与管理，
　　（05）：1-4.

王玉樑.2004.当代中国价值哲学［M］.北京：人民出版社.

王玥.2016.从"邻避冲突"谈政府治理机制的完善——以重庆南岸区为例［J］.管理观察，（13）：
　　26-30.

网易房产.2009.《垃圾焚化厂兴建箭在弦上番禺楼市成交量跌两成》.http://gz.house.163.com
　　/09/1028/08/5MMS RKU 70087 3 CN 6.html［2009-10-28］.

韦伯.1997.经济与社会［M］.林荣远，译.北京：商务印书馆：54.

魏宏森.曾国屏.1995.系统论——系统科学哲学［M］.北京：清华大学出版社.

魏沛，饶芳，屈璐璐.2007.怒江水电开发争议对"公众理解工程"的启示分析［J］.科普研究，
　　（04）：42-46.

温美琴.2007.政府绩效审计评价指标体系的设计［J］.统计与决策.（19）：67-69.

吴邦灿.1999.我国环境标准的历史与现状［J］.环境监测管理与技术，11（3）：23-30.

吴婧，刘成哲，路立，等.2011.城乡规划环境影响评价导则与技术标准研究进展［J］.未来与
　　发展，（12）：27-30.

吴人韦，杨继梅.2005.公众参与规划的行为选择及其影响因素——对圆明园湖底铺膜事件的反
　　思［J］.规划师，21（11）：5-7.

吴星.2005.建筑工程环境影响评价体系和应用研究［D］.清华大学硕士学位论文.

吴增基，张之沧，钱再见，等.2011.理性精神的呼唤［M］.上海：上海人民出版社.

吴志强，蔚芳.2004.可持续发展中国人居环境影响评价体系［M］.北京：科学出版社：39-46.

席德立，彭小燕.1997.LCA中清单分析数据的获得［J］.环境科学，18（5）：84-87.

郄建荣.2005.人们期待：让环保法律淬火成钢［N/OL］.http://news.sina.com.cn/c/2005-01-31/

07534995125s. shtml［2008-01-06］.

厦门城区定位纷争：PX 项目"逼"政府走民主决策路［N/OL］. http://www. cfej. net/Environment/ShowArticle. asp?ArticleID=11580.

谢红娟. 2015. 善治视野下邻避运动的政府应对［D］. 华中师范大学硕士学位论文.

谢嘉幸. 2000. 社会权威结构与知识权威［J］. 学术研究，（4）：38-43.

新闻 1+1. 2009. 垃圾面前：民意是黄金［EB/OL］. http://space. tv. cctv. com/ video/VIDE1261841470346881［2009 年 11 月 25 日］.

休谟. 1980. 人性论（下册）［M］. 关文运，译. 北京：商务印书馆：509-510.

徐春柳，陈杰. 2006. 青藏铁路线上为藏羚羊安全迁徙设置 33 处通道［N/OL］. http://data. stock. hexun. com/1672_1697870A. shtml［2007-10-12］.

徐贵权. 2003. 论价值理性［J］. 南京师大学报（社会科学版），9（5）：10-14.

徐鹤，白宇，朱坦，等. 2003. 城市总体规划的战略环境评价研究——以河北省丰南市黄各庄镇为例［J］. 中国人口·资源与环境，13（2）：96-100.

徐鹤，朱坦，戴树桂，等. 2000. 战略环境影响评价（SEA）与可持续发展［J］. 中国人口·资源与环境，（S1）：10-12.

徐鹤，朱坦，梁丹. 2001. 战略环境评价方法学研究［J］. 上海环境科学，20（06）：295-296，306.

徐伟. 2013. 公众参与制度在环境影响评价中的影响［J］. 生态经济，（01）：147-150.

徐中民，程国栋，张志强. 2001. 生态足迹方法：可持续性定量研究的新方法——以张掖地区 1995 年的生态足迹计算为例［J］. 生态学报，21（09）：1484-1493.

徐中民，张志强，程国栋. 2000. 可持续发展定量研究的几种新方法评介［J］. 中国人口·资源与环境，10（02）：60-64.

徐钟济. 1985. 蒙特卡罗方法［M］. 上海：上海科学技术出版社：1-29.

薛广洲. 1998. 权威特征和功能的哲学论证［J］. 浙江大学学报（社会科学版），（3）：45-49.

薛广洲. 2001. 权威类型的哲学论证［J］. 中国人民大学学报，（1）：34-39.

薛继斌. 2007. 中国环境影响评价立法与战略环境评价制度［J］. 学术研究，（09）：105-110.

薛野，汪永晨. 2006. 倍受争议的西南水电开发［A］//梁从诫. 2005：中国的环境危局与突围［M］. 北京：社会科学文献出版社：58-69.

鄢德奎，陈德敏. 2016. 邻避运动的生成原因及治理范式重构——基于重庆市邻避运动的实证分析［J］. 城市问题，（02）：81-88.

岩佐茂. 1997. 环境的思想［M］. 韩立新，张桂权，刘荣华，等译. 北京：中央编译出版社.

晏辉. 2001. 关于社会评价的几个问题［J］. 人文杂志，（6）：34-40.

晏智杰.1997. 经济学中的边际主义［M］. 北京：北京大学出版社：229.

杨东平.2006. 十字路口的中国环境保护［A］//梁从诫.2005：中国的环境危局与突围［M］. 北京：社会科学文献出版社：10-25.

杨飞，杨世琦，诸云强，等.2013. 中国近30年畜禽养殖量及其耕地氮污染负荷分析［J］. 农业工程学报，29（05）：1-11.

杨建新.1999. 面向产品的环境管理工具：产品生命周期评价［J］. 环境科学，20（1）：100-110.

杨建新，王如松.1998. 生命周期评价的回顾与展望［J］. 环境科学进展，6（2）：21-28.

杨善解.1990. 结构主义的方法及其哲学倾向［J］. 江淮论坛.（1）：53-57.

杨耀坤.1999. 理性、非理性与合理性——科学合理性的概念基础——科学合理性问题系列论文之三［J］. 科学技术与辩证法，16（5）：34-38.

姚坡，徐响.2016. 我国环境影响评价发展现状及问题对策研究［J］. 科技视界，（1）：237.

叶文虎，栾胜基.1994. 环境质量评价学［M］. 北京：高等教育出版社：44.

叶文虎，栾胜基.1996. 论可持续发展的衡量与指标体系［J］. 世界环境，（01）：7 10.

叶文虎，仝川.1997. 联合国可持续发展指标体系述评［J］. 中国人口·资源与环境，7（03）：83-87.

阴元芬.2015. 我国环境影响评价工程师的伦理责任问题研究［D］. 昆明：昆明理工大学硕士学位论文.

尹伯成.2000. 西方经济学简明教程［M］. 上海：上海人民出版社.

尹瑛. 冲突性环境事件中的传播与行动——以北京六里屯和广州番禺居民反建垃圾焚烧厂事件为例［D］. 武汉大学博士学位论文.

余万军.2006. 行为视角下的土地利用规划研究［D］. 浙江大学博士学位论文.

喻湘存，熊曙初.2006. 系统工程教程［M］. 北京：清华大学出版社：284.

袁贵仁.1991. 价值学引论［M］. 北京：北京师范大学出版社.

曾光明，钟政林，曾北危.1998. 环境风险评价中的不确定性问题［J］. 中国环境科学，18（3）：252-255.

曾佳.2014. 论我国邻避设施环境影响评价公众参与的冲突与协调——以北京至沈阳铁路客运专线建设项目为例［J］. 环境与可持续发展，（05）：124-127.

曾思育.2004. 环境管理与环境社会科学研究方法［M］. 北京：清华大学出版社：132-139.

张成岗.2004. 技术、理性与现代性批判［J］. 自然辩证法研究，（8）：56-60.

张澄澄.2008. 我国环评企业SWOT分析［J］. 现代商业，（15）：52-53.

张春燕.2005. 矿产资源规划环境影响评价的理论及实例研究［D］. 北京：北京大学环境学院.

张京祥.2004. 社会整体价值错位中规划师角色的思考——职业道德的迷失与再树［J］. 城市规

划，（01）：34-35.

张景荣. 1988. "结构"论要 [A] //中国辩证唯物主义研究会. 系统科学的哲学探讨 [C]. 北京：中国人民大学出版社：301-311.

张坤民，何雪炀，温宗国. 2000. 中国城市环境可持续发展指标体系研究的进展 [J]. 中国人口·资源与环境，10（02）：54-59.

张坤民. 1995. 环境管理与公众参与 [J]. 环境保护，（11）：3-4.

张黎庆，王银龙. 2014. 水电工程生态环境影响评价指标及其标准探讨 [J]. 水力发电，（07）：5-8.

张力伟，范鸿仪. 2015. 邻避情结下环境影响评价的公众参与研究——以东北地区 A 市为例[J]. 环境科学与管理，（09）：25-28.

张盼. 2007. 论环境知情权 [J]. 经济师，（06）：81-83.

张世秋. 2005. 中国环境管理制度变革之道：从部门管理向公共管理转变 [J]. 中国人口·资源与环境，15（4）：90-94.

张庭伟. 1999. 从"向权力讲授真理"到"参与决策权力"——当前美国规划理论界的一个动向："联络性规划" [J]. 城市规划，23（6）：33-36.

张庭伟. 2004. 转型期间中国规划师的三重身份及职业道德问题[J]. 城市规划，28（03）：66-72.

张熙炜. 2014. 社会运动理论视角下的邻避运动研究 [D]. 山东大学硕士学位论文.

张雪绸. 2004. 我国农村环境污染的现状及保护对策 [J]. 农村经济，（9）：86-88.

张燕文. 2006. 外商直接投资中的环境负效应与消解 [J]. 求索，（07）：44-46.

张翼. 2014. 拐点背后：宁波反 PX 事件话语框架分析 [D]. 西南大学硕士学位论文.

张应华，刘志全，李广贺，等. 2007. 基于不确定性分析的健康环境风险评价 [J]. 环境科学，28（7）：1409-1415.

张忠生. 2007. 建设项目环境影响评价法律制度研究 [D]. 东北林业大学硕士学位论文.

张紫旗. 2014. 环境影响评价机构的环境侵权责任研究 [D]. 西南政法大学硕士学位论文.

章轲. 2006. 揭秘青藏铁路环评报告：积极作用与不利影响并存 [N/OL]. http://dycj.ynet. com/article. jsp?oid=10399810 [2006-06-30].

漳州腾龙 PX 项目的前世今生 [N/OL]. http://finance. huanqiu.com/roll/2015-04/6107497.html.

招文灿. 2015. 我国环境影响评价存在的问题及相关对策 [J]. 资源节约与环保，（12）：99-99.

赵鼎新. 2006. 社会与政治运动讲义 [M]. 北京：社会科学文献出版社：199-200.

赵永新. 2006. "圆明园事件"推动公众参与 [A]//梁从诫. 2005：中国的环境危局与突围 [M]. 北京：社会科学文献出版社：51-57.

争议十年，怒江水电再开发 [N/OL]. http://bbs. tianya. cn/post-worldlook-673559-1.shtml.

郑伯红，邹昀芝，张中旺. 2000. 世界名河及其流域开放开发的国际经验［J］. 云南地理环境研究，12（2）：59-65.

郑杭生，张本效. 2013. "绿色家园、富丽山村"的深刻内涵：浙江临安"美丽乡村"农村生态建设实践的社会学研究［J］. 学习与实践，（6）：79-84.

郑琦. 2008. 从内部自生模式到内外部合作模式——基于怒江事件的实证研究［J］. 公共管理评论，（1）：78-87.

郑文先. 1995. 合理性：深化认识论研究的一种思路［J］. 哲学动态，（1）：18-21.

郑召利. 2004. 交往理性：寻找现代性困境的出路［J］. 求是学刊，7（4）：28-31.

中共中央马克思列宁斯大林著作编译局. 1972. 马克思恩格斯选集（第1卷）［M］. 北京：人民出版社.

中国的能源政策（2012）白皮书［R/OL］. http://www. gov. cn/jrzg/2012-10/24/content_2250377. htm.

中国聚酯网. 聚酯工业存在的几个问题［EB/OL］. http://www.juzhi.com.cn/.

中国科学院国情分析研究小组. 1996. 城市与乡村［M］. 北京：科学出版社.

中国环境保护产业协会环境影响评价分会. 2016. 我国环境影响评价行业2015年发展综述［J］. 中国环保产业，（5）：5-9.

中国环境学会环境质量评价专业委员会. 1982. 环境质量评价方法指南［M］. 北京：中国环境学会环境质量评价专业委员会.

中华人民共和国国家统计局. 中华人民共和国国民经济和社会发展统计公报（2001～2005年）［R/OL］. http://www.stats.gov.cn/tjgb/ndtjgb/qgndtjgb/index. htm.

中央电视台新闻调查栏目. 2009. 广州番禺区建垃圾焚烧发电厂遭周围居民反对［EB/ OL］. http://news.sina.com.cn/c/sd/2009-11-22/133019103017. shtml［2009-11-22］.

中央电视台新闻周刊栏目. 2009. 番禺的遗产［EB/OL］. http://space.tv.cctv.com/video/VIDE1261913619888883［2009-12-26］.

钟定胜. 2003. 基于水资源有效利用的产业结构优化与调整方法研究［D］. 北京：北京大学.

钟晓青，吴浩梅，纪秀江，等. 2007. 广州市能源消费与GDP及能源结构关系的实证研究［J］. 中国人口. 资源与环境，17（01）：135-138.

仲秋，施国庆. 2012. 大众传媒：环境意识的建构者［J］. 南京社会科学，（11）：63-73.

周斌. 2003. 怒江水电开发与生态保护如何协调？［N］.

周启星，罗义，祝凌燕. 2007. 环境基准值的科学研究与我国环境标准的修订［J］. 农业环境科学学报，26（1）：1-5.

周珂，史一舒. 2015. 论环境影响评价机构的独立性［J］. 法治研究，（6）：135-141.

周珂，汪小娟. 2015. 环评脱钩：我国环境影响评价制度的改革路向［J］. 深圳大学学报（人文社会科学版），32（6）：62-67.

周世良. 1998. 环境影响后评估的目的和内容［J］. 环境科学，19（增刊）：99-100.

周雪光，练宏. 2012. 中国政府的治理模式：一个"控制权"理论［J］. 社会学研究，（5）：69-93.

周莹. 2008. 中外环境影响评价法律制度比较研究［D］. 中国地质大学硕士学位论文.

周影烈，包存宽. 2009. 基于应对不确定性的战略环境评价管理模式设计与应用——以金坛城市规划环评为例. 长江流域资源与环境［J］.（07）：669-673.

周志家. 2011. 环境保护、群体压力还是利益波及：厦门市民 PX 环境运动参与行为的动机分析. 社会［J］.（1）：1-34.

朱春奎，沈萍. 2010. 行动者、资源与行动策略：怒江水电开发的政策网络分析［J］. 公共行政评论，03（04）：25-46.

朱坦. 2006. 建设环境友好型社会的重要工具和手段——环境影响评价制度［J］. 环境保护，（16）：40-44.

朱显模. 2001. 抢救"土壤水库"实为黄土高原生态环境综合治理与可持续发展的关键——四论黄土高原国土整治 28 字方略［J］. 科学对社会的影响，（1）：18.

朱一中，夏军，王纲胜. 2004. 西北地区水资源承载力宏观多目标情景分析与评价［J］. 中山大学学报（自然科学版），43（03）：103-106.

朱一中，夏军，王纲胜. 2005. 张掖地区水资源承载力多目标情景决策［J］. 地理研究，24（05）：732-740.

朱茵，孟志勇，阚叔愚. 1999. 用层次分析法计算权重［J］. 北方交通大学学报，23（05）：119-122.

祝兴祥. 2005. 环境影响评价未来十年［A］//国家环境保护总局环境影响评价管理司. 第一届环境影响评价国际论坛论文集［C］. 北京：中国环境科学出版社：9-11.

宗建树. 2007. 厦门二甲苯项目起落［N/OL］. 中国环境报，http://www.360doc.com/showWeb/0/0/551774. aspx［2008-01-05］.

邹春霞. 2015. 环保部：将对环评违法行为严肃追责［N/OL］. http://epaper.ynet.com/html/2015-10/28/content_161550. htm?div=-1［2015-10-28］.

Alton C，Underwood B P. 2003. Let us make impact assessment more accessible［J］. Environmental Impact Assessment Review，23（2）：141-153.

Annandale D，Taplin R. 2003. Is environmental impact assessment regulation a 'burden' to private firms?［J］. Environmental Impact Assessment Review，23（3）：383-397.

Baber F. 1998. Impact Assessment and Democratic Politics［J］. Impact Assessment Bulletin，6（3～4）：172-178.

Bailey J M，Hobbs V. 1990. A proposed framework and database for EIA auditing［J］. Journal of

Environmental Management, 31: 163-172.

Banfield E C. 1961. Political influence [M] . New York: Free Press Glencoe.

Barker, Fiscer T B. 2003. English regionalism and sustainability: towards the development of an integrated approach to SEA [J] . Journal of Neurochemishy, 11 (6): 697-716.

Barnett P. 1992. The penalties of political uncertainty [M] . Australian Mining Industry Council, Annual Seminar, Canada.

Barnthouse L W, Suter G W I, Bartell S M, et al. 1986. User's Manual for Ecological Risk Assessment [M] . New York, AGRIS: 57-69.

Bartlett R V. 1986. Rationality and the logic of the National Environmental Policy Act [J] . The Environmental Professional, 8: 105-111.

Bartlett R V. 1988. Policy and impact assessment: an introduction [J] . Impact Assessment Bulletin, (6): 73-74.

Beanlands G E, Duinker P N. 1983. An ccological framework for environmental impact assessment in Canada [M] . Halifax, Nova Scotia: Institute for Resource and Environmental Studies Dalhousie University.

Beanlands G E, Duinker P N. 1984. An ecological framework for environmental impact assessment [J] . Journal of Environmental Management, 18: 267-277.

Beattie R B. 1995. Everything you already know about EIA (But don't often admit) [J] . Environmental Impact Assessment Review, 15: 109-114.

Bender S, Fish A. 2000. The transfer of knowledge and the retention of expertise [J] . Journal of Knowledge Management, 14 (2): 125-137.

Benjamin J R, Cornell C A. 1970. Probability: Statistics and decision for civil engineers [M] . New York: Mograw Hill: 70-92.

Benson J F. 2003. What is the alternative? Impact assessment tools and sustainable planning [J] . Impact Assessment and Project Appraisal, 21 (4): 261-266.

Best J. 1989. Afterword: extending the constructionist perspective: a conclusion and an introduction [A]// Best J. Images of Issues: Typifying Contemporary Social Problem[C]. New York: Aldine de Gruyter.

Bina O. 2001. Strategic environmental assessment of transport corridors: lessons learned comparing the methods of five member states [M] . Brussels: European Commission, Directorate General for the Environment.

Brown L A, Hill R C. 1995. Decision-scoping: making EA learn how the design process works [J] .

Project Appraisal，12（4）：223-232.

Bryman A. Social research methods ［M］. Oxford： Oxford University. Press.

Bureau of Industry Economics. 1990. Environmental Assessment—Impact on Major Projects ［M］.
Canberra： AGPS.

Buttel F H，Taylor P. 1992. Environmental sociology and global environmental change： a critical
assessment ［J］. Society and Natural Resource，（5）：511-520.

Buttel F H. 1987. New direction in environmental sociology［J］. Annual Review of Sociology，（13）：
465-488.

Caldwell L K. 1982. Science and the National Environmental Policy Act： redirecting policy through
procedural reform ［M］. Tusca Loosa： University of Alabama Press.

Caldwell L K. 1991. Analysis-assessment-decision： the anatomy of rational policymaking ［J］.
Impact Assessment Bulletin，9：81-92.

Caldwell L K. 1993. Achieving the NEPA intent： new directions in politics，science，and law ［A］
//Hildebrand S. G. and Cannon J. B. Environmental analysis： The NEPA experience［C］. London：
Lewis Publishers：12-21.

Caldwell L K. 1998. Implementing policy through procedure： impact assessment and the National
Environmental Policy Act （NEPA）［A］//Porter, A. L. and Fittipaldi, J. J. Environmental methods
review： retooling impact assessment for the new century［C］. Fargo, ND, USA： The Press Club：
8-14.

Canter L W. 1996. Environmental Impact Assessment ［M］. McGraw-Hill Book Company.

Carpenter R A. 1981. Balancing economic and environmental objectives： the question is still，
how? ［J］. Environmental Impact Assessment Review，（2）：175-187.

Cashmore M. 2004. The role of science in environmental impact assessment： process and procedure
versus purpose in the development of theory ［J］. Environmental Impact Assessment Review，
24（4）：403-426.

Cattaneo C. 1995. Canadian firms urged to seek foreign markets ［J］. Edmonton Journal，［27 Mar］.

CCREM. 1995. Canadian water quality guidelines ［R］. Prepared by the task force on water quality
guidelines of the Council of Resource and Environment Ministers （CCREM）. Environment
Canada.

Charlier M. 1993. Going south：U. S. mining firms，unwelcome at home，flock to Latin
America—citing environmental woes ［J］. Wall Street Journal，A1 ［18 June］.

Chen J，Beck M B. 1999. Quality assurance of multi-media model for predictive screening tasks［R］.

Washington，D. C：US EPA.

Chiu W T，Ho Y S. 2005. Bibliometric analysis of homeopathy research during the period of 1991 to 2003 ［J］. Scientometrics，63（1）：3-23.

Chuang K Y，Huang Y L，Ho Y S. 2007. A bibliometric and citation analysis of stroke-related research in Taiwan ［J］. Scientometrics，72 （2）：201-212.

Constantineau B. 1996. A tale of two economies：Alberta charges ahead while high taxes weigh down BC business ［J］. Edmonton Journal，（10）：22-26.

Conyers D，Hills P. 1984. An introduction to development planning in the third world ［M］. Chichester：John Wiley and Son.

Cross J G，Guyer M J. 1980. Social Traps ［M］. Ann Arbor，MI：University of Michigan Press.

Dalkmann H，Herrera R J，Bongardt D. 2004. Analytical strategic environmental assessment （ANSEA） developing a new approach to SEA ［J］. Environmental Impact Assessment Review，（24）：385-402.

Dickerson W，Montgomery J. 1993. Substantive scientific and technical guidance for NEPA analysis：pitfalls in the real world ［J］. The Environmental Professional，15：7-11.

Duinker P N. 1985. Forecasting environmental impacts：better quantitative and wrong than qualitative and untestable ［A］ //Sadler B. Audit and evaluation in environmental assessment and management：Canadian and international experience ［C］. Victoria，BC：Environment Canada and the Banff Centre School of Management：399-407.

Dyson N. 2000. Compliance will beggar the economy ［J］. WA Business News，［26 Oct］.

Easton D. 1965. A systems analysis of political life ［M］. New York：Wiley.

Environmental Quality Standards. 2005. Technical guidance on contaminated sites ［S/OL］. http://www.env.gov.bc.ca/epd/epdpa/contam_sites/guidance ［2014-07-14］.

Epp H T. 1995. Application of science to environmental impact assessment in boreal forest management：the Saskatchewan example ［J］. Water Air and Soil Pollution，82：179-188.

Fazio R H，Roskos ewoldsen D R. 1994. Acting as we feel：when and how attitudes guide behavior ［J］. Persuasion：71-94.

Fischer T B. 2003. Strategic environmental assessment in post-modern times ［J］. Environmental Impact Assessment Review，23 （2）：155-170.

Formby J. 1990. The politics of eIA ［J］. Impact Assessment Bulletin，8 （1-2）：191-196.

Fox N. 1991. Green Sociology ［M］. Network （Newsletter of the British Sociological Association）：50.

Giddens A. 1984. The Constitution of Society: Outline of the Theory of Structuration [M]. Oxford: Polity: 207-213.

Goodland R, Anhang J. 2000. IAIA Presidents' vision for Impact Assessment: Where will Impact Assessment be in 10 years and How do we get there? [R] // International Association for Impact Assessment 2000, Hong Kong, June 2000.

Haakon V, Kristin A, Henrik L, et al. 2009. Environmental Pollution in China: Status and Trends [J]. Review of Environmental Economics and Policy, 3 (2): 209-230.

Hancock P. 1993. Green and Gold: Sustaining Mineral Wealth, Australians and Their environment, Centre for Resource and Environmental Studies [M]. Canberra: Australian National University.

Hannigan J A. 1995. Environmental Sociology-A Social Constructionist Perspective [M]. New York: Routledge.

Hannigan J A. 2006. Environmental Sociology-A Social Constructionist Perspective [M]. New York: Routledge, second edition.

Hardin G. 1968. The tragedy of the commons [J]. Science, 162: 1243-1248.

Hindess B. 1988. Choice, rationality, and social theory [M]. London, Boston: Unwin Hyman.

Hines J M, Hungerford H R, Tomera A N. 1986. Analysis and synthesis of researchon responsible environmental behavior: a meta-analysis [J]. Journal of Environmental Education, 18 (2): 128.

Hirji R, Ortolano L. 1991. EIA effectiveness and mechanisms of control: case studies of water resources development in Kenya [J]. Water Resources Development, 7 (3): 154-167.

Kennedy W V. 1988. Environmental impact assessment in North America, Western Europe: what has worked where, how and why? [J]. International Environment Reporter, 11: 257-262.

Kirkpatrick C, Lee N. 1999. Special issue: Integrated appraisal and decision-making [J]. Environmental Impact Assessment Review, 19 (3): 227-232.

Kostant P C. 1999. Exit, voice and loyalty in the course of corporate governance and counsel's changing role [J]. Journal of Socio-Economics, 28 (13): 203-246.

Krønøv L, Thissen W A H. 2000. Rationality in decision-and policy-making: implications for strategic environmental assessment [J]. Impact Assessment and Project Appraisal, 18 (3): 191-200.

Lawrence D P. 1994. Designing and adapting the EIA planning process [J]. The Environmental Professional, 16: 2-21.

Malik M, Bartlett R V. 1993. Formal guidance for the use of science in EIA: analysis of agency procedures for implementing NEPA [J]. The Environmental Professional, 15: 34-45.

Mazur A, Lee J. 1992. Sounding the Global Alarm: Environmental Issues in the U S. National

News [J] . Social Studies of Science, 23 (4): 681-720.

McDonald G T, Brown L. 1995. Going beyond environmental impact assessment: environmental input to planning and design [J] . Environmental Impact Assessment Review, 15: 485.

Messick D M, Brewer M B. 1983. Solving Social Dilemmas. in Review of Personality and Social Psychology [M] . L. Wheeler and P. Shaver, eds. Beverly Hills, CA: Sage: 11-44.

Morgan H. 1993. World heritage listings and the threat to sovereignty over land and its use [J] . Mining Review, 17 (5): 26-28.

Morgan R. 1998. Environmental impact assessment: a methodological perspective [M] . London: Kluwer Academic Publishing.

Morrisey D J. 1993. Environmental impact assessment-a review of its aims and recent developments [J] . Marine Pollution Bulletin, 26 (10): 540-545.

Nilsson M N, Dalkmann H. 2001. Decision making and strategic environmental assessment [J] . Environmental Assessment Policy and Management, 3 (3): 305 328.

Nitz T, Brown L. 2001. SEA must learn how policy-making works [J] . Environmental Assessment Policy and Management, 3 (3): 329-342.

Nygren A. 2000. Development discourse and peasant-forest relations: nature resource utilization as social process [J] . Development and Change, 31: 11-34.

O'Riordan T, Sewell W R D. 1981. From project appraisal to policy review [A] //O'Riordan T. and Sewell WRD. Project appraisal and policy review [C] . Chichester: Wiley: 1-28.

O'Riordan T. 2001. Environmental science on the move[A]//O'Riordan T. Environmental science for environmental management [C] . Harlow: Prentice-Hall: 1-27.

Olokesusi F. 1992. Environmental impact assessment in Nigeria: current situation and directions for the future [J] . Journal of Environmental Management, (35): 163-171.

Palmer K, Oates W, Portney P. 1995. Tightening environmental standards: the benefit-cost or the no-cost paradigm? [J] . Journal of Economic Perspectives, 9 (4): 119-132.

Peterson K. 2004. The role and value of strategic environmental assessment in Estonia: stakeholders' perspectives [J] . Impact Assessment and Project Appraisal, 22 (2): 159-165.

Petts J. 1999a. Handbook of Environmental Impact Assessment. Volume 2: Environmental Impact Assessment in Practice: Impact and Limitations [M] . London: Nova Science Publishers: 273-299.

Petts J. 1999b. Public participation and environmental impact assessment [A] //Petts J. Handbook of environmental impact assessment. Volume1: Environmental impact assessment: process, methods and potential [M] . London: Nova Science Publishers: 145-177.

Prato T. 2007. Evaluating land use plans under uncertainty [J] . Land Use Policy, 24 (1): 165-174.

Ravetz J. 2000. Integrated assessment for sustainability appraisal in cities and regions [J] . Environmental Impact Assessment Review, 20 (1): 31-64.

Rayner M. 1992. Uncertainty—risks in decision-making [M] . Australian Mining Industry Council, Annual Seminar, Canberra.

Rosenberg D, Resh V H, Balling S S, et al. 1981. Recent trends in environmental impact assessment [J] . Canadian Journal of Fisheries and Aquatic Sciences, 38: 591-624.

Royal Commission on Environmental Pollution. 1998. Setting environmental standards. Twenty-first report [M] . London: The Stationery Office.

Russo R C. 2002. Development of marine water quality criteria for the USA [J] . Marine Pollution Bulletin, 45: 84-91.

Sadler B, Weaver A. 1996. Forecasting the future- impact assessment for a new century: A framework for change and an agenda for discussion [R] . Paper presented at IAIA conference: "Forecasting the Future: Impact Assessment for a New Century", Glasgow, 16 June.

Sadler B. 1994. Proposed Framework for the international study of the effectiveness of environmental assessment [R] . A Directory of Impact Assessment Guidelines.

Sadler B. 1996. International Study of the Effectiveness of Environmental Assessment Final Report - Environmental Assessment in a Changing World: Evaluating Practice to Improve Performance, IAIA & CEA [R] . Hull, Quebec.

Sammy G K, Canter L W. 1982. Environmental impact assessment in developing countries: what are the problems? [R]. Paper presented at the First Annual meeting of the International Association for Impact Assessment. Washington, D. C.

Sankoh O A. 1996. Making environmental impact assessment convincible (sic) to developing countries [J] . Journal of Environmental Management, (47): 185- 189.

Schindler D W. 1976. The impact statement boondoggle [J] . Science, 192 (4239): 509.

Smith M P L. 1991. Environmental impact assessment: the roles of predicting and monitoring the extent of impacts [J] . Australian Journal of Marine and Freshwater Research, 42: 603-614.

Smith S. 1994. Mining profits down, offshore exploration up[J]. The West Australian, 55[21 Dec].

Tarnas R. 1991. The passion of the Western mind. Understanding the ideas that have shaped our world view [M] . London: Pimlico.

Therivel R. 2004. Strategic environmental assessment in action [M] . London: Earthscan.

Trewin R, Vincent D, Dee P. 1992. Effects of environmental constraints on mining Performance and Community Living Standards [M] . Canberra: National Centre for Development Studies.

Underwood A J. 1990. Experiments in ecology and management: their logics, functions and interpretations [J] . Australian Journal of Ecology, 15: 365-389.

UNEP. 1982a. Environmental and Development in Asia and the Pacific Experience and Prospects[R]. Nairobi: UNEP Reports and Proceedings Series 6, United Nations Environment Programme.

UNEP. 1982b. Guidelines for Environmental Assessment of Development Project [R] . Bangkok: United Nations Environment Programme, Regional Office for Asia and the Pacific and the Asian and Pacific Development Centre.

Ungar S. 1992. The rise and (relative) decline of global warming as a social problem [J] . Sociological Quarterly, 33 (4): 483-501.

US Environmental Protection Agency. 1998. Water quality criteria and standards plan- priorities for the future. EPA 822-R-98-003 [R] . Office of Water, U. S. Environmental Protection Agency, Washington D C.

Walters C J. 1993. Dynamic models and large scale field experiments in environmental impact assessment and management [J] . Australian Journal of Ecology, 18: 53-61.

Weinberg A. 1972. Science and trans-science [J] . Minerva, 10: 209-222.

Wood C. 2003. Environmental impact assessment: a comparative review [M] . Harlow: Prentice-Hall.

Wynne B, Mayer S. 1993. How science fails the environment [J] . New Scientist, (6): 33-35.